城郊土水界面污染流污染特征及生态风险研究

师荣光　郑向群　任天志　周其文 等　著

中国农业出版社
北　京

著者名单（按贡献程度排序）：

师荣光	郑向群	任天志	周其文	张　浩
赵玉杰	李晓华	张宏斌	韩建华	邵超峰
黄宏坤	孙玉芳	蔡彦明	杨　尧	郑顺安
奉启云	居学海	陈　蕊	丁永祯	王瑞波
徐　艳	韩志超	龚　琼	张又文	涂　棋

随着我国工业化和城市化进程的不断加快，作为产业、人口、空间结构逐步从城市向农村过渡的城市郊区，受城市城市化、工业化发展和农村乡镇企业、农业生产等的双重影响，城郊环境质量及生态系统功能极度恶化，出现了一系列生态安全问题，土壤严重污染。在降雨强度、降雨历时、降雨pH等降雨特征，土壤基本理化性质、土地利用类型、地表坡度等区域背景，土壤中污染物含量等多种因素的共同作用下，土壤中的污染物通过扩散、弥散、解吸、解离等化学反应和多种作用过程进入地表径流中，最终形成携带着包括重金属、持久性有机污染物以及氮、磷等营养元素在内的源于城市郊区污染土壤的土水界面污染流。可见，土水界面污染流的污染特征复杂，属于典型的复合污染型流体，加之其污染物来自大范围或大面积，是由分散的污染源造成的，是非点源污染发生的一种特殊形式。

本书围绕城郊土水界面污染流这一科学命题，在阐明土水界面污染流产排特征、影响机制等的基础上，以典型区域天津市西青区为例开展土水界面污染流污染特征、时空分布及其生态风险研究，将土水界面这一微观领域研究同其污染特征的空间分异这一宏观表征有机结合起来，以界面理论和地质统计学方法揭示非点源污染问题，无疑对于从机理上阐述城郊非点源污染的产生和生态危害，有着极其重要的意义。同时，弄清研究区城郊土水界面污染流中主要有毒有害污染物种类、含量水平及其空间分布规律，提出城郊土水界面污染流潜在生态风险表征的适用方法，不仅有助于加强城郊非点源污染的控制和管理，还将进一步丰富生态毒理学的学科内涵。

本书是在中国农业科学院科技创新工程"乡村环境建设"、"十三五"国家重点研发计划项目"化肥农药减施增效的环境效应评价"（项目编号：2016YFD0201200）和国家自然科学基金面上项目"北方典型工业城市土水界面污染流的生态毒理化学研究"（项目编号：20777040）的共同资助和支持下完成的。全书内容共分8章：第1章介绍了土水界面污染流的研究进展，包括环境界面的基本介绍、土水界面污染流的形成及影响因素、土水界面污染流中污染物迁移转化的影响因素、土水界面污染流污染负荷的模拟等；第2章介绍了土水界面污染流的产污特征及影响机制；第3章介绍了研究区概况和相关的分析测试方法；第4和5章分别分析了研究区重金属和多环芳烃两种典型污染物的污染特征；第6章阐述了土水界面污染流污染物空间变异与空间预测研究；第7章阐述了土水界面污染流的生态风险研究；第8章对全文进行了总结和讨论。本书图文并茂、可读性强、实用价值高。

由于时间有限，加之客观条件所限，本书难免存在不足之处，敬请读者批评指正。

作　者

2017 年 9 月

目 录

前言

1 绪论 ·· 1

1.1 城郊土水界面污染流的研究意义 ···················· 1
  1.1.1 源于城郊污染土壤的土水界面污染流已成为非点源污染的重要组成部分 ··· 2
  1.1.2 城郊水土流失的严重恶化及新型污染物的不断出现,加剧了土水界面
      污染流产生的生态风险 ··························· 5
1.2 环境中的界面 ··································· 8
  1.2.1 水气界面 ······························· 9
  1.2.2 土气界面 ······························· 10
  1.2.3 根土界面 ······························· 11
  1.2.4 土水界面 ······························· 11
1.3 土水界面污染流的形成及影响因素 ·················· 12
  1.3.1 土水界面污染流污染物的来源 ················· 12
  1.3.2 土壤污染对土水界面污染流形成的影响 ··········· 13
  1.3.3 大气污染对土水界面污染流形成的影响 ··········· 14
  1.3.4 工业生产对土水界面污染流形成的影响 ··········· 15
  1.3.5 城市径流非点源污染对土水界面污染流形成的影响 ····· 15
1.4 土水界面污染流污染物迁移转化的影响因素 ··········· 16
  1.4.1 降雨 pH 对土水界面污染物迁移转化的影响 ········ 18
  1.4.2 降雨强度对土水界面污染物迁移转化的影响 ········ 19
  1.4.3 地表坡度对土水界面污染物迁移转化的影响 ········ 20
  1.4.4 土壤类型对土水界面污染物迁移转化的影响 ········ 21
  1.4.5 土地利用类型对土水界面污染物迁移转化的影响 ····· 23
1.5 土水界面污染流污染负荷的模拟和空间分布 ··········· 24
  1.5.1 降雨径流与土水界面污染流污染负荷的关系 ········ 24
  1.5.2 土水界面污染流产污模拟模型 ················· 26
  1.5.3 土水界面污染流污染的不确定性及空间分布 ········ 28
1.6 土水界面污染流的生态风险分析 ···················· 29
  1.6.1 生态风险与生态毒理效应 ···················· 29

　　1.6.2　生态风险评价 ……………………………………………… 30
　　1.6.3　生态风险评价进展 …………………………………………… 31

2　土水界面污染流的产污特征及影响机制 ……………………………… 36

　2.1　研究方法 ……………………………………………………………… 36
　　2.1.1　人工模拟降雨 ………………………………………………… 36
　　2.1.2　径流池监测 …………………………………………………… 39
　　2.1.3　野外实地监测 ………………………………………………… 40

　2.2　模拟实验装置的制备及参数校正 …………………………………… 40
　　2.2.1　模拟降雨装置及实验流程 …………………………………… 40
　　2.2.2　模拟实验装置参数的校正 …………………………………… 42

　2.3　土水界面污染流产沙规律分析 ……………………………………… 44
　　2.3.1　供试土壤性质测定 …………………………………………… 44
　　2.3.2　土水界面污染流产沙模拟实验 ……………………………… 46
　　2.3.3　理化因素对污染流产沙规律影响 …………………………… 46

　2.4　土水界面污染流产污规律分析 ……………………………………… 53
　　2.4.1　土水界面污染流产污模拟实验 ……………………………… 53
　　2.4.2　污染流重金属含量测定 ……………………………………… 53
　　2.4.3　理化因素对污染流产污规律影响 …………………………… 54

　2.5　土水界面污染流重金属释放机理 …………………………………… 65
　　2.5.1　界面土壤 pH 相关性质影响重金属释放的原理 …………… 65
　　2.5.2　理化因素对界面土壤 pH 的影响 …………………………… 66
　　2.5.3　理化因素对界面土壤交换性酸、交换性铝的影响 ………… 68
　　2.5.4　理化因素对界面土壤 pH 缓冲能力的影响 ………………… 69

　2.6　结论 …………………………………………………………………… 73
　　2.6.1　土水界面污染流产沙规律分析 ……………………………… 73
　　2.6.2　土水界面污染流重金属释放规律分析 ……………………… 73
　　2.6.3　界面土壤 pH 相关性质影响重金属释放的原理 …………… 74

3　研究区概况和分析测试方法 ………………………………………… 76

　3.1　研究背景 ……………………………………………………………… 76
　　3.1.1　研究区概况 …………………………………………………… 76
　　3.1.2　研究区相关研究背景 ………………………………………… 77

　3.2　采样方案及分析方法 ………………………………………………… 78
　　3.2.1　布点采样方案 ………………………………………………… 78
　　3.2.2　样品分析方法 ………………………………………………… 79
　　3.2.3　数据分析 ……………………………………………………… 85

　　3.3　质量控制 ··· 86

　　3.4　技术路线 ··· 86

4　研究区土水界面污染流重金属含量特征研究 ····················· 88

　　4.1　研究区土水界面污染流重金属含量特征 ···················· 88

　　　　4.1.1　研究区土水界面污染流重金属含量的基本统计 ············ 88

　　4.2　土水界面污染流重金属来源解析 ···························· 93

　　　　4.2.1　重金属污染的主要来源 ······························· 93

　　　　4.2.2　研究区土水界面污染流重金属含量的相关性分析 ········· 102

　　　　4.2.3　土水界面污染流重金属的主成分分析 ·················· 102

　　4.3　不同土地利用类型下土水界面污染流重金属含量特征 ········ 106

　　　　4.3.1　农用地土水界面污染流重金属含量特征 ··············· 106

　　　　4.3.2　林地及园地土水界面污染流重金属含量特征 ··········· 115

　　　　4.3.3　居民地及工矿用地土水界面污染流重金属含量特征 ······ 116

　　4.4　土地利用类型与土水界面污染流重金属含量的关系 ·········· 118

　　4.5　本章小结 ·· 119

5　研究区土水界面污染流多环芳烃含量特征研究 ················· 120

　　5.1　研究区土水界面污染流多环芳烃含量特征 ·················· 120

　　　　5.1.1　研究区土水界面污染流单项多环芳烃含量的基本统计 ····· 120

　　　　5.1.2　研究区土水界面污染流多环芳烃分组含量的基本统计 ····· 136

　　5.2　土水界面污染流多环芳烃的相关性分析 ···················· 141

　　5.3　多环芳烃的主要来源 ······································· 143

　　　　5.3.1　多环芳烃的自然来源 ······························· 143

　　　　5.3.2　多环芳烃的人为来源 ······························· 143

　　5.4　土水界面污染流多环芳烃的来源解析 ······················ 145

　　　　5.4.1　土水界面污染流多环芳烃的主成分分析 ··············· 145

　　　　5.4.2　应用比值法判断研究区土水界面污染流多环芳烃来源 ····· 148

　　　　5.4.3　源三角图判别法 ···································· 151

　　5.5　土地利用类型与土水界面污染流多环芳烃含量的关系 ········ 152

　　5.6　本章小结 ·· 153

6　土水界面污染流污染物空间变异与空间预测研究 ·············· 155

　　6.1　污染物空间分析方法 ······································· 155

　　6.2　地质统计的理论基础 ······································· 156

　　　　6.2.1　区域化变量和随机函数 ····························· 157

  6.2.2 协方差函数和变异函数 ·············· 158

  6.2.3 内蕴假设、平稳假设和本征假设 ·········· 158

  6.2.4 变量函数的理论模型 ·············· 160

 6.3 研究方法 ····················· 160

  6.3.1 半方差函数及其理论模型 ············ 160

  6.3.2 克里格法 ·················· 161

 6.4 土水界面污染流空间分析精度控制 ········ 164

  6.4.1 区域基本信息收集 ··············· 164

  6.4.2 布点采样分析 ················ 166

  6.4.3 实验室分析质量控制及分析质量保证 ······· 170

  6.4.4 实验数据的异常值检验 ············· 170

  6.4.5 实验数据的正态分析 ·············· 173

  6.4.6 比例效应 ·················· 173

  6.4.7 实验半变异函数的计算 ············· 174

  6.4.8 半变异函数平稳性检验 ············· 175

  6.4.9 实验半变异函数拟合 ·············· 175

  6.4.10 数据插值方法的选择 ············· 176

  6.4.11 空间预测插值方法评价与验证 ········· 178

 6.5 土水界面污染流重金属含量空间变异与空间预测 ·· 178

  6.5.1 研究区土水界面污染流 As 含量空间变异与空间预测 · 178

  6.5.2 研究区土水界面污染流 Zn 含量空间变异与空间预测 · 183

  6.5.3 研究区土水界面污染流 Ni 含量空间变异与空间预测 · 185

  6.5.4 研究区土水界面污染流 Cd 含量空间变异与空间预测 · 189

  6.5.5 研究区土水界面污染流 Cr 含量空间变异与空间预测 · 191

  6.5.6 研究区土水界面污染流 Pb 含量空间变异与空间预测 · 194

  6.5.7 研究区土水界面污染流 Cu 含量空间变异与空间预测 · 200

 6.6 土水界面污染流不同组分多环芳烃含量空间变异与空间预测 · 205

  6.6.1 土水界面污染流低环多环芳烃含量的空间变异与空间预测 · 205

  6.6.2 土水界面污染流中环多环芳烃含量的空间变异与空间预测 · 208

  6.6.3 土水界面污染流高环多环芳烃含量的空间变异与空间预测 · 209

  6.6.4 土水界面污染流环多环芳烃总量的空间预测 ···· 211

 6.7 本章小结 ····················· 214

7 土水界面污染流的生态风险研究 ········· 216

 7.1 土水界面污染流的生态毒理效应 ·········· 216

  7.1.1 土水界面污染流重金属的生态毒理效应 ······ 216

  7.1.2 土水界面污染流多环芳烃的生态毒理效应 ····· 217

 7.2 土水界面污染流重金属的生态风险评价方法 ···· 218

7.2.1　商值法 ·· 219

7.2.2　地质累积指数法 ··· 219

7.2.3　潜在生态风险指数法 ·· 220

7.2.4　概率风险分析 ··· 222

7.3　土水界面污染流重金属生态风险评价限值 ································· 224

7.3.1　铜生态风险限值 ·· 224

7.3.2　锌生态风险限值 ·· 224

7.3.3　砷生态风险限值 ·· 225

7.3.4　镉生态风险限值 ·· 225

7.3.5　铬生态风险限值 ·· 226

7.3.6　铅生态风险限值 ·· 226

7.3.7　镍生态风险限值 ·· 226

7.4　研究区土水界面污染流各重金属的生态风险评价 ······················ 226

7.4.1　研究区土水界面污染流重金属风险污染物的筛选 ···················· 226

7.4.2　基于 Monte-Carlo 技术的重金属生态风险评价 ······················ 227

7.4.3　土水界面污染流重金属生态风险分析的异常值分析 ················· 229

7.4.4　土水界面污染流重金属生态风险评价 ··································· 230

7.4.5　基于 Rapant 指数的土水界面污染流生态风险评价 ·················· 239

7.5　土水界面污染流多环芳烃的生态风险评价 ································· 243

7.5.1　多环芳烃生态风险评价限值 ·· 243

7.5.2　研究区土水界面污染流悬浮颗粒物多环芳烃的含量 ················· 244

7.5.3　研究区土水界面污染流悬浮颗粒物的概率密度函数构建 ············ 244

7.5.4　研究区土水界面污染流多环芳烃的生态风险评价 ···················· 245

7.6　本章小结 ··· 263

8　结论与展望 ··· 264

8.1　主要结论 ··· 264

8.2　研究展望 ··· 267

参考文献 ·· 269

1 绪　　论

1.1　城郊土水界面污染流的研究意义

土壤是一个开放的缓冲动力学体系，是环境中各种污染物的最终受体，承担着 50%～90% 来自不同污染源的负荷（陈怀满，1996；陈煌等，2003），土壤污染来源很多，工业生产、垃圾农用、污水灌溉、大气沉降，以及农业生产中化肥、有机肥、农药、地膜、农膜等的投入等均可加速土壤中污染物的积累，并导致土壤污染。同时，土壤中的污染物又可通过地表径流冲刷、淋溶等各种途径进入自然水体、大气等引起次生污染，或者在土壤—作物系统中迁移，并在农产品中蓄积，成为污染危害发生的起点（Fent，2004；Paton et al.，2006）。近年来，随着土壤污染的日益严重以及对土壤污染尤其是土壤复合污染问题认识的逐渐深入，因土壤污染而引起的非点源污染和农产品超标的问题日益受到各方面的关注和重视。

城市郊区是城市和乡村的过渡地带，具有独特的结构和功能，受城市和农村的共同影响，污染来源极为复杂，污染形式特殊。源于城市郊区污染土壤的土水界面污染流是指，污染土壤在降雨或融雪的冲刷作用下，通过地表径流过程而形成的含有多种污染物并带有泥沙的水流，包括在此过程中汇入的携带着溶解性或固体污染物的一类特殊"污水"，以及在其他因素（如扰动、工程措施等）干扰下城市河流、湖泊、水库、池塘和海湾等呈浑浊状态并含有一系列土水微观界面的污染水体。由于污染物是在降雨或融雪的冲刷作用下，以某种载体或以溶解在水中的形式进入受纳水体，降雨强度、降雨历时、降雨 pH 等降雨特征，土壤基本理化性质，土壤中污染物含量，土地利用类型，地表坡度等对土水界面污染流的形成就具有极为重要的影响。在上述诸多因素的综合作用下，土壤中的污染物通过扩散、弥散、解吸、解离等化学反应和多种作用过程进入地表径流中，最终形成携带着包括重金属、持久性有机污染物、农药、各种有害微生物以及 N、P 等营养元素在内的多种污染物的土水界面污染流。可见，土水界面污染流的污染特征复杂，属于典型的复合污染型流体，加之其污染物来自大范围或大面积，是由分散的污染源造成的，是非点源污染发生的一种特殊形式。

近年来，随着发达国家对工业点源污染（industrial point‑source pollu‑

tion）的有效控制和对点源污染问题的逐渐解决，在更多的场合则是对非点源污染（non - point source pollution）问题更为关注（Munafò M et al.，2005）。起初，大多研究主要集中在农业过量施肥引起的农业非点源污染发生机理及其对水体富营养化贡献等方面，涉及的污染物主要是与谷物生产有关的 N、P 等过剩营养物质。以后，由于畜牧业的迅速发展，有关研究重点逐渐转移到来自于畜禽养殖及其排放粪便的非点源污染等棘手问题上。最近，随着对非点源污染问题的深入研究，有关研究进一步扩展到石油等典型工业非点源、城市非点源等污染发生机理与工业非点源复合污染控制等方面。

1.1.1 源于城郊污染土壤的土水界面污染流已成为非点源污染的重要组成部分

　　城市郊区是介于城市与乡村的交错、过渡地带，是产业、人口、空间结构逐步从城市向农村过渡的地带，具有独特的结构、功能和城乡双重特性（赵杰等，2001；谢花林等，2003）。一方面城市郊区围绕于大中城市郊区是城市规模扩张的承压区，受城市化、工业化发展的严重影响，城市产生的工业、生活污染废弃物往往大量向城郊排放；另一方面，城郊又是城市赖以生存和发展的原材料、能源和农副产品生产的承载区，是农用地、非农用地的复合区。与远离城市的乡村比较，城市郊区人口密度大，公路交通和乡镇企业发达，经济结构多元化，土壤质量演替强度大（钟晓兰等，2006），农业集约化程度也较高，土地利用结构极为复杂。这些因素综合在一起，导致城郊环境质量及生态系统功能极度恶化，出现了一系列生态安全问题，土壤严重污染（Gao et al.，2010；Liu et al.，2015）。

　　近年来，随着工业化和城市化进程的不断加快，大量未经妥善处理的污水肆意排放，大气污染沉降，工业固体废弃物的随意堆放，以及污水灌溉，化肥、农药、植物生长调节剂和农膜等农用化学品的不合理施用，造成城郊土壤污染极为严重，已呈现出多极化、大面积、交叉污染和复合污染的特征（师荣光等，2007）。据《中国环境状况公报》（1999）公布的调查数据统计结果，我国有近 1/5 的耕地面积，约 2 667 万 hm² 农田土壤受到重金属、农用化学品、酸雨沉降、放射性物质、矿物油以及致病微生物等因素污染，而这些污染及污染源主要集中在城市郊区。另据农业环境监测系统对我国 24 个省份城郊、污水灌溉区、工矿企业区等 320 个重点污染区土地调查表明，污染超标的大田农作物种植面积为 60.6 万 hm²，占调查总面积的 20%，其中重金属含量超标的农作物种植面积约占污染物超标农作物种植面积的 80% 以上，尤其是 Pb、Cd、Hg、Cu 的污染最为突出，交叉累计污染面积已达 133.33 万 hm²（曹仁林，2000）。某些大城市郊区、基本农田保护区中的土壤也存在着比较严重的重金属污染问题，据 2000 年对全国 30 万 hm² 基本农田保护区土壤有害重金属抽样监测结果，监测区 3.6 万 hm² 土壤重金属污染超标，超标率达 12.1％（曹仁林等，2001）。农业部环境监测总站（2002）对北京、天津、上海和重庆 4 大直辖市和重点旅游城市广西桂林等 5 城市郊区近 18 万 hm² 蔬菜基地监测结果显示，处于警戒限的耕地面积约占 31.5％，污染超标区域面积占 12.4％。据赵其国院士估计，全国受农药、重金属等污染的土壤面积达上千万公顷，其中矿区污染土壤达 200 万 hm²、石油污染土壤约 500 万 hm²、固体废弃物堆放污染土壤约 5 万 hm²；耕地污染退化面积约占总耕地面积的 1/10，其中工业"三废"污染耕地近 1 000 万 hm²，污水灌溉已达 330 多万 hm²（赵其国，2004）。《全国土壤污染状况调查公报》（2014）结果显示，全国土壤环境状况总体不容乐观，部分地区土壤污染较重，耕地土壤环境质量堪忧，工矿业废弃地土壤环境问题突出，全国土壤总的超标率为 16.1％，其中轻微、轻度、中度和重度污染点位比例分别为 11.2％、2.3％、1.5％和 1.1％。污染类型以无机型为主，有机型次之，复合型污染比重较小，无机污染物超标点位数占全部超标点位数的 82.8％。

对我国多个城市如北京、上海、南京、杭州、天津、广州、沈阳、深圳、成都、重庆、昆明、西安、长沙等郊区土壤重金属污染状况的调查、监测和统计结果表明，我国城市郊区土壤污染日趋严重。曾希柏等的统计结果显示，全国约 24.1％的菜地样本 Cd 含量超过国家土壤环境质量二级标准（2007），长江三角洲城市郊区有万亩[①]连片农田受 Cd、Pb、As 和 Zn 等多种重金属污染，致使 10％的土壤基本丧失生产力；柴世伟等对珠江三角洲主要城市郊区农业土壤重金属含量特征的研究表明，珠江三角洲主要城市郊区农业土壤普遍受到人为污染的影响，其中以重金属 Hg、Cd 和 Zn 的污染最为严重（2004）。对北京市近郊昌平、通州、顺义、海淀和大兴 5 个区耕作土壤的环境质量监测分析结果表明，人类生产活动已给近郊耕作土壤的环境质量带来了严重的负面影响，土壤中 Cd 和 Hg 均处于较高的潜在风险等级（邹建美等，2013）。

除重金属污染严重外，有机污染物如工业"三废"排放的多种石油烃类物质等对我国城郊土壤的污染也呈日益加重之势。20 世纪 70 年代以来的研究表明，我国城郊农田土壤受多环芳烃（PAHs）污染已从 μg/kg 量级上升到 mg/kg 量级，其检出率从不到 20％上升到 80％以上（林玉锁，2004）；我国非点源和点源污染土壤中 16 种多环芳烃含量的中位值已分别达到 317.3 和 1 812.9 ng/g（曹云者等，2012）。2004 年对沈抚灌区农田土壤监测显示，土壤有机污染仍然很严重，多环芳烃含量高于对照地点几倍，甚至几十倍；而王静等最近

---

① 亩为非法定计量单位，1 亩＝1/15 hm²≈667 m²。

对沈抚新区不同土地利用类型中多环芳烃的监测结果显示，沈抚地区存在多环芳烃潜在的健康风险，尤其是城镇用地风险水平最高，且易通过皮肤接触暴露于土壤多环芳烃中（2017）。对天津市区和郊区土壤中多环芳烃的调查结果表明，天津近郊区和工业区土壤已遭受多环芳烃的污染，存在潜在的生态风险（Wang et al.，2002；Lv et al.，2010；郑一等，2003；段永红等，2005；刘瑞民等，2005；曲健等，2006；朱媛媛等，2014），滨海新区的某些土壤甚至出现了多种多溴二苯醚（PBDEs）和 Pb 的复合污染。中国科学院南京土壤研究所调查研究发现，长江三角洲地区土壤污染除了"常见"的农药等污染外，最严重的是"持久性有机污染物"，某些城市郊区的农田土壤多达 16 种多环芳烃、100 多种多氯联苯及 10 余种二噁英类剧毒物质。

此外，由于城郊往往是城市农产品生产的基地，随着城郊农业生产集约化程度的不断提高，农用化学品投入量不断加大，城郊因农用化学品的施用而导致土壤污染的问题也极为突出，农药、兽药、渔药、化肥和生长调节剂等农用化学品的大量施用，给土壤环境带来极大隐患。我国化肥施用技术相对落后，过量偏施、配比不合理、表层施肥、施后大水漫灌等现象较为普遍，据调查统计，我国 N、P、K 肥当季利用率分别仅为 30%～35%、10%～20% 和 35%～50%，低于发达国家 15～20 个百分点，一些经济发达地区城郊农田 N 肥施用量每公顷高达 350 kg（吕晓男等，2005），浙江省淳安县 2000 年时单位面积化肥用量就高达 2 942.13 kg/hm²。农药不合理的过量施用使得我国土壤农药残留污染问题至今仍相当普遍，有关统计资料显示，我国农药总施用量达 131.2 万 t（成药），平均每公顷施用 13.97 kg，比发达国家高出 1 倍，特别是随着种植结构的调整，蔬菜和瓜果的播种面积大幅增长，这些作物的农药用量可超过 100 kg/hm²，甚至高达 219 kg/hm²，较粮食作物高出 1～2 倍，农药施用后在土壤中的残留量为 50%～60%，而有机氯农药六六六和 DDT 等在禁用 20 多年后，至今在土壤中检出率依然很高。长期滥施、偏施化肥、农药等农业投入品使得我国城郊农田土壤同程度的遭受到农用化学品施用带来的污染，城郊农田土壤酸化、板结、养分供应不协调，土壤微生物生物量和活性降低，土壤硝酸盐含量过高，土壤农药残留污染等问题极为普遍。

可以看出，源于城市郊区污染土壤的土水界面强烈作用时产生的污染流是城郊非点源污染的一种特殊表现形式。非点源污染是相对点源而言，一般被理解为是由一种分散的污染源造成的，主要起源于水土流失、农药与化肥的施用、农村家畜粪便与垃圾、农田污水灌溉、城镇地表径流、林区地表径流、废弃的矿山、大气的沉降以及森林砍伐、水利建设、土地开发等可能产生污染的生产活动。随着我国城郊土地利用开发强度的增大、土地破碎化程度和土壤污染的日益加重，土壤水土侵蚀、地表径流作用、农田灌溉、排水冲刷等土水界面作用产生的污染流已成为我国城郊非点源污染的重要组成部分。尤其是化肥、农药等通过农田排水和地表径流等方式进入地表水体并造成污染，是农业非点源污染的主要类型之一。据我国对许多湖泊水体的调查结果，输入湖体的污染物中约有一半以上来自非点源污染，主要是通过降雨径流进入水体的（金相灿，2003）。上海市和山东、云南省调查显示，城郊农田径流进入地表水中的 N 占排入水体 N 的 51％（鲁如坤等，1998），农田径流输入昆明滇池的 N 要占入湖总 N 量的 40％，P 占入湖总 P 量的 53％（辜来章等，1996）。另有研究发现，异丙甲草胺和阿特拉津等农药使用后，若 1 周内发生降雨，将导致 7％阿特拉津和 5％异丙甲草胺通过径流流失（Gayor et al.，1993）。我国每年杀虫剂有效成分的使用量超过 30 万 t，其中仅 1％作用于靶标，30％残留于植物，其余 40％～60％降落在地表，通过地表径流等各种途径进入水体（宋秀杰等，2001）。武子澜等（2014）和韩景超等（2013）通过采集一次降雨样品，对上海市和温州市不同下垫面降雨径流中 PAHs 分布及源解析做了研究。除 N、P 等营养元素和农药外，降雨条件下的土水界面作用引起的重金属的迁移不仅是地表径流重金属的一个主要来源，也是造成非点源重金属污染的一个重要原因。相关研究表明，重金属随暴雨径流的迁移是造成地表水大面积非点源重金属污染的根本原因，尤其是在农业高度集约、化肥和农药大量施用的农业集流区（郭旭东等，1999）。王宁等（2000）对松花湖水源地重金属的非点源污染进行了详细调查，结果显示，降雨径流是造成受污染河流 Hg 污染的主要原因。王文华等（2001）对北京市西北郊农田的地表径流研究表明，降雨产生的地表径流可溶解土壤中汞并向水体中输送，其地表径流年汞输出率约为 18.24 $\mu g/m^2$。

1.1.2 城郊水土流失的严重恶化及新型污染物的不断出现，加剧了土水界面污染流产生的生态风险

作为城市和乡村交界的边缘地区，城市郊区受人为因素和自然因素的双重干扰，环境所受的压力既高于农村又高于城市，属于界面变化快、可恢复原状机会小、抗干扰能力弱的脆弱地带（李慧卿，1998）。其具有强烈的边缘化效应，一方面由于受到城市的影响，城郊人口及其工业、交通运输业、商业、金融等非农经济活动在一定的空间上逐渐集聚，筑路、建厂等项目施工逐年增加，造成城郊"人为"水土流失极为严重；另一方面，由于城郊需要给城市提供各种生活资料和农业原料，农业集约化程度较高，城市郊区由于不合理利用土地造成的土壤侵蚀远远大于乡村。随着我国对工业点源污染控制力度的不断增大，由土水作用、土壤侵蚀等形成的土水界面污染流为主体构成的城郊非点源污染，已成为影响流域水环境质量的主要因素。据全国第二次土壤侵蚀遥感

调查结果，我国水土流失面积 355.55 万 km²，其中水蚀面积 164.88 万 km²，侵蚀强度由东向西递增。据相关资料，我国土壤侵蚀情况如表 1-1 所示。近年来的水土流失普查结果则显示，在城市郊区因城区面积扩展和建设规模的扩大造成生态景观的破坏、生活环境退化及水土资源的大量流失（李爱峰等，2002）。如深圳市 1995 年年底的调查显示，全市水土流失面积达 184.99 km²（刘伟常，2003）；据对广州、珠海、佛山等 12 个城市的典型调查，1986—1995 年的 10 年城市建设中，人为造成的水土流失面积达 475 km²，山东省济南、潍坊、泰安等城市，水土流失面积高达 269 km²，占城区总面积的 30.29%（李爱峰等，2002）。天津市土壤侵蚀状况也不容乐观，据 2004 年天津市土壤侵蚀遥感调查数据，天津市水土流失面积 638.66 km²，占土地总面积的 5.4%，其中轻度水土流失面积 472.65 km²、中度水土流失面积 153.08 km²、强度水土流失面积 12.93 km²。

表 1-1　全国土壤侵蚀强度面积统计

项目	土壤侵蚀		土壤水蚀		土壤风蚀		冻融侵蚀	
	面积（万 km²）	占比（%）	面积（万 km²）	占比（%）	面积（万 km²）	占比（%）	面积（万 km²）	占比（%）
轻度侵蚀	254.03	51.59	91.91	51.23	94.11	50.16	68.01	54.23
中度侵蚀	135.05	27.42	49.78	27.74	27.87	14.86	57.40	—
强度侵蚀	47.62	9.67	24.46	13.63	23.17	12.35	—	—
极强度侵蚀	25.76	5.23	9.14	5.08	16.62	8.86	—	—
剧烈侵蚀	29.96	6.08	4.12	2.30	25.84	13.77	—	—
中度以上	238.41	48.41	87.51	48.77	93.50	49.84	57.40	45.77
轻度以上	492.44	100.0	179.42	100.0	187.61	100.0	125.41	100.0

随着我国新兴产业的迅速发展，各种新型污染物不断产生进入环境并最终汇入土壤，而成为新的复合污染源。例如，由电子工业和信息产业产生的以多溴二苯醚（PBDEs）为代表的各种溴代阻燃剂、多环芳烃等持久性有机污染物，以及生物医药发展而带来的 β-内酰胺类抗生素、大环内酯类抗生素、四环素类抗生素等各种抗生素等新型污染物，以各种方式进入环境系统，并最终导致土壤污染。同时，我国城市郊区往往是畜禽养殖业由分散式向集约化迈进的主要区域，使得各种兽药通过动物的排泄以及其他方式污染环境。资料表明，与动物饲养和畜牧业发展有关的各种新型污染物主要包括促进动物生长、增重或用于疾病防治和同期发情的乙烯雌酚、睾丸酮和雌二醇等激素类药物；

用于动物运输中以及宰杀前短期使用的氮哌酮、丙酰丙嗪和氯丙嗪等镇静剂类药物，丙硫咪唑、左旋咪唑和苯硫哒唑等驱肠虫类药物，磺胺类和硝基呋喃类等抗生素类药物，以及盐酸克伦特罗（瘦肉精）等兴奋剂类药物等，这些污染物排入环境后，不断汇聚，最终都进入土壤并导致土壤污染。

抗生素在土壤中的传播、扩散、残留和对环境的不良影响已呈日益加重的趋势（Hu et al.，2010；Li et al.，2011），土壤中抗生素的长期暴露不仅会抑制或杀灭农业环境中的靶标生物，破坏农业生态环境（Schmitt et al.，2006；Eggen et al.，2011），甚至可以通过食物链富集和传递，对人类健康造成危害。近年来，抗生素引起的农田土壤环境及其对作物的危害问题已引起国际社会的广泛关注（Martinez，2009；Marti et al.，2013；Fahrenfeld et al.，2014；朱永官等，2015；隋倩雯等，2016）。目前，我国也已面临着土霉素不断在农田土壤中积累并造成大面积污染的风险，李彦文等（2009）分析了广州、深圳菜地土壤中 3 种四环素类抗生素的污染特征，其中土霉素的检出率为19.35%，最高含量为 79.7 $\mu g/kg$；尹春艳等（2012）研究发现，典型设施菜地土壤抗生素含量远超过抗生素生态毒害效应触发值；罗凯等（2014）对南京土壤样品中四环素类抗生素的检测结果表明，土霉素含量最高。

相关研究表明，作为北方典型工业城市天津地区，受郊区工业化、采暖季节燃煤量和大港油田开采等点源污染，参照 Maliszewska Kordybach（1996）总结的土壤多环芳烃污染分类和荷兰的《土壤修复标准》，天津土壤明显受到多环芳烃污染，总体上处于"轻度污染"水平，并已经接近"污染"等级。相关研究表明，天津环城城郊土壤中多环芳烃的单一组分含量不尽相同，大部分多环芳烃在天津城郊 4 区中都有未检出样点出现（师荣光等，2012）。而最近对天津地区几个典型的化工基地周围农田土壤进行的采样分析结果显示，除传统重金属 Cd、Pb 等存在不同程度的污染外，也不同程度地存在着苯、甲苯、乙基苯和二甲苯（合称 BTEX）等芳香烃化合物，多环芳烃（PAHs），以及十溴二苯醚（DBDPO）、八溴二苯醚（OBDPO）和五溴二苯醚（PBDPO）等多溴二苯醚（PBDEs）的复合污染。

可以看出，目前在我国部分城郊地区，传统的重金属、农药等造成的土壤污染还未得到有效控制和修复治理的情况下，新型污染物又不断持续进入土壤，大大加剧了我国城市郊区土壤环境污染问题的复杂性。城市郊区水土流失的持续恶化和新型污染物的不断出现，更加剧了城郊土水界面污染流的产生及其对生态环境的危害，土水界面污染流的形成和运移主要表现为两种形式，一是污染物溶解并随径流的迁移，这一部分可溶性污染物包括重金属离子、可溶性有机污染物等；二是吸附和结合于泥沙颗粒表面以无机态和有机质形式存在的污染物在雨滴打击及径流冲刷作用下，随泥沙迁移。随着土壤的侵蚀，污染流不断与更深层土壤中的原本不与地表污染流接触的污染物相互作用，使其中的可溶成分不断溶出，而泥沙吸附态污染物含量则与污染流含沙率密切相关。很多研究已说明，暴雨是农田径流污染发生的主要动力，流域内降雨的强度和空间分布决定土水界面污染流发生的时间特征（黄俊等，2004），土壤流失和土壤中污染物的迁移是土水界面污染流的主要形式与载体（Wang et al.，1999）。我国城市郊区日益严重的水土流失现象、新型污染物的不断出现及土壤复合污染的不断加重（周启星等，2003；2004），为土水界面污染流中污染物种类和含量的增加提供了极大的可能，因而大大加剧了土水界面污染流对生态环境的潜在风险和危害。

因此，围绕城郊土水界面污染流这一科学命题，在阐明土水界面污染流产排特征、影响机制等的基础上，以典型区域为例开展土水界面污染流污染特征、时空分布及其生态风险研究，将土水界面这一微观领域研究同其污染特征的空间分异这一宏观表征有机结合起来，以界面理论揭示非点源污染问题，无疑对于从机理上阐述城郊非点源污染的产生和生态危害，有着极其重要的意义。同时，弄清研究区城郊土水界面污染流中主要有毒有害污染物种类、含量水平及其空间分布规律，提出城郊土水界面污染流潜在生态风险表征的适用方法，不仅有助于加强城郊非点源污染的控制和管理，还将进一步丰富生态毒理学的学科内涵。

1.2　环境中的界面

"界面"一词最早起源于物理学，是指两个不同物相间的分界面，界面现象在自然界中普遍存在，小可到分子细胞水平，大可到江河湖泊和宇宙。从物理学角度可将界面定义为，密切接触的两相之间的过渡区，通常有气液、土水、液液、固液、固气等界面。也就是界面通常是针对两个或两个以上的环境介质单元，是两个或更多个系统之间的重叠部分，是环境介质单元间相互作用的产物。与表面不同，界面具有一定厚度和空间特性，是重要的微环境，环境界面不仅是污染物跨多介质迁移的通道，也是污染物或微小生物的高富集区域。

界面在环境学领域研究中尤其常见，污染物进入环境后，必然会在大气—土壤—水体—生物系统中发生一系列的迁移、转化和积累等多介质界面行为。严格来说，地球环境中是不存在完全的单介质环境，如大气环境中就存在有一定量的气溶胶、水分和悬浮颗粒物等，水体中会含有一定的空气、固体悬浮物，而即使在土壤和紧密的岩石中也往往会存在有一定量的水分和气体物质。因此，环境中污染物在多介质环境界面行为往往包括发生在固液、固气等界面的吸附—解吸、挥发、氧化还原、沉淀、络合、水解等及其复杂的理化过程。由于排放到环境中的污染物会在多个环境介质之间进行分配，且污染物在单一介质内部的迁移与跨介质界面的迁移从机理到速率都有很大的不同，因此可以说界面行为决定了环境中污染物的赋存形态、迁移转化、生物有效性及生物生态效应等，长期以来，为了开展污染物在环境中的迁移转化、污染控制、生态毒理等研究，全面系统地揭示污染物在环境中的行为及生态效应，环境界面及其相关研究已成为各国环境科学工作者关注的重点领域和前沿研究内容（李文华等，2004）。

环境系统是由土壤圈、水圈、大气圈以及生物圈等构成的一个非常复杂的综合系统，这些圈层和系统之间就彼此形成了各种各样的界面。例如，土壤和大气的交界面称为土气界面，土壤和水体的交接面称为土水界面，植物根系和土壤之间的交接面称为根土界面，水体和大气的交接面称为水气界面，大气和生物之间的交接面称为气生物界面等。而污染物在环境中的分布和迁移则主要是通过上述这些界面过程的迁移来实现的。环境中的主要界面介绍如下。

1.2.1 水气界面

水气界面的物质传输是物质在多介质环境中跨介质迁移的基本过程之一。近年来，由于水气界面处的气体传输问题对于地球大气中温室效应气体收支的重要意义，水气界面研究受到国际上的广泛重视。由于水气界面受到温度、气压、降雨、风力、太阳辐射、水体特征等诸多条件的影响，因此，水气界面的物质传输经常会表现出强烈的非线性特征。

挥发作用是污染物经水气界面从水体向大气中扩散迁移的重要过程，其对污染物在多介质环境中的迁移和归趋会产生重要的影响。相关研究表明，自然环境中污染物的挥发程度不仅取决于它的热力学状态和物理性质，如水溶度、蒸气压、亨利定律常数和扩散系数等，而且还取决于诸如表面活性剂、吸附剂、生物膜、电解质和乳状液等许多改性物质的存在，同时还与它必须通过的水气界面的性质有关。例如，表面活性剂通过降低界面张力及增加疏水性有机物的溶解度来抑制挥发作用（Shen et al.，2007）；陈丽萍等（2009）的研究表明，量纲——亨利常数是影响污染物水气界面扩散的一个重要因素，量纲——亨利常数越大的污染物，其挥发量受到水流湍动和气液交界面面积的影响也越大，对低量纲——亨利常数的污染物，加大风速可增加挥发量，高量纲——亨利常数污染物挥发量则基本上不受风速影响；陆奇苗等（2013）对水体温度、初始浓度、界面湍动、表面活性剂、盐分、降水等影响挥发性有机化合物在水气交界面传输过程的相关影响因素的分析结果表明，水体温度、界面附近湍流强度对挥发性有机化合物的影响最为显著。

水体表面微层是水体表面一层与水体本身不相混溶的界面薄层，是水体与大气相互作用和污染物在气水界面传输的重要界面，其厚度一般认为是几十到几百微米，与实际水体、沉积物水界面等相比，污染物在水体表面微层会表现出独特的理化性质和生物学特性，并对水体与大气之间通过水体界面进行的物质、能量和信息交换产生明显的影响，在物质的生物地球化学循环中具有十分重要的作用（Dai et al.，1994）。环境中大多数污染物都可以在水体表面微层中进行富集，而风速、蒸发、太阳辐射、大气输入以及在界面表面活性有机物的浓缩等因素，都会导致水体表面微层的化学、生物和物理性质的变化，因此，确定水体表面微层的基本化学和生物学组成，测量其形成、变化和消失的速率，对于研究气水界面物质传输是非常重要的。

1.2.2 土气界面

土气界面一般是指土壤和大气之间的交接面，其包括宏观土气界面和微观土气界面两个方面，宏观的土气界面是指土壤圈和大气圈的重叠、交接区，而微观土气界面则是指土壤内部团聚体形成的空隙中存在气体和土壤微粒之间形成的交接面。土气界面交换过程主要包括颗粒态干沉降和气态干沉降，降雨和降雪的湿沉降以及污染物从土壤向大气的挥发等过程（Cousins et al.，1999）。

干、湿沉降是环境中污染物由大气向土壤迁移的主要途径，同时也是土气界面物质传输的主要过程之一，一般包括颗粒态干沉降、气态沉降、降雨沉降和降雪沉降等4种形式。由于气候条件不同，各地区干、湿沉降所占的比例也不同。一船来说，干旱地区以干沉降为主，同一地区的少雨季节以干沉降为主，而雨季则是以湿沉降为主。4种干、湿沉降形式中，颗粒态干沉降是指吸附到颗粒物上的污染物在重力作用下或与地表物体碰撞而沉降到地表的过程，由于颗粒物对污染物的吸附作用，污染物很容易被束缚到大气颗粒物上，所以大气颗粒物便成为大气中污染物的重要载体。颗粒态干沉降过程受到颗粒物的粒径和密度、下垫面表面粗糙度以及空气湿度、风速、温度等气象条件等因素的控制（Zhang et al.，2001）。气态沉降过程即气态的污染物扩散迁移到地表后，被土壤吸收而发生的沉降，污染物的理化性质、地表土壤特征、土地利用以及环境因素等都会对气态污染物的沉降过程造成显著影响。湿沉降是大气中污染物在降雨或降雪时被吸附和冲刷而从大气中清除的过程，污染物的气固分配是决定气态和吸附在颗粒物上的污染物在降雨或降雪中被清除的主要决定因素。而大气温度，污染物性质，大气中悬浮颗粒物的浓度、组成及其表明性质等则是影响大气中污染物气固分配的主要因素（Harner et al.，1998；Lohmann et al.，2004）。

除干、湿沉降外，污染物从土壤中挥发是污染物从土壤中直接转移到大气中的一种常见过程，是污染物跨界面循环的重要环节之一。污染物从土壤中的挥发首先是气态化合物迁移到气土界面，然后从界面经由几乎静止的层流边界层，通过分子扩散迁移到大气中（Jury et al.，1987）。土壤水分蒸发、土壤中生物的扰动、人为对土壤的影响等都会促进土壤中污染物向大气中的挥发。因此，研究污染物从土壤中的挥发过程，对于了解污染物在土壤中的残留量和停留时间，判断该污染物在大气中的含量和生态毒理效应，掌握污染物的环境归趋等方面都具有重要的理论和实际意义。

1.2.3 根土界面

根土界面是植物根系和土壤之间的交接面，是污染物进入植物体内的主要通道和导致一系列生态安全问题的特殊微生态区，也是根生物界面的主要作用形式，该区域中由于植物根系的存在，使得 pH、CEC（土壤阳离子交换量）、根系分泌物、微生物和酶的活性等理化性质和生物学特性方面与非根土界面有很大的差异（刘霞等，2002）。以灌溉、大气沉降、农业投入、汽车尾气等各种途径进入土壤中的污染物，经过根土界面上的吸附—解吸、溶解—沉淀、氧化—还原、络合—解离等一系列污染过程，被植物吸收，参与植物体的生命活动，从而对生物体的生命活性产生胁迫效应（金彩霞，2006）。

根土界面中污染物的运移主要有污染物随着水分运移而在土壤剖面中垂直运动和污染物从土壤中向根表面运移两种形式，而根系吸收土壤中污染物的能力不仅取决于植物主动和被动吸收的能力，还与近根区土壤中污染物在根土界面运移的速率有关。相关研究表明，吸收过程、吸附过程和解吸过程等是污染物在根土界面污染过程的主要内容，植物根系对污染物的吸收主要包括了质流、扩散和截获等 3 个主要过程（李庆康，1987）。质流是养分随着运动水体而移动的过程；扩散是在浓度梯度下，由于分子或离子的热运动而引起的分散作用；截获则是指根界面的养分不需要迁移就可以被植物根系吸收。根土界面根系吸收的 3 个主要过程中，截获吸收量通常很小，主要取决于根系接触的土壤体系和污染物含量以及植物所需要的数量，一般为吸收量的 10% 以下；质流和扩散对植物根系供应的相对贡献主要与作物种类、作物生育期、土壤含水量和大气蒸发力等环境条件有关。吸附过程则主要包括了非专性吸附和专性吸附两种，污染物在根土界面上的解吸过程常受到土壤 pH、Eh（氧化还原电位）、小分子质量有机酸和吸附载体等因素的影响。

1.2.4 土水界面

土（沉积物）水界面是液固界面的一种表现形式，主要包括粘附功、浸湿功、内聚功、铺展系数和接触角等 5 个方面，与水气界面和土气界面等其他界面相比，土水界面更为复杂，它不仅涉及污染物的传输，而且还涉及水和沉积物本身的传输。即，污染物在该界面的传输既可以在水中以溶解态进行，也可以在颗粒物上的吸附态进行，还可以通过生物体进行，是典型的生物地球化学过程。因此，污染物在该区域的积累和传输，在很大程度上影响着该污染物的理化性质和生物学特性。土水界面行为是目前国内外关于土壤（沉积物学）和水环境学研究领域的热点课题之一。

1.3　土水界面污染流的形成及影响因素

土壤圈物质循环是当今土壤学和环境科学的重要课题，污染物从土壤圈向其他圈层尤其是向水圈迁移扩散的行为过程与环境影响则是这一领域的重要内容之一。长期以来，环境科学工作者在从事该领域的研究工作中，往往就自觉或不自觉地涉及土水界面问题，而土水界面污染流的概念正是在基于土水界面间土水相互作用的基础上提出来的。国内外关于土水界面污染流的相关研究多从非点源污染和土水相互作用的角度出发，虽然尚未明确提出"土水界面污染流"的概念，但也都基本涉及了土水界面间土水相互作用机理、径流污染负荷估算及降雨径流冲刷土壤过程中污染物的变化规律等研究内容。

1.3.1　土水界面污染流污染物的来源

土水界面污染流的形成实质上是土水作用条件下污染物在土水界面的一种扩散过程，从某种意义上说，土水界面污染流也是非点源污染的一种特殊表现形式，是一种分散的污染源造成的。因此，城郊土水界面污染流的产生同非点源污染的形成与发生过程一样，主要受水文循环、降雨及融雪径流形成过程的影响和支配，由于污染物是通过水中的某种载体或以溶解在水中的形式进入受纳水体，而城郊农田的地表径流对于土水界面污染流的形成也是必不可少的。在形成地表径流的过程中，由于降雨雨滴剪切、撞击以及形成径流过程中的水力冲刷作用会形成泥沙流失，导致各种土地利用活动中产生溶解的或固体的污染物，从非特定地点随着降雨产生的径流汇集并携带着包括重金属、持久性有机污染物、农药、N、P 等营养元素在内的多种污染物，最终形成土水界面污染流。除水文循环、降雨及径流形成过程的影响外，土壤本身的污染特征、大气的干、湿沉降、固体废弃物（垃圾）堆放、工业生产以及城市和城郊径流的非点源污染是影响土水界面污染流污染特征的直接影响因素。

土水界面污染流主要污染物及其来源和影响如表 1-2 所示。

表1-2 土水界面污染流主要污染物及其来源和影响

污染物	污染源	影响
N	农业肥料施用，田间径流，大气沉降，生活废水排放	富营养化，特别在沿海海域，污染水源，导致酸化现象
P	水土流失，农业肥料施用，牲畜粪便，洗涤剂和城市地表径流中的有机物	导致淡水富营养化，藻类过度繁殖，自然栖息地退化，增加水处理成本
重金属 Cd、Pb、Hg、As 等	城市径流，土地处理的工业废物和污水处理厂污泥，农田污水灌溉，受污染的地下水，金属冶炼	毒害作用，对人类健康产生危害
PAHs	城市径流，干、湿沉降，化石燃料不完全燃烧	毒害作用，威胁人体健康和生态环境
沉淀物	耕地径流，林业生产，水土流失，城市径流，建筑业	鱼塘和水库的淤积，阻碍鱼类孵化
农药	农业，城市园林和路边除草	毒害作用，污染饮用水源
油和碳氢化合物	城市径流、储存和处置过程中的泄漏，工业和道路径流，车辆修理，废油的处置	毒害作用，地表水的不良气味，河流底泥污染，地下水污染，自来水有味道
粪便病菌	污水排放，牲畜粪便，粪肥施用，有机废物的施用，下水道溢流	污染水源，对人类健康产生危害
酸化污染物	车辆和工业废气	酸雨，敏感水域酸化，富营养化
有机废物	农田废物（泥浆、饲料、作物），污水处理后产生的污泥，用土地处理的工业废物	生化需氧量（BOD）升高，营养物富集
化学物质	生活和工业废水或径流	毒害作用，扰乱内分泌，污染饮用水源

1.3.2 土壤污染对土水界面污染流形成的影响

从土水界面污染流的形成过程可以看出，土水界面污染流的形成是土壤与水体间物质交换的一种重要形式，而土壤性质是影响土水界面污染流形成的根本条件。农田土壤与周边水体间的物质交换主要表现为田间径流迁移、渗漏淋洗、灌溉与排水等所引起的重金属、持久性有机污染物以及 N、P 等营养物质从农田土壤中向附近水体的迁移或反方向运动。相关研究表明，河流悬浮物与其流域的土壤性质关系密切，而且对水体中有害物质的浓度有很大影响

(Fisher et al. , 2000；Elizabeth Neoye et al. , 2004)。如对于农田的重金属和农药污染来讲，由于外来重金属及农药多富集在土壤的表层，很容易受到径流的影响，发生跨土水界面的迁移转化。而长期利用污水灌溉的农田土壤中重金属元素含量较高，则极易形成次生污染，随暴雨径流特别是流失泥沙迁移而污染下游水体。此外，土壤中化肥和农药流失的强度与使用后降雨发生的时间、降雨强度、土壤前期含水量、农药的土壤吸附能力等有关，研究发现，异丙甲草胺和阿特拉津使用后，若1周内发生降雨，将导致7％阿特拉津和5％异丙甲草胺流失（Gayor et al. , 1993）。除污染物外，水的软硬度、色度、浊度、可溶污染物以及水体富营养化等均与土壤性质有着直接或间接的关系。因此可以说，土壤是土水界面污染流形成的基本物质条件，而土壤的污染程度和污染类型则直接控制着土水界面污染流的污染性质和特征。

1.3.3 大气污染对土水界面污染流形成的影响

人类活动排放进入大气中的各种污染物经过扩散、传输、吸附在大气气溶胶及其颗粒物上，特别是微量重金属元素和持久性有机污染物，并经过干、湿沉降作用携带空气中的污染物而进入土壤是污染物由大气向土壤转移的主要途径，同时也是气土界面物质传输的重要过程之一。对于土水界面污染径流来说，湿沉降是重金属的重要来源之一（Stephane Garnaud，1999），雨水中重金属大多数以溶解态形式存在，与干湿天气没有明显的关系，而污染物本身的化学性质在重金属从雨水到径流迁移过程中起主导作用。由于大气污染沉降对于土壤而言是一个开放、持续的系统，区域条件下产生的通量很大，因此，经大气气溶胶沉降而带入土壤中的污染物也极为可观，因大气污染沉降而导致土壤中有毒有害物质增加的研究报道更是屡见不鲜（Nriagu，1984；张乃明，2001；叶兆贤等，2005）。大气污染沉降对土壤产生不良影响的重要污染物有SO_2、NOx（氮氧化物）、重金属、POPs（持久性有机污染物）、农药、石油烃等。大气中重金属降尘是影响土壤中重金属含量的一个主要因素，据估计，全世界每年约有1 600 t的Hg通过煤和其他化石燃料燃烧排放到大气后沉降到土壤等环境中；太原土壤系统中来自大气降尘的年输入量分别为Cd 6.34 g/（hm^2·a）、Pb 349.4 g/（hm^2·a）、Hg 4.48 g/（hm^2·a）（张乃明，2001）。冶金工业烟囱排放的金属氧化物粉尘，在重力作用下以降尘形式进入土壤，形成以排污工厂为中心、半径为2～3 km的点状污染。产生于化石燃料和生物物质不完全燃烧而形成的多环芳烃等持久性有机污染物，进入大气圈后可能通过长距离输送迁移到其他区域，并可经由干沉降或湿沉降过程进入地表土壤、水体和生物体等陆生及水生生态系统，甚至可经大气、水体进行跨行政区域长距离传输而参与全球生物地球化学循环。可以看出，大气污染物的干、湿沉降为土水界面污染流的进一步形成提供了良好的物质条件。

1.3.4　工业生产对土水界面污染流形成的影响

工业生产对土水界面污染流的形成可以产生直接和间接的影响。一方面，工业生产对土壤环境造成巨大的影响，其主要表现在 3 个方面（周启星等，2005），一是大型机器设备以及厂房建设对土壤的压实，破坏了土壤的原始结构和其他物理性状；二是煤、石油和矿石等自然资源的大规模开发，造成了大量表层土壤的剥离和扰动，彻底破坏了表层土壤原始的理化特性；三是工业生产过程中排放的大量"三废"物质，通过各种途径进入环境，并最终进入土壤，对土壤构成了日益严重的化学污染，导致土壤污染程度不断加剧。工业生产对土壤环境的这种影响在土水作用过程中就间接影响到土水界面污染流的形成。另一方面，工业生产产生大量的工业固体废弃物，这些固体废弃物主要来自采掘业、化学原料及化学制品、黑色冶金及化工、非金属矿物加工、电力煤气生产、有色金属冶炼等。固体废弃物中往往含有煤矸石、铬渣、粉煤灰、碱渣以及其他各种矿渣和工业生产废渣（王文兴等，2005）。这些工业废弃物的随意堆放和废弃，往往成为土水界面污染流产生的源头。近年来，各种工业如采矿、冶炼、电镀等废水和固体废弃物的渗出液直接排入水体，或者吸附有重金属的土壤颗粒在土水作用过程中被地面径流携带进入河流湖泊，致使水体中有毒重金属元素的含量越来越高。

1.3.5　城市径流非点源污染对土水界面污染流形成的影响

城市径流非点源污染，是指降雨过程淋洗、冲刷空中飘浮物、建筑附着物和道路地表物，形成土水界面污染流并通过漫流进入水体的污染现象。城市地表径流污染是仅次于农业污染的第二大面污染源（Corwin et al.，1997；Wu et al.，1998；Delietic et al.，1998）。城市路面径流污染是城市地表径流污染源的主要组成部分，由于城市中土地不透水面积比例高，因此，暴雨径流来势凶猛，水量大、水质差，污染具有突发性。相关研究表明（Li et al.，1996；Gromaire et al.，2001），城市降雨径流除含有悬浮物、好氧物、营养物质外，还含有重金属、碳氢化合物等对环境危害性大的污染物，汽车排放废气中的大部分污染物最终也都在自然沉降或雨水淋洗作用下形成土水界面污染流迁移至水环境中。赵剑强等（2002）的研究表明，城市道路路面雨水径流中的有机污染物及 SS（悬浮物）浓度不低于典型生活污水的污染物浓度；路面雨水径流中 COD（化学需氧量）、BOD、SS 及石油类污染物浓度远高于《污水综合排放标准》的限值。这些与美国和荷兰的研究结论基本一致，即每年由城市地表径流造成的污染负荷相当于该城市污水处理厂排放的污染负荷，路面径流中

SS、重金属及碳氢化合物的浓度与未经处理的城市污水基本属同一数量级。

一般而言，影响城市路面土水界面污染流的因素包括：降雨强度、降雨量、降雨历时、交通流量、车型构成；与道路周围的土地利用及地理环境特征相关的非道路污染源；路面清扫、维修养护等。其中降雨强度决定着土水界面污染流污染物的产生量，降雨量决定着稀释污染物的水量，降雨历时决定着污染物在降雨期间累积于路面时间的长短；交通流量及车型构成决定着与汽车交通相关污染物的类型及排放量，并影响着与之相伴的路面磨损残留物量；与道路周围土地利用及地理环境特征相关的非道路活动决定着非道路污染源在路面的沉积状况；路面清扫的频率及效果影响着晴天时在路面累积的污染物量。总之，路面径流污染形成的土水界面污染流排污量及其污染物浓度随着降雨状况及路面污染物累积状况的不同而表现出随机的变化。

近年来，随着我国经济建设的加快，城市建设迅猛发展，城市基础设施建设日新月异，房地产异常火爆，城市里塔吊林立，沟壑纵横，各种各样的工地随处可见。建筑垃圾露天堆放、工地上黄土裸露，现场缺乏必要的防渗防漏等保护措施，一旦出现降雨，这些都是土水界面污染流产生的源头。

1.4　土水界面污染流污染物迁移转化的影响因素

水土的相互作用是土水界面污染流形成的基本条件，由于水土作用是一个复杂的、多因素相互作用的体系，涉及因素多、作用形式复杂，各学科研究的角度、概念的提出、物理解释各不相同。从土水界面污染流形成的角度看土水间的相互作用，主要涉及土水系统间污染物的迁移、转化、吸附、降解、扩散及与微生物等一系列化学的、物理的和生物的作用，包括污染物在降水、灌溉、地表径流等外界条件下从土壤向水体的迁移扩散过程、规律、途径及影响因素等方面。尹澄清等（2002）认为，污染物在土水界面主要以两种方式进行迁移，一是悬浮态流失，即污染物结合在悬浮颗粒物上随土壤流失进入水体；二是淋溶流失，即水溶性较强的污染物被淋溶而进入径流。

就重金属而言，其在水体中的主要迁移过程基本上涵盖了水体中各种已知的理化和生化过程，可大致概括为：一是在水力作用下溶解态和悬浮态微量重金属在水流中的扩散迁移过程和沉积态重金属随底质的推移过程。二是溶解态重金属吸附于悬浮物和沉积物后向固相迁移过程，而影响溶解态重金属吸附的主要因素为水体泥沙浓度、泥沙粒度、温度以及水相离子初始浓度等。三是悬移态和沉积态重金属向间隙水溶出而重新进入水体的释放过程，悬移态重金属沉淀、絮凝和沉降过程，沉积态微量重金属再悬浮过程，生物过程即生物摄取、富集、微生物及生物甲基化等。对重金属重新释放的影响因素则主要包括泥沙浓度、颗粒粒径、沉积物厚度、溶出碱浓度、水流紊动强度以及温度、pH 和有机质含量等。四是水体中重金属通过水面向空气中迁移的气态迁移过程。

当前，由于 N、P 等营养物质造成的非点源污染，如地下水污染、地表水环境质量恶化等环境问题日益明显，使得国内外对其在土水界面的迁移转换研究尤为重视。曹志洪等（2006）对太湖流域土水间的物质交换，尤其是土水间 N、P 的交换和农田土壤 N、P 流失迁移规律等进行了系统研究；张路等（2006）利用原柱样静态释放实验及间隙水分子扩散模型对太湖典型草型湖区及藻型湖区土水界面氮磷交换通量的时空差异进行了研究。单保庆等（2000）和黄满湘等（2003）利用模拟降雨法分别研究了巢湖地区和北京郊区 N、P 的输出特征和机理。Martinova（1993）运用 Fich 第一定律对土水界面间隙水和上覆水中 N、P 营养盐迁移的浓度梯度进行了计算。相关研究表明，N 在土水界面的迁移途径主要包括 N 随水在坡面土壤的养分流失、土壤剖面淋溶和土壤中溶质运移等过程在量及其形态上的变化（许峰等，2000；Wang et al.，2002），而降水、灌溉、土壤质地、土壤类型、土地利用类型、施肥种类、不同耕作方式和植被以及河流形态、流域景观结构特征等因素则是影响 N 在土水界面间迁移的主要影响因子（Zöbisch et al.，1995；Scholz et al.，2004；司友斌等，2000）。如黄丽等（1999）对三峡库区紫色土坡地养分流失的研究表明，N 的流失主要以降雨过程中流失的粉粒及黏粒等小粒径土壤颗粒为主要载体。土壤中的 P 和 N 不同，P 在土壤中不容易移动，其磷酸盐离子也不容易被淋溶，P 在土壤—水环境中的迁移转化是影响其在土水界面行为的重要因素。美国学者从土壤侵蚀、地表径流、土壤养分磷背景值、化肥和有机磷的使用量以及使用方法等方面，对土壤中 P 流失的风险进行了研究（Mulueen et al.，2004）。同时，相关研究表明，土壤中的有机质可加速 P 的淋溶运动，而淹水导致土壤 P 在土水环境中发生变化，使得在淹水厌氧状态的土壤中，P 更易运动（White et al.，2006），如田娟等（2008）对淹水土壤土水界面间 P 迁移转化和土壤 P 的释放机制进行的研究显示，Eh、Fe^{2+}、Fe^{3+} 和 DOC 是影响土壤上覆淹水 P 释放的主要因子。

除 N、P 等营养元素外，朱利中等（2000）研究了对硝基苯酚在有机膨润土水界面间的行为及机理，刘维屏等（1990）对丁草胺在水稻田表土和水体中的迁移降解规律进行了研究，华珞等（2004）、李俊波等（2005b）对不同降雨时段下表层径流水中 K、Na、Ca、Mg 等的流失规律进行了分析和研究。党秀丽等（2007）研究了温度对外源性重金属 Cd 在土水界面间形态转化的影响，Wilson 等（1996）的研究结果则表明，土水系统的 pH 是影响 Cd 在土水界面迁移、转化、淋溶和积累的重要因素。此外，葛冬梅（2002）对太湖地区有机氯农药在土水界面的迁移特点进行了研究，何艳（2006）从五氯酚在土壤中吸附行为的角度出发，深入探讨了土壤性质、液相平衡等对五氯酚的土水界面行为的影响。

大量研究表明，降雨 pH（降雨酸度）、降雨强度、地表坡度、土壤类型和土地利用类型等因素是影响土水界面污染流产生及土水界面污染物迁移转化的重要因素。

1.4.1 降雨 pH 对土水界面污染物迁移转化的影响

降雨 pH 可以对土水界面污染物的迁移转化产生深刻影响，降雨 pH 能够影响土壤中污染物的形态，进而改变污染物在降雨径流中溶解的难易程度，从而影响土壤中离子的淋溶量和程度。相关研究表明，重金属的淋溶迁移是一个复杂的理化过程，既有垂直运动，又有水平扩散；既有溶解、解吸作用，又有水解、配位反应，是理化因素相互作用达到动态平衡的结果，而影响重金属在土壤中迁移的主要因素就是 pH（Andreu et al.，1999；Romkens et al.，1999）。

同时，降雨 pH 还能改变土壤理化性质并对污染物的吸附解吸过程产生很大影响。土壤经酸雨淋溶后，某些矿物会发生风化，释放出盐基离子（Zeng et al.，2005；Zhang et al.，2007），使土壤盐基饱和度降低，也会使部分交换性盐基离子转成非交换态。例如，凌大炯等（2007）研究发现，酸雨淋溶土壤的时间越长，盐基离子的迁移量越大，土壤经≥5 d 的酸雨淋溶后，土壤交换性盐基离子的含量均随淋溶时间的增加而减少。酸雨可使土壤中重金属等微量元素的形态发生变化，由次稳定态向不稳定态转化，据研究，在模拟酸雨条件下，Cu 的优势形态由有机络合态向可交换态、碳酸盐结合态和锰氧化物结合态转化；Pb、Zn、Cr 则由原来的铁锰氧化物结合态向可交换态转化。这种形态变化的结果，不仅增加了土壤重金属元素的可利用程度，也提高了重金属的迁移性，使得土壤重金属的移动性加强，溶出量增大，从而促使土水界面中土壤重金属向水体的迁移，增大了土水界面污染流重金属含量。随酸雨 pH 的降低，土壤中 Cd、Cu、Pb、Zn、Cr、Mn、Ni、V 等有毒重金属元素溶解度升高，迁移、渗漏能力明显增强，如金彩霞等（2007）、廖敏等（1999）、Wilson 等（1996）等对水土界面 Cd 迁移特征影响的研究表明，pH 是影响水土界面 Cd 迁移行为的关键因素，其决定了 Cd 在水土界面的迁移速度及进入水体的难易程度。蒋建清等（1995）的研究结果表明，酸雨能促进土壤中 Cd、Pb、Cu 和 Zn 的迁移，随酸雨 pH 增加其促进作用也加强。郭朝晖等（2003）研究了模拟酸雨连续浸泡下污染红壤和黄红壤中重金属释放及形态转化，结果表明，随着模拟酸雨 pH 下降，污染土壤中重金属释放强度明显增大。许中坚等（2005）对南方酸雨影响下 4 种红壤中重金属 Cd 和 Cr 的研究结果表明，酸雨加速了红壤中重金属 Cd 和 Cr 的释放和淋溶损失。

土水界面土壤 N、P 的流失主要是指土壤中 N、P 的径流和淋失，土壤 N 的淋溶流失在许多情况下都十分强烈，是养分利用率低下和导致水体污染的重要原因，而 P 由于受到土壤的吸附固定，通过淋溶进入水体的 P 相当有限。研究表明，酸雨对土壤 N、P 的淋失有显著影响（Atalay et al.，2007），但不同土壤条件和土壤类型存在很大差异。如张华等（2007）研究了酸雨影响下，不同施肥处理紫色土 N、P 淋失的动态变化特征，结果表明，同一施肥处理下，土壤硝态氮淋失量随酸雨 pH 的升高而增加。曾曙才等（2007）研究了施用等量有机复合肥条件下，不同酸度模拟酸雨对赤红壤氮磷淋失特征的影响，结果表明，铵态氮、硝态氮和总磷淋失量均随酸雨 pH 增大而下降。钱晓莉等（2005）的研究结果显示，降雨 pH 对中性紫色土硝态氮淋失的影响较为明显，且 pH 越低，土壤中硝态氮淋失越明显。也有研究认为，土壤铵态氮为阳离子，易被土壤胶体吸附固定而不易淋失，随着酸雨中 H^+ 浓度的增高，NH_4^+ 易被 H^+ 交换下来进入土壤溶液而遭到淋失，而酸雨对土壤硝态氮流失的影响不大。此外，张伟等（2007）就溶液 pH 及模拟酸雨对两种磺酰脲类除草剂在土壤中行为的影响研究表明，土水系统 pH 升高能明显地降低除草剂苄嘧磺隆和甲磺隆在土壤中的吸附，促进其在土壤中的迁移，其吸附常数与土壤 pH 呈负相关。

1.4.2 降雨强度对土水界面污染物迁移转化的影响

降雨强度是影响土水界面污染物迁移转化的重要因素之一，不同的降雨强度，由于打击分散土壤颗粒的力度和产生的径流流量不同，从而引起土水界面污染物迁移转化的规律也不相同。雨滴到达地面之后，在降雨率大于土壤渗透率时，水聚集在地表，在一定的条件下开始形成径流。在径流形成的最初阶段，降落的雨滴破坏土壤团聚体的结构，将土壤颗粒剥离出土体，增加径流紊动性，同时溅散的土壤颗粒堵塞土壤孔隙，会将土壤表面封合，阻止降水入渗，使渗漏量减少，径流量增加。也就是说，取决于雨滴质量和速度的降雨能量使土壤颗粒分散，并且以吸附、溶解沉积在地表上的污染物的形式形成土水界面污染流。土壤污染物在侵蚀条件下随径流迁移主要表现为 3 种方式，一是土壤液相中的可溶性污染物在径流中的溶解；二是土壤颗粒物吸附的污染物在径流中的解吸；三是土壤颗粒中的污染物被径流夹带、冲刷而被水体携带。相关研究表明，重金属等污染物随地表径流沉积相的流失大部分发生在降雨初期，而从重金属溶解态流失量占总量流失量的比例来看，重金属随地表径流水相的迁移主要是通过悬浮细颗粒态（Legret et al.，1999）。Keeney 等（1973）

的研究也表明，大多数径流的发生均伴随着泥沙对化学物质的迁移，即土壤表层的泥沙结合态污染物（如重金属及化肥农药等）在雨滴打击及径流冲刷作用下，向地表径流传递，并随地表径流和泥沙进行迁移，且径流量和侵蚀量的大小与降雨强度关系非常密切。周俊等对农田面源污染的研究发现，农田面源污染受降雨的影响最大，降雨过程中，由于从空中坠落的雨滴具有一定的能量，当其由空中下落集中砸压土壤颗粒时，由动能转换的力使得土壤颗粒四处飞溅、到处分离，导致土壤颗粒极易被地表径流携带流失，雨滴的冲击还能使土壤表面变得紧实，下渗量减少，间接导致地表径流的增加，因此降雨量越大，降雨强度越高，污染物产生量就越大，降雨过程为农业面源污染物质的迁移提供了原动力（周俊等，2000）。孙飞达等根据 20 场人工降雨的观测资料，就林带、牧草地、人工草地和裸露耕地径流量和产沙情况进行统计发现，降雨强度对任何土地利用类型都有较大的影响，在降雨历时 40 min 而降雨强度不同的情况下，降雨量与径流量和产沙量有非常高的关联度，农地径流量、侵蚀模数随降雨强度的增加而增加，并与降雨强度呈指数函数或幂函数关系（孙飞达等，2007）。高海鹰等的研究结果也表明，在不出现地表径流的情况下，降雨强度越大，水分下渗速率、铵态氮和硝态氮淋失速率也越快，总氮的淋失量也越大（高海鹰等，2008）。杨丽霞等（2007）对不同降雨强度条件下太湖流域典型蔬菜地土壤 P 径流特征的研究表明，随着降雨强度的增加，不同形态 P 的平均流失速率都在增加，而颗粒态 P 随地表径流搬运迁移是 P 的主要流失形态；孟丽红等（2006）的研究表明，泥沙含量对多环芳烃的吸附有一定影响，随着泥沙含量的增加，多环芳烃总吸附量在增加。

可以看出，降雨强度是决定土壤中污染物随降雨径流迁移能力的重要因素，对土水界面污染流的形成和污染流污染特征有着极为重要的影响，而雨滴降落和径流冲刷过程中，剥离出土体的土壤颗粒则是控制土水界面污染流污染物迁移转化的重要因素。

1.4.3　地表坡度对土水界面污染物迁移转化的影响

地表坡度是土壤侵蚀和土壤溶质及污染物流失、迁移的另一个重要影响因子，重金属等污染物的迁移主要是伴随着土壤侵蚀过程而产生的，平整土地可以减少坡度对侵蚀的影响以增加土壤水分，降低径流流速和防止冲沟形成。江忠善等（1989）在陕北安塞水保试验站原状黄绵土小区上进行的观测表明，随地表坡度的增加，向上坡的溅蚀量保持减小趋势；而向下坡的溅蚀量开始时随地表坡度增大而增大，达到一定坡度后反而随着坡度增大而减小。王瑄等（2006）在较大坡度范围和流量进行的径流冲刷实验表明，相同流量条件下，21°以下随着坡度的增加土壤剥蚀率是逐渐增加的，21°以上随着坡度的增加土壤剥蚀率呈减少趋势，这表明坡度 21°左右是径流剥蚀土壤的临界坡度；胡世雄等（1999）运用能量法和泥沙运动力学理论并结合室内实验观测资料探讨了坡面土壤临界坡度问题，结果表明，以面蚀为主时，临界坡度为 22°～26°。

显而易见，地表坡度是影响污染物土水界面理化过程和迁移转化的另一个重要因素，地面坡度越大，流速越大，水土流失量也越大，其和降雨强度共同影响土壤侵蚀率进而影响泥沙结合态污染物的迁移过程。李俊波等（2005a）采用室内模拟降雨装置和 ICP−MS 质谱分析技术研究了密云地区农田褐土在5 种坡度和 3 种降雨强度交叉实验表层径流中 Fe、Mn 等 7 种阳离子在不同降雨时段下的流失规律，研究发现，在降雨强度相同、时间段一致条件下，坡度对阳离子流失量最大值有一定的影响。华珞等（2004）以 K、Na、Ca、Mg 离子为对象进行了更为细致的研究，研究表明，坡度不但影响上述金属离子的流失量，而且不同坡度下金属离子流失量峰值出现的时间也不尽相同，其规律非常复杂，需要深入研究。

1.4.4 土壤类型对土水界面污染物迁移转化的影响

进入土壤中的外源污染物，由于土壤对污染物的吸附和滞留，才不至于因为大量的有毒化学进入环境而对人类及生态环境造成危害，这也是土壤具有一定的自净能力和环境容量的根本原因。由于土壤类型对土壤中存在的有机和无机胶体含量、土壤有机质、土壤 pH、土壤 CEC、土壤氧化还原电位以及由此引起的土壤中范德华力、氢键、离子键、质子键等作用的影响很大，因此，不同的土壤类型对进入土壤中外源污染物的吸附和滞留能力不同，从而使得土壤类型成为影响土水界面污染流污染物迁移转化的一个关键因素。

土壤类型是影响土壤有机质含量的主要因素，不同的土壤类型有机质含量差异很大，如我国东北地区的黑土，由于气温较低有利于土壤有机质的积累，使得东北黑土土壤有机质含量相对丰富，一般在 3%～6%，高者可达到 15%，从黑土区向西北，随着气候条件和土壤类型的变化，有机质含量逐渐降低，如黑钙土有机质含量为 50～70 g/kg，栗钙土为 10～45 g/kg，棕钙土则为 6～15 g/kg。由于土壤有机质表面存在着大量的官能团如羧基、酚羟基和醇羟基等，土壤有机质在对重金属、有机污染物等的吸附过程中发挥着重要的作用，成为影响土水界面中污染物吸附反应的主要影响因素。已有研究表明，土壤有机质含量与土壤重金属有密切的关系，其通过参与重金属的络合与螯合作用，与重金属离子形成具有不同化学和生物学稳定性的物质，从而影响土壤重金属的积累和迁移转化过程，如对长春市土壤重金属污染的研究表明，随着土壤有机质含量的增加，土壤 Pb、Cu、Zn 等重金属的富集作用明显增强，尤其是对 Pb的富集作用达到极显著水平（郭平，2005）；王浩等（2009）的研究结果表明，土壤中有机质积累显著地增加了有机质结合态重金属的比例，降低了氧化物结合态和残渣态重金属的比例。与重金属相比，大多数有机污染物都是非极性的，其吸附程度主要取决于土壤有机质的含量与性质，尤其是在有机质含量大于1％时。此外，也有研究发现，有机污染物在有机质含量高的土壤中，其生物有效性明显低于有机质含量低的土壤，如芘在有机质含量较高的黑土中生物有效性显著低于有机质含量低的水稻土。

土壤酸碱度即土壤pH是随着土壤类型的分异而变化的，我国土壤pH大多数在4.5～8.5，长江以南的土壤为酸性或强酸性，长江以北的土壤多为中性或碱性，由南向北，随着土壤类型的不同，土壤pH相差达7个数量级。土壤pH是影响土壤吸附污染物的主要因素之一。相关研究表明，土壤pH直接控制着重金属氢氧化物、碳酸盐、磷酸盐的溶解度，重金属的水解，离子半径的形成，有机物质的溶解剂土壤表面电荷的性质，因而在重金属吸附过程中起着主导作用（Bruemmer et al.，1988）。一般来说，在酸性条件下，土壤中吸附反应起主控作用，而随着土壤pH的增加，土壤中的有机质表面、黏土矿物和水合氧化物的负电荷增加，对重金属的吸附力加强，沉淀反应所占的比重逐渐增大，导致可交换态重金属离子浓度的降低（Kabra et al.，2007）。除重金属外，土壤pH也会对多环芳烃等有机污染物的吸附、迁移、转化等产生直接或间接的影响，如康耘等（2010）通过开展土壤pH对土壤多环芳烃纵向迁移影响的模拟实验结果表明，土壤pH的变化加强了多环芳烃在土柱中的纵向淋滤能力，不同种类的多环芳烃淋滤特性表现不同，pH增加更能增强低环多环芳烃的迁移淋滤能力，pH降低则更能促进高环多环芳烃从土壤表层向深部迅速迁移。

土壤矿物质是土壤的主要组成部分，一般占土壤固相部分重量的95％～98％，是土体的"骨架"，土壤矿物质的组成、结构和性质对土壤性质影响极大，是识别土壤形成过程，鉴定土壤类型的基础。土壤矿物质中K、Na、Ca、Mg等构成的晶格为无机离子提供了广泛的吸附空间，重金属等无机离子可通过取代反应的方式替换常规离子而进入晶格内部。土壤矿物的组成，尤其是土壤黏粒含量等也是影响CEC的主要因素，这些都对土水界面污染流污染物在土壤和水体之间的迁移转化产生重大的影响。此外，土壤中存在一些常见的黏土矿物，如膨润土、高岭土、伊利石等也都可以通过表面吸附作用滞留有机污染物，如酚类、硝基苯等（Harderlein et al.，1993；Weissmahr et al.，1996）；黏土内层表面也能够明显吸附苯、三氯乙烯、菲及除草剂等污染物（Huang et al.，1996）。

由此可见，土壤有机质、土壤pH、土壤矿物质等土壤理化性质通过土壤类型这一集中反映，对土水界面污染物迁移转化产生至关重要的影响。

1.4.5　土地利用类型对土水界面污染物迁移转化的影响

土地利用类型是水文、水环境的重要因素，土地利用类型代表了土地覆盖的变化，改变下垫面特征，土壤可侵蚀性也因此发生改变，对水循环及物质运移产生极大影响（Budhendra et al.，2003）。由于降雨的冲刷作用，表层土中的重金属等污染物会分配到径流中并随径流溶液和悬浮物的流动而迁移。降雨条件下土壤污染物的迁移一般有两个过程，除以上论述的污染物随径流的地表迁移外，土壤污染物随下渗的水分向深层迁移也是重要的迁移过程。一方面，由于污染物的垂直迁移与地表迁移两种趋势存在竞争关系，土地利用方式通过改变土壤入渗能力而间接影响土水界面污染流的形成及运移过程。如高鹏等（2005）采用人工降雨法研究了林地、草地和农地 3 种土地利用类型土壤入渗能力的对比研究，发现暴雨条件下，对于林地和荒坡草地，土壤水分入渗速率有随降雨强度增大而增大的趋势，而对于裸耕农地，随着降雨强度的增大，土壤水分入渗速率有降低的趋势。不适当的土地利用类型是导致土壤侵蚀和过量的 N、P 随地表径流流失，从而形成对河流的大面积非点源污染的重要原因（Vladimir Novotny，1999）。如李恒鹏等（2006）定量评估太湖流域土地利用类型变化对 N 输出的影响发现，1985—2000 年期间，由于城镇快速扩展造成的土地利用类型的变化产流量平均增长 41.1%，总氮（TN）输出量平均增长51.5 %，最高值为 21.62%，由此即可看出土地利用类型对径流量、污染物输出量的显著影响。另一方面，土地利用类型对非点源污染的影响不仅体现在各类土地利用所占的比重上，也体现在各类土地利用相对的空间分布，尤其在结构类型上差异不大时，空间分布影响较明显。土地利用类型和土地覆被类型的空间组合影响着土壤养分的迁移规律，不同的土地单元对土壤养分的滞留和转换有不同的作用，如 Peter.john 等（1984）对 N、P、C 流失分析发现，在自然植被及其土壤系统的养分循环能力远远强于玉米地、N 循环在河边林地中远远高于耕地中，P 也有类似的调查结果。袁冬海等（2002）对不同土地利用类型下红壤坡耕地 N 素流失研究表明，等高耕种、休闲地等控制土壤 N 流失优于水平沟和水平草袋耕作方式。此外，重金属随暴雨径流的迁移也是土地利用类型影响重金属运移的主要方式，也是造成地表水大面积非点源重金属污染的根本原因，尤其是在农业高度集约、化肥和农药大量施用的中国东南沿海农业集流区表现得更为突出（郭旭东等，1999）。孔文杰等（2006）在配合施肥对油菜—土壤重金属平衡的研究结果表明，浙江省嘉兴某农场油菜地单茬种植期内土壤重金属 Cu 径流总量为 $0.116\sim0.200\ \mathrm{g/hm^2}$，Zn 径流总量为 $0.267\sim$ $0.627\ \mathrm{g/hm^2}$，Pb 径流总量为 $0.002\sim0.017\ \mathrm{g/hm^2}$。另有其他很多不同角度的研究证实，土地利用类型与降雨特征、土壤类型等因素共同影响土水界面污染流的形成，在其他条件不确定的情况下，讨论土地利用类型的影响规律是困难的（李兆富等，2006；梁涛等，2005）。

虽然目前研究对影响土水界面污染流形成和运移过程的因素已有很多探讨，但研究对象大多集中在 N、P 等营养物质和 K、Na 等盐基离子上，对重金属的研究也仅限于某一种重金属离子，而研究的目的也主要着眼于降雨径流冲刷后造成的土质恶化和水土流失引起的农业面源污染对地表水质的影响。相对于当前的研究对象，农药、除草剂、重金属和多环芳烃等物质在生态毒性上无疑更强，其随污染流流入水体后对水质的危害性也更强。但对这些污染物在降雨径流冲刷中受降雨 pH、降雨强度和地表坡度等因素影响的规律及这一系列污染物作为一个整体的生态毒性研究仍较缺乏。此外，研究者常常习惯于分别讨论土水界面问题中的物理因素和化学因素。比如，将地表坡度、降雨强度和地表状况等物理因素结合起来分析，或将降雨 pH，有机污染物的形态及性质等化学因素综合分析，但很少将理化因素结合在一起研究。这些局限使现有的研究不能完全准确地模拟实际环境，得到的规律也并不能完全反映真实的土水界面过程中污染物的产污过程和规律。

1.5 土水界面污染流污染负荷的模拟和空间分布

1.5.1 降雨径流与土水界面污染流污染负荷的关系

不同于工业废水或城市污水点源排放所具有的排污连续、水质恒定的特点，城郊土水界面污染流污染物的排放呈现出明显的晴天积累，雨天排放的特征。降雨条件下城郊土水界面污染流排污量及污染流污染物种类、组成和含量是随着降雨状况及城郊土壤污染物积累状况的不同而表现出随机的变化，一方面，这种变化不仅表现为不同场次降雨的测定值不同，而且使得在同一场降雨中，污染物浓度及排污速率亦随着降雨过程的变化而变化；另一方面，不同的土地利用类型、地表坡度、耕作方式等也直接影响着污染流污染物的产生。

大量国内外实测资料表明，在降雨径流情况下，总固体、悬浮物（SS）、总磷（TP）、锰（Mn）、铁（Fe）等非溶解性污染物的负荷率过程线呈明显的单峰曲线，而且浓度峰大多出现在洪峰之前；溶解性污染物，如 NH_3-N、NO_3-N、总有机碳（TOC）等，在暴雨径流过程中，其浓度变化幅度不大，多呈锯齿状波动；所有污染物的负荷率过程线也均呈明显的单峰曲线，而且形状与流量过程线非常相似（李怀恩等，1997）。正是因为负荷率过程线与流量过程线非常相似，而且很多污染物（特别是溶解性污染物）的最大负荷率与洪峰基本上同时出现，因此，负荷率与流量之间存在明显的相关关系。

溶解态污染物的传输和负荷，其过程较为复杂，这不仅因为它可被地表径流、内流、地下水等运输，还因为它在传输过程中发生的各种理化和生物过程，如吸附/解吸、降解、挥发、植物吸收等，这就很难从机理上找到一个简单的模型。一般考虑方法是，用吸附等温式来表述吸附过程。此外，国内外学者还用统计方法，直接建立了径流量与污染物输出关系式，通过对苏州市区、南京地区、涪陵地区农田和于桥水库区径流污染物输出的模拟，取得了较丰硕的成果。陈怀生等（1990）在污染物输出模拟中用了 Steer - Philips 模型，取得了较好的效果，模型如下：

$$L_i = L_{i0}\, e^{k_1 x_i}$$

式中，L_i、L_{i0} 分别为输出和产生的污染物量；x_i 为径流流程（m）；k_1 为污染物降解系数（1/month）。

基于这种相关关系，可以建立土水界面污染流污染负荷率（或浓度）—径流量（流量）相关关系模型，间接计算污染流污染物的产生量。早在 20 世纪 70 年代，发达国家在研究土地利用对河流水质的影响时，就积极采用定量化方法，评定单一土地利用类型下单位面积的污染负荷，探讨多种因子对污染负荷的影响，其主要方法就是根据因果分析和统计分析的方法建立统计模型，在此基础上建立污染负荷与径流量之间的数学关系。其他如美国加利福尼亚州 Hydrocomp 公司，为美国环境保护署研制的农药运移和径流负荷模型、城市暴雨管理模型（SWMM）以及通用土壤流失方程等。国内学者，也对降雨径流与污染负荷的关系进行了大量的研究，结合我国实际研究建立了一系列适合我国区域特点的污染负荷定量估算模式，如陈西平等（1991）将降雨—径流—污染物输出视为一个系统，通过在具有代表性的涪陵地区的小区资料进行统计分析和地表径流污染物流失规律进行研究的基础上，外推建立了涪陵地区 5 种农田污染物降雨冲刷预测方程。李定强等（1998）分析了杨子坑小流域主要非点源污染物 N、P 随降雨径流过程的动态变化规律，建立了降雨—径流量、径流量—污染物负荷输出之间的数学统计模型，并利用该模型对流域非点源污染负荷总量进行了计算。贺宝根等（2001）建立以修正 SCS - CN 法（降雨径流关系方法）、径流单位线和径流过程与 N 流失浓度关系为基础的农田降雨径流污染模型，在具备长系列降雨资料的条件下，该模型能计算不同降雨频率代表年份的农田 N 流失量。

近年来，又有研究者引入"排队理论"模拟了地表径流产生情况。"排队理论"的基本思想是对随机起伏的等候队列的研究。如果土层中水是饱和的，则来水就转化为地面漫流；如果土壤水分未饱和，则来水就会渗入而被保留。"排队理论"实际上是对随机性的研究，其最大优点就是原理简单，可以提供和模拟描述系统的近乎无限的细节，从而比以往的模型更加有效。用"排队理论"可以描述其他自然现象如沉积物、杀虫剂运动、庄稼生长等情况。

1.5.2　土水界面污染流产污模拟模型

土水界面污染流中的重金属包括水体中的重金属和水体中泥沙或悬浮颗粒物吸附的重金属两个部分，且其以溶解态迁移，也以固态迁移，其中溶解态的重金属随径流迁移，而固态重金属则随着水体中的颗粒物或泥沙迁移。另一方面，污染物在降雨条件下从土壤向水体扩散形成土水界面污染流的过程，同农业非点源污染所具有的滞后性、模糊性、潜伏性、随机性大、影响因素多、污染物排放种类和数量不确定、污染负荷时空差异性显著等特点（Csathó et al.，2007）相似，全区实时监测的可能性很小，模型模拟就成为研究土水界面污染流污染负荷的主要手段。

国内外先后出现了一系列农业非点源污染模拟模型，用以解决农业非点源污染的随机性和观测点的不确定性，模拟污染的形成、运移和输出等过程，对非点源污染进行定量评估和时空分布分析。这些农业非点源污染模型，其部分功能也可用以描述土水界面污染流并模拟土水界面污染流的产生。例如，可模拟农业污染的 ARM 模型（农业径流管理模型），对非点源污染的水文、侵蚀和污染物迁移过程进行系统综合的 CREAM 模型（农业管理系统中的化学污染物径流负荷和流失模型）（胡雪涛等，2002），用于农业和农村地区农药化肥迁移模拟的 ACTMO 模型（农药化肥迁移模型），用于农田和流域尺度的水侵蚀预测预报的 WEPP 模型（土壤侵蚀预测预报模型），用于农田小区的 EPIC 模型（土壤生产力评价模型），用于模拟农业活动对地下水影响的 GLEAMS 模型（地下水污染物对农业生态系统影响模型），用于农业典型小流域中次降雨条件下地表径流、土壤侵蚀及污染物流失量估算的 ANSWERS 模型（流域非点源响应模型），用于大流域非点源污染负荷模拟的 SWRRB 模型（流域规模水质模拟模型）和 SWAT 模型（流域分布水文模型），用于农业非点源管理和政策制定、预测和估算流域内的农业非点源污染负荷的 AGNPS 模型（农业非点源模型），以及美国环境保护署和美国农业部水工保持局（SCS）发展的流域模型等。随着对非点源污染问题的逐步深入，我国科研人员也建立了适合我国流域特点的非点源模型。李怀恩等（1996）建立了用逆高斯分布瞬时单位线法计算流域汇流的非点源污染物迁移机理模型，较好地模拟了于桥水库及宝象河流域洪水、泥沙和多种污染物的产生和迁移。章北平（1996）通过建立黑箱模型模拟了武汉东湖农业区的径流污染，并求得了全流域农业区的 TN 和 TP 与 COD 输出负荷及总量。焦荔（1991）利用 SCS 水文模型、通用土壤流失方程 USLE 模型和污染物流失方程，结合污染物监测数据，对西湖流域中营养元素的流失负荷进行了估算。王宏等（1995）将改进的 QUAL-ⅡFU 水质模型和非点源污染模型有机结合，建立了用于流域化管理的综合水质模型，并采用曲线法计算径流，用统计模型计算污染物污染负荷。

近年来，伴随着计算机技术的发展和进步，遥感技术、地理信息系统（GIS）和非点源模型相结合，一些功能强大的非点源污染模型不断被开发出来。这些模型已经不再是单纯的数学运算程序，而是集空间信息处理、数据库技术、遥感技术、数学计算以及可视化表达等功能与一体的大型专业软件系统，演变成为实用的决策平台，对非点源污染负荷的模拟也由单纯模拟流域水文循环、非点源污染过程、负荷转向大气、水文、水质综合系统的模拟，并广泛应用于非点源污染预测、管理和非点源污染影响评价上，成为非点源研究的一个重要方向。如 Arhonditis 等（2002）采用一个综合的模型系统来评价沿海滨岸生态系统来自于陆地源的氮负荷，该系统由陆地系统子模型、水动力模型及生态子模型等 3 个子系统构成，其综合考虑了农田径流的氮通量，来自于大气、生活和工业废水排放所造成的氮负荷以及氮的空间运输，氮与浮游动植物、细菌和有机碳之间的相互作用等各种因素。郭红岩等构建了一套农业非点源发生潜力指数系统 APPI（Agricultural Non‐point Source Pollution Potential Index），并对太湖流域稻季各种典型类型农业非点源氮污染的负荷及其对水体氮污染的贡献率进行了计算（Guo et al., 2004）。

地理信息系统（GIS）进一步应用于降雨径流污染的研究使得非点源污染模型更便利，计算结果也更为准确，其强大的空间数据管理功能、空间分析功能 DEM（数字高程模型）数据处理及可视化能力，能将不同来源的空间信息及其相关关系方便地显示出来，可以为非点源模型提供一个新的数据管理与可视化平台，所有这些使得 GIS 成为非点源污染研究的有效辅助工具，也使得基于 GIS 的非点源污染预测和模拟模型得以大规模地推广和应用。如 Joao 等（1992）将 GIS 和 ANSERS 相结合用以模拟农业非点源污染，Smith 等（1994）将 GIS 用于水文模型的数据预处理和参数估计，Hessling 等（1999）将水文模型 PHASE 与 GIS 相结和，将遥感数据用于模型区域参数的确定，Srinivasan 等（1996）将 GIS 与 SWAT 相结合，结果表明其在数据收集、可视化、对输入输出文件的分析等方面起到有效作用，Engel Bemard 等（1996）以模型和 GIS 集成为主要方法，研究了地形、土地利用类型、土壤等输入对非点源模型输出结果的影响，也讨论了模型网络分辨率对计算结果的影响。随着 GIS 技术在我国的逐渐推广，国内也日益关注 GIS 技术在非点源污染领域的应用，并已进行了一些探讨和研究，推动了我国非点源模型的研究进展。如沈晓东等（1995）针对降雨和下垫面自然参数空间分布不均匀的特点，研究了基于栅格数据的流域降雨径流模型；董亮等（2001）采用 Arc/Info 建立西湖流域非点源污染信息数据库，并生成了西湖流域的数字地面模型，为非点源污染专题模型库的建立奠定了基础；梁天刚等（1998）利用 Arc/Info 系统的地表水文模拟方法，以甘肃省环县为典型样区，模拟了水流方向、汇流能力，进行子集水区边界的划分、水道的自动提取和水道级序的划分，在此基础上模拟了不同降雨量时可产生的地表径流。此外，蔡崇法和丁树文（2000）应用USLE模型与地理信息系统 IDRISI 预测三峡库区流域的土壤侵蚀量，结果表明，占流域的 80％泥沙来自于占流域面积仅 20％的极强度和剧烈侵蚀区域。游松财等（1999）在 GIS 的支持下，应用 USLE 模型估算了江西省泰和县灌溪乡的土壤侵蚀量。

1.5.3 土水界面污染流污染的不确定性及空间分布

本质上，土水界面污染流是非点源污染的一种特殊表现形式，同非点源污染相同，其本身就具有非点源污染的某些属性和特征。首先，其发生具有随机性，污染物的来源和排放点不固定，排放具有间歇性；其次，由于影响因子复杂多样，导致污染负荷的时间变化和空间变化幅度大。从时间分布特征来看，由于次降雨径流过程、年内不同季节及年际的变化，导致其是间隙发生的，其随机性、突发性和不确定性都很强；从空间分布特征看，污染负荷的分布本质不是连续的而是离散的。Pullar 等（2000）的研究表明，非点源污染具有显著的分散性特点，其随着流域内的土地利用类型、地形的不同而具有时空上的不均匀性。

对于土水界面污染流来说，其不确定性可以分为污染流污染物产生的不确定性和污染流污染物人为描述的不确定性。从产生和形成过程看，土水界面污染流污染物的产生与区域的降水、土壤污染程度、区域污染源分布、土地利用类型、农业化学品投入、地表坡度、农作物类型、气候、地质地貌等都有密切关系，这些影响因子的不确定性决定了土水界面污染流污染物的产生具有较大的不确定性。同非点源污染的模拟一样，土水界面污染流的模拟也需要相应的数学模型来估计污染流的污染负荷、模拟污染物在土水界面之间的迁移转化过程。模型的不确定性主要是模型结构和模型参数的不确定性，模型结构的不确定性即模型自身固有的不确定性，由于涉及大量未知复杂的条件和因素，对实际过程的认识深度不足，加之，还未完全掌握其机理，在对其产生的变化规律进行描述与分辨时，模拟模型就往往会采用一些不正确的假设和简化、或用一些简单的关系来代替复杂的关系，从而导致模型结构不确定性的产生。模型参数的不确定性主要源于自然的多边形、测量的限制、现有数据的不足、缺失和失真，或使用了缺乏代表性、缺乏经验和历史积累的数据。关于非点源污染的不确定性研究，国外研究较多，主要是参数的不确定性和输入信息的不确定性对研究结果的影响。如 Warwick 等（1990）进行了城市暴雨形成径流的不确定性估计，Lei 等（1994）进行了城市暴雨径流模型的参数不确定性传递的分析；Parson 等（1995）对农业非点源污染模型的输入参数的不确定性进行了系统研究；Murdoch 等（2005）分析了非点源污染中磷迁移过程的参数不确定性。

可以看出，不确定性本身是一种十分复杂的自然现象，其影响因素也极为复杂，正确区分和认识不确定性的影响因素，对于提高土水界面污染流模拟模型的准确性和灵敏度，正确模拟土水界面污染流的空间分布状态具有重要作用。土水界面污染流是土水相互作用产生的污染流体，污染流的污染特征即污染流中各污染物含量、成分、组成等与土壤的理化性质和污染特征有直接关系。由于土壤是一个不均匀的具有高度空间变异性的复合体，土壤理化性质及土壤中重金属、有机污染物、土壤含水量等均具有显著的空间相关性，而与土水界面污染流污染物含量和种类直接相关的土地利用类型、水土流失、城市发展、工业布局等都表现出一定的空间相关性。因此，受这些因素影响，并与这些因素相关的土水界面污染流污染物含量必然在空间上也表现出一定的空间变异性。如 Ngabe 等（2000）就对美国南卡罗来纳州主要城市暴雨径流中多环芳烃的含量及其空间分布特征进行了研究，并发现随着城市人口密度的增加，暴雨径流中多环芳烃的含量有显著上升趋势，且多环芳烃的组成和分布特征与大气悬浮颗粒物的关系极为密切。因此，在分析土水界面污染流空间不确定性的基础上，正确认识土水界面污染流的这种空间变异特征和污染空间分布对于研究土水界面污染流的污染特征及其变化规律具有十分重要的意义。

以变异函数为主要手段的地质统计技术是研究空间变异的最有力的工具，其主要用以研究那些在空间分布上既有随机性又有结构性的自然现象的科学。在 GIS 的支持下，将地质统计技术与土水界面污染流污染特征的研究结合起来，弄清城市郊区土水界面污染流污染特征在地域上随空间分布的变化规律，无疑对于了解污染流污染特征的形成是有帮助的。另外，两者的结合，也使研究领域从单纯土水界面的微观领域跨入了宏观空间领域的研究，从而将微观领域研究与宏观领域研究有机联系起来，以微观领域的研究结果反映宏观领域的变化规律，更有助于从广域性上反映土水界面污染流的污染特征。

1.6 土水界面污染流的生态风险分析

1.6.1 生态风险与生态毒理效应

生态风险是当前社会经济高速发展所带来的普遍问题，是指在一定区域内，具有不确定性的事故或灾害对生态系统及其组分可能产生的不利作用，包括生态系统结构和功能的损害，从而危及生态系统的安全和健康。从生态风险的定义可以看出，不确定性和危害性是生态风险的两个根本属性，其成因包括自然的、社会经济的和人们生产实践的诸多因素。

环境中污染物生态风险的产生同污染物的生态毒理效应是密不可分的。一方面，自 20 世纪 90 年代以来，生态毒理学研究重点开始集中于微量毒物的长期毒理效应、生态系统健康和生态风险研究 3 个方向，即生态风险分析和生态毒理效应都是生态毒理学不可或缺的有机组成部分。另一方面，生态毒理效应和生态风险研究又是相辅相成的。生态毒理效应的研究主要集中在有毒、有害污染物对分子、细胞、组织、器官、个体、种群、群落、生态系统、景观和地球生物圈等各个层次的毒理效应、污染胁迫程度及危害作用过程与机理的研究（Barata et al.，2002）。生态毒理效应的研究结果和生态毒理数据是进行生态风险研究的基础和依据，而生态分险的分析结果又可以反过来指导生态毒理效应研究的开展。

生态毒理效应与生态毒理过程之间存在着紧密的联系，大气污染、水污染以及土壤污染均可以导致严重的生态毒理效应，其对生态系统的毒害过程，则包含了宏观和微观两个方面的内涵，宏观方面的生态毒理过程主要指在污染物作用下生态系统正常功能衰退，生物个体受毒害逐渐消亡的过程；微观方面的生态毒理过程则主要指污染物在分子、细胞水平上是如何与各种因子发生反应，从而对生物构成胁迫，如生殖细胞基因发生改变、酶活性丧失、细胞膜成分改变，最终导致组织坏死的过程等。相对应于宏观和微观的生态毒理过程和生态毒理效应，生态风险分析既有以抗氧化预防系统、应急蛋白、活性氧、植物络合素等分子水平上的生物标记物开展污染早期诊断和生态风险评价的研究（van der Oost et al.，2003），也有从生态系统整体考虑研究一种或多种压力形成或可能形成不利生态效应的过程，评价污染物排放、自然灾害及环境变迁等环境事件对动植物和生态系统或组分产生不利影响的概率以及干扰作用效果。既有对单一化合物或单一暴露途径的生态风险问题的研究，也有对复合污染或多种途径的多种化合物综合影响的生态风险研究。

1.6.2　生态风险评价

生态风险评价是指生态系统在受到一个或多个胁迫因素影响后，对不利的生态后果出现的可能性进行分析或评估，目的在于通过对某种环境危害导致的负效应的科学评价，为生态环境保护和管理提供科学的依据。美国环境保护署（1992）将生态风险评价定义为，生态风险评价是研究一种或多种压力形成或可能形成的不利生态效应的可能性的过程，其应用数学、计算机等技术，结合生态毒理学等多学科研究成果，预测污染物对生态系统的有害影响。生态风险评价侧重于分析生态系统水平的污染效应，是定量研究有毒污染物生态危害的重要手段。国内学者卢宏玮等（2003）则认为，生态风险评价为一个物种、种群、生态系统或整个景观的正常功能受到外界胁迫，从而减小该系统内部某些要素或其本身的健康、生产力、遗传结构、经济价值和美学价值的可能性；张永春等（2002）则认为，生态风险评价是定量地预测化学类事件、生态类事件及综合事件对非生物个体、种群和生态系统产生的风险的可能性及大小，是进行生态环境风险管理与决策的定量依据。近十几年来，生态风险评价已逐渐兴起并发展成为一个新的研究领域，其以化学、生态学和毒理学为理论基础，应用物理学、数学和计算机等科学技术，预测污染物对生态系统的有害影响。

目前，世界上很多国家、组织或者实验室都开展了有关生态风险评价的研究，主要有美国环境保护署、欧洲环境署、世界卫生组织等，其构建和提出的生态风险评价方法已经在世界范围内得到了广泛的应用。随着新技术和新方法的应用，生态风险评价的研究领域迅速扩展，早期的生态风险评价主要是针对人体健康而言的，即人类健康的风险评价，主要是评价污染物进入环境后通过食物链的传递，最终可能对人类造成的影响。20世纪90年代初，美国科学家Lipton等（1993）提出生态风险的最终受体不仅仅为人类自己，而且包括生命系统的个体、种群、群落、生态系统乃至景观等各个组建水平，并且考虑了生物之间的互相作用以及不同组建水平的生态风险之间的相互关系，在此基础上进行了大量的风险分析应用（Weyers et al.，2004）。

从生态风险的评价类型看，生态风险评价有回顾性生态风险评价、生态系统风险评价、监视性生态风险评价和生物安全性风险评价等。具体来说，回顾性生态风险评价是风险事件发生在过去或正在进行，它的特点是评价毒理学试验数据必须结合污染现场的生物学研究结果，且现场数据往往会对问题的形成和分析起重要作用。生态系统风险评价需要在时间和空间上的综合毒性效应，并且评价的重点往往集中在系统的耐性和恢复能力上。监视性生态风险评价是通过对环境关键组分的监视性监测而分析生态质量的趋势，其不仅可以发现风险，也有助于防范风险。生物安全性风险评价起源于外来生物的风险评价，现在已扩大为对现代生物技术的环境释放进行分门别类的风险评价。

1.6.3 生态风险评价进展

对生态风险产生的不利效应的研究需要对生态系统结构和功能的改变进行分析，即需要研究不利风险因素的危害类型、强度、效应范围和恢复的可能性。由于生态系统的复杂性，加之产生生态风险的因素难以确定，充分的生态毒性效应数据难以获得，相关学者从不同的角度探讨对生态系统进行评价的新方法，取得了一定的进展。

美国的生态风险评价是在风险评价和人体健康风险评价的基础上发展起来的。就风险评价技术而言，在短短 20 多年中，美国的风险评价技术大体经历了 3 个历史发展时期（汪晶，1998）：20 世纪 70—80 年代初，风险评价处于萌芽阶段，1976 年，当时美国环境保护署〔EPA〕首次颁布了"致癌物风险评价"准则，此时的风险评价内涵不甚明确，仅仅采取毒性鉴定的方法；80年代中期，风险评价得到很大的发展，为风险评价体系建立的技术准备阶段。1983 年美国国家科学院（NAS）发布的《联邦政府的风险评价管理》报告提出风险评价由 4 个部分组成，称为风险评价"四步法"，即危害鉴别、剂量—反应关系评价、暴露评价和风险表征，并对各部分都做了明确的定义。由此，风险评价的基本框架已经形成。在此基础上，美国 EPA 颁布了一系列与风险评价有关的技术性文件、准则或指南，但大多是人体健康风险评价方面的。例如，1986 年发布了致癌风险评价、致畸风险评价、化学混合物健康风险评价、发育毒物健康风险评价暴露评价等指南，1988 年发布了男女繁殖性能毒物等评价指南。1989 年，美国 EPA 还对 1986 年指南进行了修改。因此，从 1989年起，风险评价的科学体系基本形成，并处于不断发展和完善的阶段。尤其是特别基金计划（Superfund Program）和《资源保护和恢复法案》的实施对风险评价技术的发展起了极大的推动作用。特别基金计划是美国国会 1980 年建立的，目的是发现、研究和净化美国本土的有害废弃物场所，该计划由美国EPA 主持，依据风险评价的结果排列应该进行处理的废弃物场所的先后顺序。20 世纪 80 年代以来，美国职业安全与卫生条例管理局（OSHA）、食品药品管理局（FDA）及世界卫生组织（WHO）、联合国环境规划署（UNEP）等机构颁布了一系列与风险评价有关的规范、准则，使风险评价技术迅速发展并在全世界得到广泛应用。在美国，评价环境中化学物质对人体健康的影响主要是依据美国 EPA 已经建立的综合风险信息系统（Integrated Risk Information System），对某一化学物质该系统给出对人体健康影响的定性描述和定量评价，其核心内容包括对长期暴露的非致癌物质，确定出口服参考剂量和吸入参考浓度，对致癌物质，给出致癌强度分类和致癌强度系数两个部分。

生态风险评价的概念则是伴随着美国风险评价的研究和风险评价系统的建立而提出和发展起来的，1990 年美国 EPA 风险评价专题讨论会正式提出生态风险评价的概念，1993 年 Suter 等提出了生态风险评价的基础理论和技术框架，对于生态风险评价的发展起到了导向和奠基作用；1998 年美国 EPA 正式颁布了《生态风险评价指南》，提出了生态风险评价"三步法"，即问题形成、风险分析和风险表征。同时，要求在正式生态风险评价之前，制定一个总体规划，以明确生态风险评价的目的。其生态风险评价流程如图 1-1 所示。

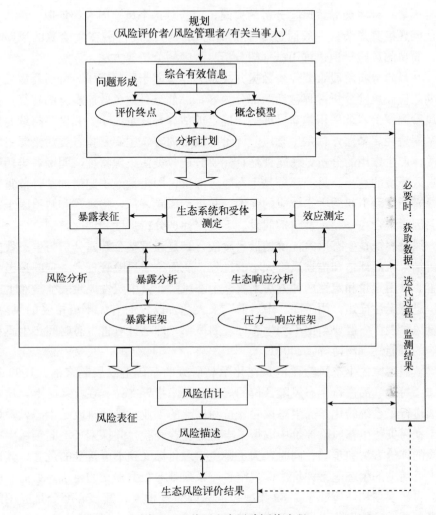

图1-1 美国生态风险评价流程

在问题形成阶段，风险管理者和风险评价者共同决定生态风险评价的目的，制定分析风险和描述风险特征的规划，这一阶段是风险评价的基础部分。这个阶段的主要工作包括评价有关资源、胁迫因子、效应、生态系统和受体特征的可获得信息，包括污染来源、种类、数量、污染成分、毒性参数、污染物主要去向等，并通过现场调研和文献分析等手段获取地理位置、地形地貌、气象水文土地利用类型、植被覆盖等生态环境状况资料，建立出各类污染因子与受体之间的途径或相关性，然后用它们来形成评价终点和概念模型。

生态风险识别是问题形成的基础，由于生态系统本身是一个复杂的系统，影响它的风险因素很多，影响关系错综复杂，且各风险因素所引起的后果的严重程度也不相同，进行生态风险评价时，若不考虑这些因素或是忽略了其中的主要因素，都将会导致风险分析的失误，而若对每个风险因素都加以考虑，又会使问题极其复杂。一般通过专家征询的调查方法进行潜在危险源的风险识别，简单的风险辨识也可用概率树分析、故障树分析等方法。

在风险分析阶段，要评价数据并决定怎样暴露于胁迫因子，分析暴露后的预期效应。风险分析过程包括两部分内容，一部分是对负效应本身的特征评价即风险源评价，常采用暴露量评估，确定或估算暴露量大小、频度、持续时间和暴露途径。暴露评估是生态风险评价的核心内容，主要是指各类污染源对环境受体产生作用的分析，暴露评估首先要分析各类污染源特征，明确各类污染物进入环境的途径。另一部分是生态效应评价，即定量地确定增加某种危害物的暴露强度而引起的生态效应的强度，并进行风险表征，将暴露和胁迫因子等相关因素集合在一起，其包括假设、不确定性、分析强度和限度归纳。

风险表征是生态风险评价的最后阶段，其是通过整合暴露分析与生态效应分析结果从而评估和描述风险大小的过程，从而给予风险管理者一定的参考和借鉴。常用定量和定性两种方法来表征生态风险，其中定性风险表征是对生态风险进行定性描述，用"高、中、低"来表达，以说明有无不可接受的风险；定量风险表征一般要给出不利生态环境的概率，即估计有害生态时间产生不利影响的可能性（汤博等，2009）。

欧盟国家的生态风险评价是在化学品研究的基础上发展起来的，1993 年颁布了对化学品进行生态风险评价的规定和技术指导文件。在此基础上，欧盟各国进行了系统的化学品生态风险评价和广泛的工业污染物排放的生态风险评价，在污染物生态风险评价中取得了丰富的实践经验，并探索了不同领域生态风险的评价方法和步骤。同时，为了避免生态目标受到不可接受的危害，其还对工业活动的生态危害评价法律规定了一系列基本数据提交的要求。如荷兰房屋、自然规划和环境部于 1989 年提出的风险管理框架，其核心部分是应用阈值来判断特定的风险水平是否能够接受。

日本也非常重视生态风险评价理论和方法的运用，从 20 世纪 80 年代末期开始就把环境管理体制从传统的按照环境标准来确定立法转向立法和风险预防对策的相结合。同时，日本学者也从各方面对生态风险评价进行了研究和应用，如对农药在农业中的生态风险分析和评价，对土壤中 Cd、Cu、Zn 等重金属对土壤动物的生态风险以及生产家庭日用品的工厂排放化学药品对人类、动物和生态系统可能的保护和危害研究等。通过这些研究，日本已将这一风险评价与管理体系作为日本各化学物品公司实施风险评价的标准体系。

基于各国建立起来的生态风险评价的流程框架，Rossi 等（1998）通过对无脊椎动物、植物种子发芽和根伸长的影响，研究了受污染湖水中沉积物对水生生物的生态风险；Karman 等（1998）利用化学物质危害和风险评价管理动态模型对石油天然气开采过程中排放的废水进行了风险评价；Iwasa 等（2000）通过逻辑斯谛（Logistic）增长种群的平均灭绝时间公式及从时间序列数据上得到的相关参数对种群灭绝的生态风险加以管理；Lammert 等（2001）将 GIS 和估计漫滩最敏感物种暴露的模型相结合进行河漫滩的生态风险评价；Naito 等（2002）利用综合水生系统模型评价了水生生态系统中不同化合物生态风险的水平。

与国外生态风险评价的研究相比，我国生态风险评价的研究刚刚起步，目前还处于发展阶段，理论技术研究薄弱，缺乏生态风险的管理经验。自 20 世纪 90 年代以来，我国学者在介绍和引入国外生态风险评价研究成果的同时，对水环境生态风险评价和区域生态风险评价、自然灾害生态风险评价、重金属沉积物的生态风险评价、农田系统与转基因作物、生物安全以及项目工程等领域的基础理论和技术方法进行了探讨。例如，殷浩文（1995）将水环境生态风险评价程序分为源分析、受体评价、暴露评价、危害评价和风险评价 5 个部分。刘永兵等（2006）利用 GIS 技术对县域尺度土地利用的生态风险评价进行了研究。张学林等（2000）在分析我国区域农业景观特征、影响因素及主要环境问题的基础上，提出了区域农业景观生态风险评价框架。付在毅（2001）在研究区域生态风险评价时指出，环境中对生态系统具有危害作用并具有不确定的因素除污染物外，还包括各种自然灾害和各种人为事故，这些灾害性事件也是生态系统的风险源，而且影响到较高层次和较大尺度的生态系统。孙心亮等（2006）通过研究城市生态风险的内涵与动因，建立了生态风险评价的数学模型，从不同角度计算了河西走廊 7 个城市生态环境风险的强度。阳金希等（2017）对通过沉积物中重金属含量与沉积物质量基准比较的方法，对中国长江水系、黄河水系、辽河水系、松花江水系、海河水系、淮河水系和珠江水系沉积物中典型重金属的生态风险进行了研究，评价结果显示，重金属对中国 7 大水系沉积物的污染大多处于生态风险较小或风险不确定的水平，其中仅有 1.15%～7.60% 的采样点重金属生态风险较高。

可以看出，我国生态风险评价研究经历了从环境风险到生态风险到区域生态风险评价的研究历程，风险源由单一风险源扩展到多风险源，风险受体也由单一受体发展到多受体，评价范围也由局地扩展到区域景观水平。从生态风险评价的技术方法看，不仅建立了专家打分法、公众打分法、定性分级法等定性评价方法，还建立了商值法、连续发、层次分析法等定量评价方法，以及定性和定量相结合的等级动态评价法和生态登记风险评价法等。这些评价方法的建立，进一步推动了我国生态风险评价的研究。但我国的生态风险评价研究仍然还处于起步阶段，大多数研究只涉及生态风险中的一部分，如暴露分析和效应分析，缺乏有效的生态风险表征的技术，且多以定性评价方法为主，对生态风险评价中不确定性分析的研究不足，往往造成评价结果的准确性不高等突出问题。

2 土水界面污染流的产污特征及影响机制

2.1 研究方法

目前，国内外用于开展土水界面污染流产污过程的研究方法主要有人工模拟降雨、田间模拟实验和野外实地监测等。

2.1.1 人工模拟降雨

由于土水界面污染流往往具有广域性和随机性等特点，受人力和财力的限制，通常无法在较大范围内对土水界面污染流进行全面的监测研究，因此，在关于土水界面污染物运移规律的研究中，常利用人工控制的径流小区试验即模拟降雨实验来对这一问题进行定量研究。模拟降雨实验采取的方法有土柱、土盒或渗漏池、径流池等实验装置与人工模拟降雨器结合，研究不同降雨强度、持续时间等对土水界面污染流产污特征的影响。

人工模拟降雨的重点在于模拟不同的降雨事件，该系统一般包括模拟降雨器系统和径流发生采集系统两个部分，其主要由供水系统、喷水系统、径流发生系统、径流水采集系统、径流测量系统等组成。人工模拟降雨的工作原理是，利用喷灌自吸泵将水以不同的流速送到装有特制弹性压片的喷体，有压水流在弹性压片的作用下行程薄厚不等的连续水舌，水舌射向空中时受到空气的阻力形成大小不同的雨滴，在这样一个连续的系统内，施加不同的供水压力就形成不同厚度的水舌，进行形成从小到大的雨量，而降雨落入径流发生采集系统后，根据不同雨量、强度，发生不同程度的径流事件，利用径流水采集系统采集径流泥沙，进而测定径流量，并分析径流水组成成分（刘宏斌等，2015）。

美国在 20 世纪 30 年代就广泛采用人工模拟降雨研究农田土壤养分入渗、坡面产流和土壤侵蚀等（Mutehler and Hermsmeier，1965），1985 年美国科学家研制了槽式人工模拟降雨机，以此为基础，人工模拟降雨机不断改进，利用聚氯乙烯替代回水水槽、增加了降雨机支架等，改进后的人工模拟降雨机性能更好，运行更稳定，广泛应用于土壤侵蚀等的相关研究（Foster et al.，1979；Blanquies et al.，2003）。

我国人工模拟降雨最早用于土壤侵蚀方面的研究，是从研究黄土高原水土流失开始的（刘昌明等，1965），目前仍是这一领域最重要的研究手段之一。

如石生新等（2000）在野外利用单向折射式喷洒器，模拟了高强度降雨条件下地面坡度、植被等相关要素对坡面产沙过程的影响。此外，相关研究学者还采用模拟降雨研究了不同降雨强度对坡耕地坡面径流中 N、P 流失形态和流失量的影响（李裕元等，2002；马琨等，2002）。

目前，模拟降雨装置一般采用两种方式：一是，将模拟降雨装置固定在室内，将野外采集的土壤进行回填，但回填土往往会因扰动而影响土壤结构，同时试验槽较小，并以裸土为主，与实际农田有一定差距（李恒彭等，2008）。二是室外模拟降雨，该方式由于受降雨覆盖、动力、供水和降雨装置体积等条件的制约，安装复杂，且一旦固定后，难以移动和增加研究点位。虽然人工模拟降雨的研究方法和装备不断改进，模拟精度也越来越高，但与实际降雨情况仍有较大差别，因而研究结果在应用上还存在很大的局限性。

模拟降雨装置是人工模拟降雨的基础，目前人工模拟降雨装置主要分为管网式、针管式、悬线式和喷嘴式 4 种类型。其中，管网式人工模拟降雨装置是在平行的网管上钻取小孔，通过施压使水流通过小孔实现降雨，其雨滴粒径由孔径决定，灵活性较差，不便于控制（徐向舟等，2006）；针管式人工模拟降雨装置由进水管、雨盒、分流筒、分流管和针头等组成，水滴通过针头末端滴落；悬线式模拟降雨装置的特征与针管式模拟降雨装置相类似，其特点在于水滴在悬线终端以初速度为零离开，便于调控人工模拟降雨的动能（夏平等，2015）；喷嘴式人工模拟降雨装置，通过喷孔或者喷嘴作为出雨装置，由于水压很难精确调控，该类降雨装置易产生雨滴直径不均匀的情况，但其装置易调控，施工方便，受到广大学者的青睐（夏平等，2015）。基于设计原理的不同，各种类型人工模拟降雨装置的降雨特性有着明显区别，如针管式人工模拟降雨装置仅能在一定范围内控制降雨强度，喷嘴式降雨装置存在着雨滴直径较大、降雨均匀度不够稳定等问题。

模拟降雨装置主要的设计技术参数则包括降雨均匀度、降雨强度、雨滴分布、雨强控制、雨滴终极动能等。针对模拟降雨装置存在的实验周期长、降雨均匀度不高、降雨装置安装调试复杂等问题，在降雨人工模拟装置方面，国内相关专家开展了大量研究，如黄毅等（1997）通过多次筛选试验，利用喷灌自吸泵将水以不同流速送到装有特制弹性压片的喷体，研制出单喷头变雨强模拟降雨装置，其有效降雨面积为 20～40 m²，降雨强度 30～150 mm/h，降雨均匀细数 $K \geqslant 0.8$；刘素媛等（1998）经 5 年研究、3 年应用和 3 万个数据率定研制成功的 SB－YZCP 型（包括野外移动、组合、侧向、喷洒式等功能）人工模拟降雨装置，具有 7、9、11、13、15 和 17 mm 共 6 种不同孔径。陈文亮等（2000）研制了一种多喷头、多单元组合式的间歇人工模拟降雨装置，该装置喷头出水孔径较大，其雨滴直径大小分布与天然降雨相似；徐向舟等

（2006）研制的 SX2002 型管网式模拟降雨装置，其降雨高度为 3.5 m，降雨面积为 3.5 m×2.5 m，降雨强度为 60～240 mm/h，降雨均匀度超过 80 %，雨滴粒径为 0～3 mm；中国农业大学的倪际梁等（2012）研究设计了一种便携式人工模拟降雨装置，该装置采用单喷头、下喷式模拟降雨结构，通过控制输水管道供水压力和改变喷头型号，实现不同降雨强度、不同历时的人工模拟降雨过程。孙恺等（2013）研制了针管式人工降雨装置，其降雨高度为 1.6 m，降雨强度 0～15 mm/h，降雨均匀度超过 90%。

我国曾经研发使用的部分人工模拟降雨装置的主要技术性能参数如表 2-1 所示。

表 2-1　我国研发使用的部分人工模拟降雨装置的主要技术性能参数

研制使用单位	降雨面积（m×m）	降雨形式	落差（m）	降雨强度（mm/h）	雨强控制	使用时间
中国科学院地理水文室	3×8	喷嘴水平往复运动	4	12～204	调节总量	1976 年
山西省水土保持科学研究所	5×7	静止喷嘴侧喷	10	24～264	调节喷嘴	1987 年
中铁西南科学研究院	170	网状管路 2 700 个喷嘴	5	20～200	调节总量	20 世纪70 年代末
山西省水土保持科学研究所	2.5×2.5	喷嘴静止下喷	4.6	25～38	改变水压	1988 年
农业部环境保护科研监测所	1×2	喷嘴静止下喷	2.5	15～200	改变水压	2009 年
中国农业大学	0.6×1.3	喷头摆动	2.0	0～140	改变水压	2012 年

资料来源：高小梅等，2000。

人工模拟降雨以模拟降雨系统为依托，能够根据研究需要，在人为控制条件下模拟各种自然状态下的降雨状态和降雨情况，可以设置不同的降雨量、降雨强度等参数。人工模拟降雨的优点是实验条件易于控制，可以缩短污染物流失的监测时间，便于研究不同降雨条件和土地利用类型、地形条件、植被条件下降雨冲刷的土壤侵蚀和污染物转移转化过程，从而很快地对具体点位的污染物流失进行监测，避免了由于降雨分异造成的野外监测的差异。一般根据污染物流失的影响因素来设计实验方案，研究各个因素或方式的变化对土水界面污染流径流和渗漏流失方式中污染物流失量的影响以及污染物流失形态组成的影响。

但是，利用人工模拟降雨装置进行野外径流模拟时，往往需要动力输出和大型运输设备，移动性差、携带不便，试验操作复杂，且降雨装置的装卸、组合也非常不便，模拟的降雨强度、降雨频率等指标往往还需要进行现场率定，试验数据获取及后期处理周期长、工作量大，模拟降雨装置的使用受到较大的限制（吴普特等，2006）。因此，还有相关的研究人员逐步研制了水土流失移动实验室和移动式模拟降雨装置，以克服人工模拟降雨装置使用的缺陷。

2.1.2　径流池监测

径流池是田间条件下用于收集特定监测小区内地表径流且具有防雨、防渗功能的固定设施，为便于施工和田间操作，各个监测小区及径流池的排列与田间设计可根据监测地块的条件双行排列或单行排列。在野外设置径流池、渗漏池或径流小区或不同深度的土壤溶液抽滤器、淋溶盘等，可以通过接取自然降雨中产生的径流水或各个土层流出或负压抽吸的渗漏水研究土水界面污染流污染物的流失量和流失形态。

根据不同的监测目的，田间径流小区试验一般可以设置一个或多个处理，进行处理间的对比分析，每个处理一般设 3 个平行重复处理，每个重复占据一个监测小区，每个小区均对应一个田间径流池。田间径流池小区一般为长方形，面积为 20～30 m²，径流池容积以能够容纳当地单场最大暴雨所产生的径流量来确定，平原区小区规格一般为 4 m×（6～8）m，山地丘陵区小区规格为（3～4）m×（8～10）m。中耕作物（如烟叶、玉米、棉花等）小区面积可大些，密植作物（如小麦、水稻等）面积可小一些。监测果园应选择矮化、密植、盛果期果园，每个小区最少 2 行、每行最少 3 株果树（即每个小区最少 6 株果树）。田间径流小区监测区域四周一般设保护行，保护行宽度一般不少于 3 m，所种作物及栽培措施与试验小区基本保持一致。

平原区地表径流监测试验小区排列示意图如图 2-1 所示。

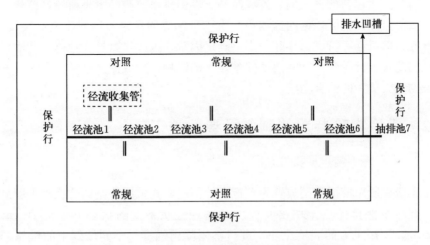

图 2-1　平原区地表径流监测试验小区排列示意

径流池的监测主要包括降雨情况、径流水量、径流泥沙量等，同时也可以根据监测目的要求，监测污染物流失发生发展过程、流失量变化情况等。径流池的方式是在自然降雨条件下进行的野外定位试验，可进行长期观测研究，不仅可以对比研究不同土地利用类型下的土壤侵蚀和污染物转移转化特征，还可用于分析天气条件等因素影响下的侵蚀和流失的季节性变化。但野外修建径流池或渗漏池，受修建数量和地点的限制，造成采样困难会增加实验工作量，难以在一定区域内的典型地块布置多点位，从而影响研究结果的代表性；另一方面径流池的建设还要满足径流池不漏水、不渗水等相关要求，必须根据实验地块的气候及地质条件差异选择不同的材质。

基于野外径流池试验开展的野外径流试验小区已经成为目前我国开展农业面源污染监测和农田 N、P 地表径流流失和地下淋溶监测的主要技术手段，如黄东风等（2009）在福建地区通过田间径流小区试验研究不同施肥模式对小白菜 N、P 流失及肥料利用率的影响；王春梅等（2011）以太湖流域典型蔬菜地为研究对象，采用田间径流池法测算 N、P 通过地表径流的流失情况，研究了不同施肥处理对蔬菜产量、肥料利用率的影响；路青等（2015）通过 2008—2012 年野外径流池试验，探明了沿淮地区农民常规施肥在大豆种植过程中的 N、P 流失情况。

2.1.3　野外实地监测

野外实地监测往往根据研究的目的，选择典型土地利用类型或典型区域或考虑典型影响因素，在整个或多个时间周期开展径流污染特征研究，或监测年度汛期、非汛期的田面以及各级沟渠、河道水及底泥等的污染物流失浓度和存量，监测方法包括插扦监测、流域监测、农田排水监测、野外监测站监测、区域多点位监测以及区域格网监测等。由于土水界面污染流的发生具有突发性、间歇性、随机性等特点，存在许多不确定因素，因此，野外实地监测劳动强度大、周期长，且受到年际降雨条件差异大的影响，造成监测结果变异大，影响污染物流失负荷的估算精度。

2.2　模拟实验装置的制备及参数校正

2.2.1　模拟降雨装置及实验流程

本研究所用模拟降雨装置为自行设计制造，并采用特制的非扰动土壤采样器，在尽量保持样点土块密实程度和物理性状不变的状态下采集 20 cm×20 cm×20 cm 见方的表层土块，进行不同降雨强度、不同坡度下的模拟降雨喷淋实验。根据获得的模拟降雨喷淋试验数据，参考部分实际样品采集时的悬浮颗粒物含量，并对相关数据进行模拟和研究。

本研究采用自制的可移动人工模拟降雨装置，该装置的基本结构如图 2-2 所示。模拟降雨装置由耐酸水箱（容量 1 m³）、浮子流量计、降雨喷淋器和雨水集流槽等部件组成，有效降雨面积为 2 m²（1 m×2 m），其中降雨喷淋器为筛式降雨发生器，实验设置高度为 2.5 m，降雨强度调节阀和浮子流量计用以控制降雨强度。该装置结合了大型模拟装置各简易模拟装置的特点，具有成本低、结构相对简单、移动灵活、土水界面污染的理化参数可控性好等优点，能够满足本实验需求。模拟降雨的具体实验过程如下。

首先在耐酸水箱（1）中注入实验用模拟雨水，打开高压水泵（2），开启调节阀（3）时，模拟雨水沿输水管道（4）传送至喷头（5），流量计（6）显示模拟雨水的即时流量。多层筛网（7）位于喷头正下方，模拟雨水从可调式喷淋器的微孔喷头喷出后，落于多层筛网上。雨水被筛网的网孔均匀分割成为

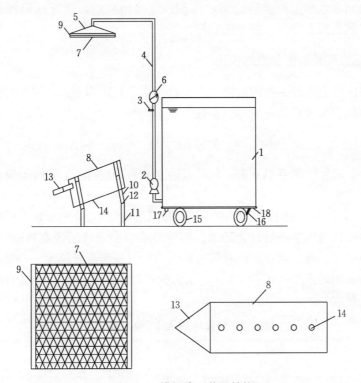

图 2-2　模拟降雨装置结构

1. 耐酸水箱　2. 高压水泵　3. 调节阀　4. 输水管道　5. 喷头　6. 浮子流量计　7. 多层筛网
8. 可变坡储土槽　9. 边轨滑道　10. 可调式支架　11. 固定承载支架　12. 固定阀　13. 逸流槽
14. 取水孔　15. 滑轮　16. 固定防滑闸　17. 排水口　18. 底板

直径均匀的雨滴后落入可变坡储土槽（8）。多次调整调节阀（3）和通过更换不同孔径筛网，雨滴直径可相应调节，通过调整筛网高度可调节雨滴落地速度，得到雨滴直径和落地速度与流量、筛网种类和高度的经验关系，作为实验时控制降雨参数的参考控制条件。

上提可调式支架（10）提至实验需要角度时，拧紧与固定承载支架（11）之间的固定阀（12），土槽倾斜角度即被固定。土槽倾斜角度为 0°～40°，可满足常见地表的坡度范围。将被试土壤填至土槽中，置于筛式降雨发生器正下方。模拟雨水落入土槽中，雨滴击打土壤表面，随着降雨量增大，土壤表面逐渐形成水流，以此水流模拟土水界面污染流。污染流沿土槽坡度流下，沿土槽延伸部分逸流槽（13）流出，在逸流槽正下方置一采样瓶，收集样品。表层土壤水分饱和后将出现渗流，渗流通过土槽底部凹槽取水孔（14）渗出，在凹槽取水孔正下方置一采样瓶，收集渗流。配制模拟雨水时，可利用滑轮（15）将装置移至水源处，方便雨水配制固定防滑闸（16），防止由外力造成箱体的移动。根据储水水箱上刻度确定雨水体积。实验结束后，打开水箱底部排水口（17），将剩余雨水排出，并冲洗水箱。

2.2.2 模拟实验装置参数的校正

在降雨面上布设一组雨量筒（本实验为 9 个）作为测点，根据各测点的降雨量，按如下公式计算降雨均匀系数：

$$k = 1 - \frac{\sum (H_i - \overline{H})}{n\overline{H}}$$

式中，k 为均匀系数；H_i 为测点雨量；$\overline{H}$ 为各测点平均雨量；n 为测点数。

表 2-2 给出了校正后本实验装置在降雨量设定为 30 mm/h 时各布设点的实际降雨量以及均匀系数计算结果。测定结果表明，该装置在以 30 mm/h 降雨强度降雨时，略微存在降雨有效范围内中间部分降雨量偏大、边缘部分偏小的现象，但均匀系数已达 0.900，应认为该条件下降雨均匀，不会对试验结果造成较大影响。

表 2-2 模拟降雨装置在 30 mm/h 降雨强度时的均匀性

布设点	1	2	3	4	5	6	7	8	9	k
降雨量（mm）	21.6	24.2	23.2	34.9	37.1	35.4	23.5	28.5	24.3	0.900

注：1～9 为有效降雨面积内均匀布设的量雨筒号。

将雨滴近似为正球体，并认为雨滴密度为 1.00 g/cm³。收集 50 滴模拟降雨雨滴称重估算雨滴半径，重复测定 6 次取平均值。测定结果如表 2-3 和表 2-4所示：

表 2-3　模拟降雨雨滴半径值

编号	50 滴雨水总重（g）	每滴雨水重（g）	雨滴半径（mm）
1	2.637 9	0.052 758	2.325 3
2	2.445 1	0.048 902	2.267 3
3	2.403 6	0.048 072	2.254 4
4	2.383 0	0.047 660	2.247 9
5	2.532 3	0.050 646	2.293 9
6	2.448 4	0.048 968	2.268 3

表 2-4　模拟降雨雨滴半径统计结果

	雨滴半径（mm）
1	2.325 3
2	2.267 3
3	2.254 4
4	2.247 9
5	2.293 9
6	2.268 3
样本数	6
平均值	2.270 180
变异系数	0.001
峰度的标准差	1.741
标准差	0.028 781 4

计算结果表明，该装置生成雨滴半径均匀，平均值为 2.270 2 mm，与文献中降雨装置产生的雨滴半径有可比性，在自然雨滴半径范围内。当降雨强度在 60、120、180、240、360 和 420 mm/h，降雨均匀性分别达到 0.900、0.952、0.975、0.965、0.973 和 0.982，均符合试验要求，雨滴平均直径为 1.5 mm，基本符合实际情况。处理好的供试土壤按照实际容重添入 15 cm×45 cm× 25 cm土槽中，四周隔水板可有效防止降雨泥沙溅出，开始喷淋后，产生的地表径流通过土槽的延长部分即集流槽收集。这种模拟方式更好地模拟了降雨过程并地表径流产生过程，因此，试验结果更接近现实情况。

2.3 土水界面污染流产沙规律分析

2.3.1 供试土壤性质测定

2.3.1.1 供试土壤

供试土壤取自天津市郊，土壤均为表层土（0～20 mm），结构基本均匀一致。其 pH 为 7.14（1：2.5 酸度计法），CEC 为 24.34 cmol/kg（乙酸铵法），有机质含量为 17.1 g/kg（重铬酸钾—硫酸消化法）。

2.3.1.2 土壤 pH 的测定

土壤 pH 测定的主要仪器设备包括酸度计 pH 玻璃电极、饱和甘汞电极和搅拌器。

所用试剂包括：1 mol/L 氯化钾溶液：称取 74.6 g 氯化钾（化学纯）溶于 800 mL 水中，用稀氢氧化钾和稀盐酸调节溶液 pH 为 5.5～6.0，稀释至 1 L；pH 4.01（25 ℃）标准缓冲溶液：称取经 110～120 ℃烘干 2～3 h 的邻苯二甲酸氢钾 10.210 g 溶于水，移入 1 L 容量瓶中，用水定容，储于聚乙烯瓶；pH 6.87（25 ℃）标准缓冲溶液：称取经 110～130 ℃烘干 2～3 h 的磷酸氢二钠 3.533 g 和磷酸二氢钾 3.388 g 溶于水，移入 1 L 容量瓶中，用水定容，储于聚乙烯瓶；pH 9.18（25 ℃）标准缓冲溶液：称取硼砂 3.800 g 溶于无 CO_2 的水，移入 1 L 容量瓶中，用水定容，储于聚乙烯瓶；去除 CO_2 的蒸馏水。

土壤 pH 测定方法：用标准缓冲溶液校正仪器，先将电极插入与所测试样 pH 相差不超过 2 个 pH 单位的标准缓冲溶液，启动读数开关，调节定位器使读数刚好为标准液的 pH，反复几次使读数稳定。取出电极洗净，用滤纸条吸干水分，再插入第二个标准缓冲溶液中，两标准液之间允许偏差 0.1 个 pH 单位，如超过则应检查仪器电极或标准液是否有问题。仪器校准无误后方可用于测定样品。

土壤水浸液 pH 的测定：称取被试土壤 10 g 于 50 mL 高型烧杯中，加去除 CO_2 的水 25 mL，以搅拌器搅拌 1 min，使土粒充分分散，放置 30 min 后进行测定。将电极插入待测液中，轻轻摇动烧杯以除去电极上的水膜，静止片刻，按下读数开关，待读数稳定时记下 pH。放开读数开关，取出电极，以水洗净，用滤纸条吸干水分后即可进行第二个样品的测定。

2.3.1.3 土壤 CEC 的测定

称取过 1 mm 筛孔的风干土样 2 g 于 50 mL 烧杯中，加入 20 mL 的 1 mol/L NH_4Cl，烧杯上盖一玻璃皿，于火炉上小火微沸至无氨气味后，连土带溶液用 1 mol/L NH_4Cl 溶液转入离心管，2 500 r/min 离心 3～5 min。取出离心管，弃去上清液。离心管内重新加 95％乙醇，重复以上操作 2～3 次，除去可溶性盐。直接在水浴上把乙醇蒸干后，加入 20.0 mL、0.05 mol/L $(NH_4)_2C_2O_4$、0.025 mol/L NH_4Cl 混合交换剂，在振荡机上连续振荡 10 min。整个振荡过程与其后过滤过程都需要加盖，以防 NH_3 逸出。干过滤，滤液供测 NH_4^+ 用。

准确吸取滤液 1 mL 放入扩散皿外室，再加 2 mL 纯水于外室，轻轻旋转扩散皿摇匀外室溶液，取 2 mL 的 2％H_3BO_3 指示剂混合液放入扩散皿外室，皿外缘涂抹层碱性甘油，加盖毛玻片，检查是否密封，然后将毛玻片推开一个小缝，在外室加入 10 mL 的 1 mol/L NaOH 立即盖严，轻轻摇匀。室温下扩散 24 h 后，用 HCl 标准溶液滴定内室溶液。同时，吸取 1 mL 混合交换剂与上法相同做一对照测定。对照与待测定结果之差，即可计算出土壤阳离子交换量。

2.3.1.4　土壤有机质的测定

主要试剂包括：0.800 0 mol/L（1/6 $K_2Cr_2O_7$）标准溶液：将 $K_2Cr_2O_7$（分析纯）先在 130 ℃烘干 3～4 h，称取 39.225 0 g，在烧杯中加蒸馏水 400 mL 溶解，冷却后，稀释定容到 1 L；0.1 mol/L $FeSO_4$ 溶液：称取 $FeSO_4$·$7H_2O$ 56 g，加 3 mol/L H_2SO_4 30 mL 溶解，加水稀释定容到 1 L，摇匀备用；邻菲罗啉指示剂：称取 $FeSO_4$ 0.695 g 和邻菲罗啉 1.485 g 溶于 100 mL 水中，此时试剂与 $FeSO_4$ 形成棕红色络合物 $[Fe(Cl_2H_8N_3)_3]^{2+}$。

测定方法：准确称取通过 0.25 mm 筛孔的风干土样 0.100 g，倒入干燥硬质玻璃试管中，加入 0.800 0 mol/L（1/6 $K_2Cr_2O_7$）5.00 mL，再用注射器注入 5 mL 浓 H_2SO_4，小心摇匀，管口放一小漏斗，以冷凝蒸出的水气。试管插入铁丝笼中。预先将热浴锅加热到 180～185 ℃，将插有试管的铁丝笼放入热浴锅中加热，待试管内溶液沸腾时计时，煮沸 5 min，取出试管，稍冷，擦去试管外部油液。消煮过程中，热浴锅内温度应保持在 170～180 ℃。冷却后，将试管内溶液小心倾入 250 mL 三角瓶中，并用蒸馏水冲洗试管内壁和小漏斗，冲洗液的总体积应控制在 50 mL 左右，然后加入邻菲罗啉指示剂 3 滴，用 0.1 mol/L $FeSO_4$ 滴定溶液，先由黄变绿，再突变到棕红色时即为滴定终点（要求滴定终点时溶液中 H_2SO_4 的浓度为 1～1.5 mol/L）。

土壤 pH 结果计算公式如下：

$$土壤有机质（％）=\frac{\frac{0.8\times5.0}{V_0}}{烘干土重}(V_0-V)\times0.003\times1.724\times1.1\times100$$

式中，V_0 为滴定空白时所用 $FeSO_4$ 毫升数；V 为滴定土样时所用 $FeSO_4$ 毫升数。

2.3.2 土水界面污染流产沙模拟实验

2.3.2.1 酸雨的配制

根据天津市雨水特点并参考类似研究报道，每立方米雨水中加入 1 mol/L CaCl 95 mL，0.1 mol/L MgSO$_4$ 170 mL，0.1 mol/L K$_2$SO$_4$ 130 mL，0.1 mol/L Na$_2$CO$_3$ 110 mL。用 V（H$_2$SO$_4$）：V（HNO$_3$）＝9：1 的混合酸调节酸雨 pH 为 3.0、3.5、4.0、4.5 和 5.0 共 5 个梯度。调节 pH 前先进行预实验，确定每 200 mL 模拟雨水中加入混合酸的体积与酸雨 pH 的关系并绘制关系曲线，其关系如图 2 - 3 所示，依照曲线配制实验用酸雨，配制好后测定 pH，再根据误差微调。

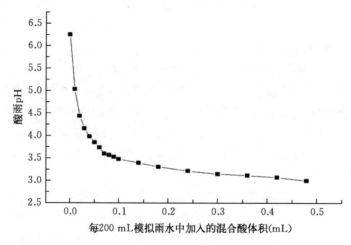

图 2 - 3 混合酸体积与酸雨 pH 关系

2.3.2.2 喷淋取样

将土样填至 15 cm×45 cm×25 cm 土槽中，将土槽角度分别设置为 5°、10°和 15°，降雨 pH 分别为 3.0、3.5、4.0、4.5 和 5.0，喷淋高度为 2.5 m，降雨强度分别为 30、60 和 90 mm/h。在降雨量分别达到 60、120、180、240、300、360、420 和 480 mm 时分别收集土槽排出的污染流。测定污染流体积后将土水混合物离心分离，分离出的泥沙风干后称重，得到的重量值为泥沙重，泥沙重与污染流体积的比值为含沙率。

2.3.3 理化因素对污染流产沙规律影响

2.3.3.1 泥沙重、含沙率与各理化因素相关性分析

分别对泥沙重、含沙率与 pH、降雨强度、地表坡度、累积降雨量（以下简称四因素）做相关分析，由表 2 - 5 相关关系可知，pH、降雨强度两因

素与泥沙重、含沙率两指标相关系数较小，相关关系不显著；地表坡度与泥沙重和含沙率的相关系数分别为 0.355 和 0.364，呈显著正相关关系；累积降雨量与泥沙重和含沙率的相关系数分别为－0.650 和－0.633，呈显著负相关关系。泥沙重与含沙率两指标相关系数高达 0.992，说明污染流流量非常稳定，雨水下渗过程相对于地表漫流过程极其缓慢，对实验结果不产生显著影响。

表 2－5　泥沙重、含沙率与四因素相关关系

		pH	地表坡度	降雨强度	累积降雨量	泥沙重	含沙率
pH	Pearson 相关系数 Sig.（显著性） N						
地表坡度	Pearson 相关系数 Sig. N	0.000 1.000 165					
降雨强度	Pearson 相关系数 Sig. N	0.000 1.000 165	0.000 1.000 165				
累积降雨量	Pearson 相关系数 Sig. N	0.000 1.000 165	0.000 1.000 165	0.000 1.000 165			
泥沙重	Pearson 相关系数 Sig. N	0.012 0.888 147	0.355 0.000 147	0.148 0.073 147	－0.650 0.000 147		
含沙率	Pearson 相关系数 Sig. N	0.011 0.899 147	0.364 0.000 147	0.140 0.090 147	－0.633 0.000 147	0.992 0.000 147	

注：相关系数在 0.01 的显著水平下显著。

2.3.3.2　泥沙重与各理化因素多元回归分析

将四因素 x_1（pH）、x_2（地表坡度）、x_3（降雨强度）、x_4（累积降雨量）对 y_1（泥沙重）分别做多元线性回归分析，变量引入方法采用强迫剔除法。

由表2-6引入/剔除变量可知，模型最先引入变量 x_4，第二个引入模型的变量为 x_2，两变量均未被剔除。

表2-6　泥沙重与四因素多元回归分析引入/剔除变量

模型	输入变量	剔除变量	方法
1	累积降雨量		Stepwise (Criteria：Probability - of - F - to - enter <=. 100, Probability - of - F - to - remove >=. 110).
2	地表坡度		Stepwise (Criteria：Probability - of - F - to - enter <=. 100, Probability - of - F - to - remove >=. 110).

由表2-7方差分析可知，模型2的F统计量观察值为87.341，概率P值为0.000，在0.05的显著性水平下，可以认为泥沙重与累积降雨量和地表坡度之间有线性关系。

表2-7　泥沙重与四因素多元回归分析方差分析

模型		平方和	自由度	均方差	F	Sig.
1	回归	40 718.591	1	40 718.591	105.944	0.000[a]
	残差	55 729.530	145	384.342		
	合计	96 448.121	146			

（续）

模型		平方和	自由度	均方差	F	Sig.
2	回归	52 867.028	2	26 433.514	87.341	0.000b
	残差	43 581.093	144	302.646		
	合计	96 448.121	146			

注：a. 累积降雨量；b. 累积降雨量，地表坡度。

由表 2-8 回归系数可知，模型 2 建立的多元线性回归方程为：

$$y_1 = 28.904 - 0.426x_4 + 129.765x_2$$

偏回归系数 b_4 为 -0.436，b_2 为 129.765，经 T 检验，b_4 和 b_2 的概率 P 值均为 0.000，按给定的显著性水平 0.10 的情形下，均有显著意义。

表 2-8　泥沙重与四因素多元回归分析回归系数

模型		非标准化系数		标准化系数	t	Sig.
		B	标准误差	Beta		
1	常量	51.379	3.784		13.576	0.000
	累积降雨量	-0.426	0.041	-0.650	-10.293	0.000
2	常量	28.904	4.885		5.917	0.000
	累积降雨量	-0.426	0.037	-0.650	-11.599	0.000
	地表坡度	129.765	20.482	0.355	6.336	0.000

由表 2-9 模型外变量可知，模型 2 方程外各变量偏回归系数经重检验，概率 P 值均大于 0.10，故不能引入方程。

表 2-9　泥沙重与四因素多元回归分析模型外变量

模型		Beta	t	Sig.	偏相关系数	统计公差
1	pH	0.012a	0.186	0.853	0.015	1.000
	地表坡度	0.355a	6.336	0.000	0.467	1.000
	降雨强度	0.036a	0.563	0.574	0.047	0.970
2	pH	0.012b	0.209	0.835	0.017	1.000
	降雨强度	0.036b	0.635	0.526	0.053	0.970

注：a. 累积降雨量；b. 累积降雨量，地表坡度。

2.3.3.3　含沙率与四理化因素多元回归分析

将四因素 x_1（pH）、x_2（地表坡度）、x_3（降雨强度）、x_4（累积降雨量）对 y_2（含沙率）分别做多元线性回归分析，变量引入方法采用强迫剔除法。

由表 2-10 引入/剔除变量可知，模型最先引入变量 x_4，第二个引入模型的变量为 x_2。两变量均未被剔除。

表 2-10　含沙率与四因素多元回归分析引入/剔除变量

模型	输入变量	剔除变量	方法
1	累积降雨量		Stepwise (Criteria：Probabilit y-of-F-to-enter <=.100, Probabilit y-of-F-to-remo ve>=.110).
2	地表坡度		Stepwise (Criteria：Probabilit y-of-F-to-enter <=.100, Probabilit y-of-F-to-remo ve>=.110).

由表 2-11 方差分析可知，模型 2 的 F 统计量观察值为 82.444，概率 P 值为 0.000，在显著性水平为 0.05 的情形下，可以认为含沙率与累积降雨量和地表坡度之间有线性关系。

表 2-11　含沙率与四因素多元回归分析方差分析

模型		平方和	自由度	均方差	F	Sig.
1	回归	0.098	1	0.098	97.072	0.000[a]
	残差	0.146	145	0.001		
	合计	0.245	146			

（续）

模型		平方和	自由度	均方差	F	Sig.
2	回归	0.131	2	0.065	82.444	0.000^b
	残差	0.114	144	0.001		
	合计	0.245	146			

注：a. 累积降雨量；b. 累积降雨量，地表坡度。

由表 2-12 回归系数可知，模型 2 建立的多元线性回归方程为：

$$y_2 = 0.43 - 0.01x_4 + 0.212x_2$$

偏回归系数 b_4 为 -0.01，b_2 为 0.212，经 T 检验，b_4 和 b_2 的概率 P 值均为 0.000，按给定的显著性水平 0.10 的情形下，均有显著意义。

表 2-12　泥沙重与四因素多元回归分析回归系数

模型		非标准化系数		标准化系数	t	Sig.
		B	标准误差	Beta		
1	常量	0.080	0.006		13.016	0.000
	累积降雨量	-0.001	0.000	-0.633	-9.853	0.000
2	常量	0.043	0.008		5.457	0.000
	累积降雨量	-0.001	0.000	-0.633	-11.129	0.000
	地表坡度	0.212	0.033	0.364	6.405	0.000

由表 2-13 模型外变量可知，模型 2 方程外各变量偏回归系数经重检验，概率 P 值均大于 0.10，故不能引入方程。

表 2-13　泥沙重与四因素多元回归分析模型外变量

模型		Beta	t	Sig.	偏相关系数	统计公差
1	pH	0.011^a	0.164	0.870	0.014	1.000
	地表坡度	0.364^a	6.405	0.000	0.471	1.000
	降雨强度	0.031^a	0.473	0.637	0.039	0.970
2	pH	0.011^b	0.186	0.853	0.016	1.000
	降雨强度	0.031^b	0.534	0.594	0.045	0.970

注：a. 累积降雨量；b. 累积降雨量，地表坡度。

相关分析和多元回归分析结果均表明，综合分析降雨 pH、降雨强度、累积降雨量和地表坡度四因素对土水界面污染流的产沙规律影响时，累积降雨量和地表坡度两因素是主导因素，降雨 pH 和降雨强度两因素对产沙规律的影响则可以忽略。当建立四因素与产沙量、含沙率的多元线性关系时，使用累积降雨量和地表坡度两因素即可对产沙量、含沙率进行较准确的表征。

相关系数表明，地表坡度与产沙量、含沙率呈负相关关系，多元回归方程中自变量系数也显示了类似结果。这说明，土水界面污染流的产沙能力随地表坡度增大而增强。即在天津地区地表常见的坡度 0°～15°范围内，地表坡度是土水界面污染流产沙的促进性因素。

相关系数表明，累积降雨量与产沙量、含沙率呈负相关关系，多元回归方程中自变量系数也显示出类似结果。出现这一实验现象的主要原因在于，在给定实验条件下，土水界面污染流开始形成时即对地表土壤和沙石有较强的搬运能力。当累积降雨量达到＞60 mm时，裸露地表以大粒径沙粒和与地表附着紧密的土壤为主，污染流在携带泥沙时搬运能力显著下降。

2.3.3.4　污染流累积产沙量与累积降雨量关系

图2-4为3种不同降雨强度条件下污染流累积产沙量与累积降雨量关系。与上述分析一致，在不同降雨强度、地表坡度条件下，土水界面污染流累积产沙量曲线均表现为开始阶段急剧上升，累积降雨量达到60 mm后曲线斜率逐渐变小。

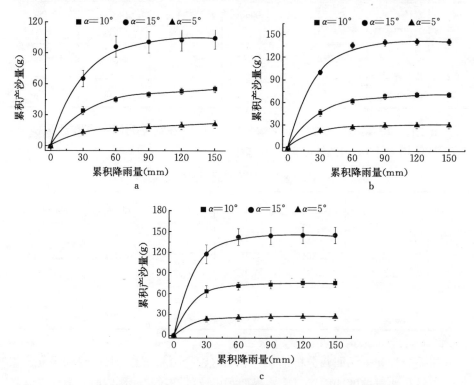

图2-4　3种不同降雨强度条件下污染流累积产沙量与累积降雨量关系

a. 降雨强度 30 mm/h　b. 降雨强度 60 mm/h　c. 降雨强度 90 mm/h

对累积降雨量与累积产沙量关系数据拟合发现，上述 9 种条件下累积降雨量与累积产沙量关系均可表示为指数方程 $y=a[1-\exp(-bx)]$ 形式（表 2-14），拟合结果 R^2 均大于 0.98，说明拟合方程能准确地表示累积降雨量与累积产沙量之间的关系。

表 2-14 累积降雨量与污染流累积产沙量关系拟合结果

降雨强度（mm/h）	坡度（°）	拟合结果		
		a	b	R^2
30	5	20.815 2	0.031 7	0.980 5
30	10	54.990 2	0.031 3	0.997 6
30	15	105.831 9	0.034 6	0.997 0
60	5	30.764 8	0.044 2	0.998 8
60	10	71.155 4	0.035 5	0.999 8
60	15	141.602 4	0.042 4	0.998 0
90	5	26.811 0	0.070 3	0.998 0
90	10	74.646 8	0.062 2	0.998 6
90	15	144.723 3	0.055 6	0.999 7

2.4 土水界面污染流产污规律分析

2.4.1 土水界面污染流产污模拟实验

2.4.1.1 喷淋取样

将土样填至 15 cm×45 cm×25 cm 土槽中，将土槽角度分别设置为 5°、10°和 15°，降雨 pH 分别为 3.0、3.5、4.0、4.5 和 5.0，喷淋高度为 2.5 m，降雨强度分别为 30、60 和 90 mm/h。在降雨量分别达到 60、120、180、240、300、360、420 和 480 mm 时，分别收集土槽排出的污染流。测定污染流体积后将土水混合物离心分离，分别测定水相和泥沙中 As、Pb、Cd、Cr、Ni、Cu 和 Zn 共 7 种重金属浓度。

2.4.2 污染流重金属含量测定

利用电感耦合等离子体质谱仪（ICP-MS 型）测定土水界面污染流中的重金属含量。ICP-MS 型仪器测定参数如表 2-15 所示。

表 2 - 15 ICP - MS 型仪器测定参数

项目	参数	项目	参数	项目	参数
等离子体氩气流速	13.00 L/min	喷雾室温度	2 ℃±0.1 ℃	干扰指标	CeO⁺/Ce⁺ 0.45%
辅助气流速	0	样品提取速率	0.1 mL/min	干扰指标	Ce²⁺/Ce⁺ 1.12%
载气流速	1.13 L/min	采样锥与截取锥	镍		
输出功率	1 240 W	采样深度	7.3 mm	灵敏度	Li (7) 21832.9
雾化器	巴比顿	检测方式	自动		Y (89) 27207
喷雾室	玻璃双通式	重复次数	3		Tl (205) 29665

2.4.3 理化因素对污染流产污规律影响

2.4.3.1 污染流7种重金属浓度偏相关分析

当使用相关分析计算变量间的相互关系和线性关系程度时，有时因为第三个变量的作用，使得相关系数不能真实地反映两个变量间的线性程度。而偏相关分析就是在研究两个变量之间相互关系时，控制可能对其产生影响的变量，偏相关系数是衡量任何两个变量之间的关系，而使与这两个变量有联系的其他变量都保持不变。因此，为更加合理地分析污染流重金属释放总量与污染流本身性质的关系，将降雨 pH、地表坡度、降雨强度和累积降雨量设置为控制变量，对污染流产沙量指标泥沙重与重金属释放总量进行偏相关分析。

由表 2 - 16 偏相关分析结果表明，将降雨 pH、地表坡度、降雨强度和累积降雨量设置为控制变量时，7 种重金属的释放量与泥沙重指标的偏相关系数均在 0.78~0.98，呈现出显著的正相关关系。同时，7 种重金属释放量之间也均呈现显著正相关关系。这一分析结果说明，土水界面污染流重金属污染物主要来自污染流中泥沙。研究不同理化条件对土水界面污染流的污染负荷影响时，水体冲刷地表携带泥沙的物理过程是研究关键，地表坡度和累积降雨量等对污染流产沙能力影响较大的因素是主要影响要素。

表 2 - 16 水相重金属浓度与泥沙重偏相关分析结果

偏相关系数	Cr	Ni	Cu	Zn	As	Cd	Pb	泥沙重
Cr	1.000							
Ni	0.979	1.000						
Cu	0.946	0.940	1.000					
Zn	0.816	0.737	0.741	1.000				
As	0.934	0.903	0.866	0.896	1.000			
Cd	0.854	0.845	0.893	0.718	0.810	1.000		
Pb	0.983	0.978	0.927	0.829	0.923	0.825	1.000	
泥沙重	0.965	0.988	0.931	0.782	0.898	0.810	0.981	1.000

2.4.3.2　污染流 7 种重金属释放量与累积降雨量的关系

图 2-5 至图 2-11 给出了 7 种重金属在不同降雨强度、地表坡度条件下重金属释放量与累积降雨量的关系。7 种重金属的释放规律图极其相似，都呈现出释放量随累积降雨量增加而降低的趋势。降雨强度一定时，累积降雨量在 60 mm 以内时重金属释放量受地表坡度影响较大，7 种重金属均呈现出释放量随地表坡度增大而升高的趋势；当累积降雨量在 90～150 mm 时，不同地表坡度条件下重金属释放量差异不明显。地表坡度和累积降雨量一定时，重金属释放量随降雨强度增大而升高。

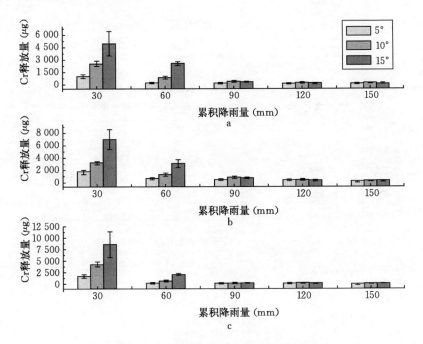

图 2-5　Cr 释放量与累积降雨量关系

a. 降雨强度 30 mm/h　b. 降雨强度 60 mm/h　c. 降雨强度 90 mm/h

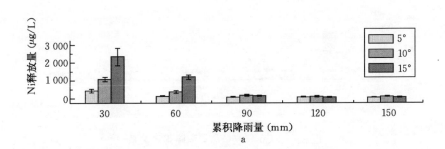

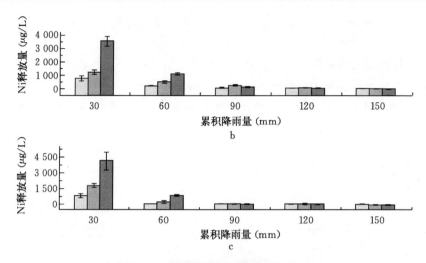

图 2-6　Ni 释放量与累积降雨量关系

a. 降雨强度 30 mm/h　b. 降雨强度 60 mm/h　c. 降雨强度 90 mm/h

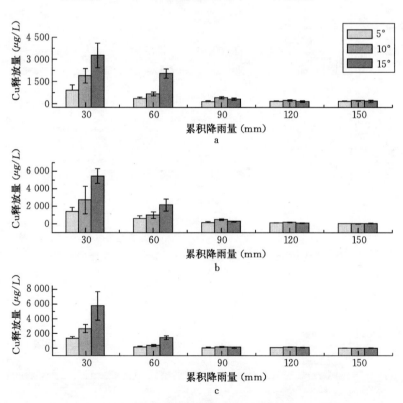

图 2-7　Cu 释放量与累积降雨量关系

a. 降雨强度 30 mm/h　b. 降雨强度 60 mm/h　c. 降雨强度 90 mm/h

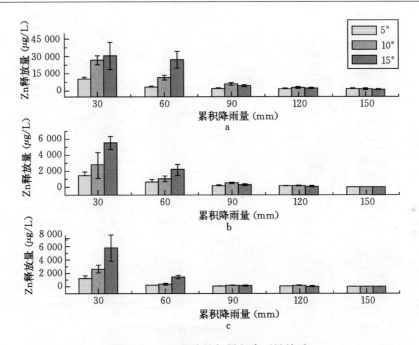

图 2-8　Zn 释放量与累积降雨量关系

a. 降雨强度 30 mm/h　b. 降雨强度 60 mm/h　c. 降雨强度 90 mm/h

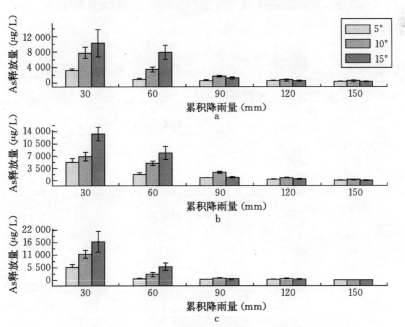

图 2-9　As 释放量与累积降雨量关系

a. 降雨强度 30 mm/h　b. 降雨强度 60 mm/h　c. 降雨强度 90 mm/h

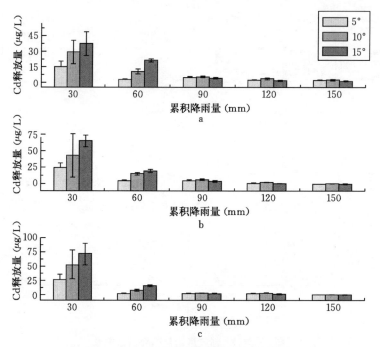

图 2-10　Cd 释放量与累积降雨量关系

a. 降雨强度 30 mm/h　b. 降雨强度 60 mm/h　c. 降雨强度 90 mm/h

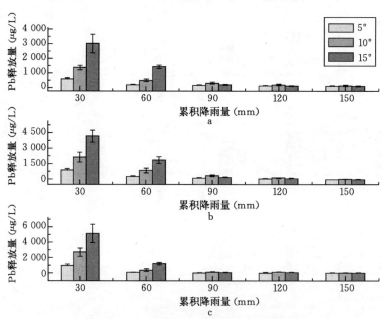

图 2-11　Pb 释放量与累积降雨量关系

a. 降雨强度 30 mm/h　b. 降雨强度 60 mm/h　c. 降雨强度 90 mm/h

2.4.3.3 污染流 Cr 释放量与界面水相 pH 的关系

如图 2-12 所示，在 3 种地表坡度条件下，水相中 Cr 浓度均随累积降雨量增加呈现出缓慢增大趋势。除 pH 3.5 曲线在不同实验中略有差异外，当累积降雨量相同时，pH 越低的酸雨处理中污染流中水相 Cr 浓度有越高的趋势。

Cr 在土壤体系中主要发生以下两个过程，一是与羟基形成氢氧化物沉淀；二是与土壤胶体、有机质对 Cr 的吸附和络合作用，使土壤溶液中 Cr 维持微量的可溶性和交换性。因此，出现上述实验结果的原因可能为以下 3 个方面：① pH 降低提高了 $Cr(OH)_3$ 的溶解度，从而表现出酸雨对 Cr 释放的促进作用。② H^+ 浓度增加降低了土壤胶体对 Cr^{3+} 的吸附量，一方面是由于 H^+ 对 Cr^{3+} 的竞争吸附作用加强了；另一方面是由于酸雨溶出的交换性 Al^{3+} 导致土壤溶液中离子强度增加，从而降低了 Cr^{3+} 的吸附量。③酸雨对土壤胶体（主要是 Al 和 Fe 的氧化物及氢氧化物）的溶蚀作用导致被吸附在其上的 Cr 进入土壤溶液，从而使 Cr 的释放量增加。

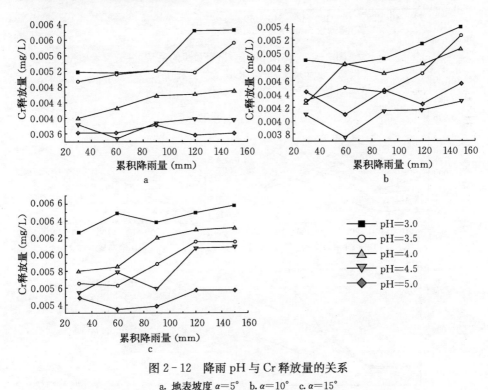

图 2-12　降雨 pH 与 Cr 释放量的关系

a. 地表坡度 $\alpha=5°$　b. $\alpha=10°$　c. $\alpha=15°$

2.4.3.4 污染流 Cd、Zn 释放量与界面水相 pH 的关系

如图 2-13 和图 2-14 所示，Cd、Zn 两种重金属的曲线图呈现出较接近的变化趋势。在 3 种地表坡度条件下，水相中 Cd、Zn 浓度均随累积降雨量增

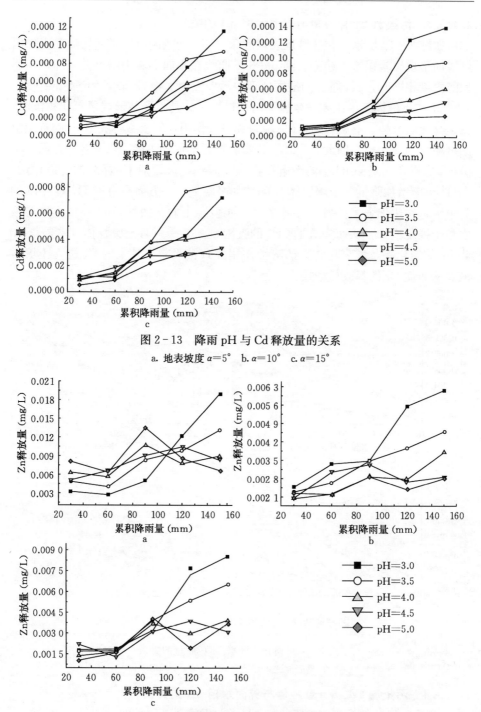

图 2-13　降雨 pH 与 Cd 释放量的关系

a. 地表坡度 $\alpha=5°$　b. $\alpha=10°$　c. $\alpha=15°$

图 2-14　降雨 pH 与 Zn 释放量的关系

a. 地表坡度 $\alpha=5°$　b. $\alpha=10°$　c. $\alpha=10°$

加大体呈现出缓慢增大趋势。当累积降雨量相同时，pH 越低的酸雨处理中污染流中水相 Cd、Zn 浓度有越高的趋势。与 Cr 不同的是，Cd、Zn 在累积降雨量 30 mL 时各组实验浓度较为接近。土壤 Cd、Zn 的存在形态十分复杂。界面水相酸度促进 Cd、Zn 的释放主要与 pH 影响土壤 Cd、Zn 的吸附—解吸行为及含 Cd、Zn 氧化物的溶解性有关。土壤溶液中的 Cd、Zn 主要受吸附—解吸平衡控制（邱杨等，2004）。土壤 Cd、Zn 的吸附—解吸平衡取决于土壤和土壤组分的本质、土壤溶液的环境。

　　研究表明，游离氧化铁的去除使得土壤的 Cd 吸附量显著减少，显示了土壤中的游离氧化铁对 Cd 专性吸附的重要性；由于游离氧化铁对 Cd 的吸附具有重要作用，而酸雨对氧化铁具有溶蚀作用，从而使吸附其上的 Cd 解吸下来而进入溶液。同时，酸雨作用下土壤中交换性 Al^{3+} 含量显著提高（Mulder et al.，1994），随着无定形 Al 含量的上升，Al 占据了高能的吸附位，Cd、Zn 的吸附量下降。

2.4.3.5　污染流 Pb 释放量与界面水相 pH 的关系

　　如图 2-15 所示，在 3 种地表坡度条件下，水相中 Pb 浓度均随累积降雨量增加大体呈现出缓慢增大趋势。当累积降雨量相同时，pH 越低的酸雨处理

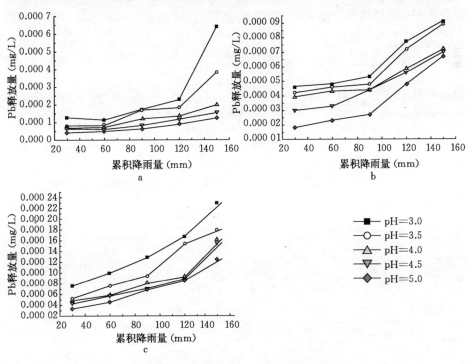

图 2-15　降雨 pH 与 Pb 释放量的关系

a. 地表坡度 $\alpha=5°$　b. $\alpha=10°$　c. $\alpha=15°$

中污染流中水相 Pb 浓度有越高的趋势。酸雨促进 Pb 的释放可能与 pH 影响土壤 Pb 的吸附—解吸行为及含 Pb 矿物的溶解性有关。土壤溶液中的 Pb 主要受吸附—解吸平衡控制（何振立等，1998）。酸雨作用于土壤的过程即是 H^+ 的输入过程，土壤溶液中 H^+ 浓度升高，势必增加 H^+ 对 Pb 的竞争吸附力，使吸附于土壤上的可交换态 Pb 易于解吸。此外，酸雨促进 Pb 的释放可能还与 pH 影响含 Pb 矿物的溶解性有关。

2.4.3.6 污染流 Ni、Cu 释放量与界面水相 pH 的关系

图 2-16 和图 2-17 给出了水相中 Ni、Cu 浓度与累积降雨量的关系。水相中 Ni、Cu 浓度总体上随累积降雨量增加呈下降趋势，个别处理出现先上升、后下降趋势。不同地表坡度处理之间有较大差异，规律性不明显。地表坡度相同时，水相浓度与降雨 pH 高低并无显著关系。

有研究表明，土壤 Ni、Cu 含量与有机质和黏粒含量均呈极显著的正相关，土壤有机质和黏粒都对 Ni、Cu 有较强的吸附能力，因此，有机质和黏粒含量高的土壤有利于 Ni、Cu 的富集，土壤有效 Ni、Cu 含量与 CEC 和有机质含量均呈极显著正相关，Bose 等（2008）的研究也支持这一观点。通常认为，土壤 CEC 增加，Ni、Cu 的吸附增加，有效性则降低，土壤有机质作为胶体，其吸附作用能够增强土壤保持 Ni 的能力。Ni 的有效度与黏粒含量呈极显著负

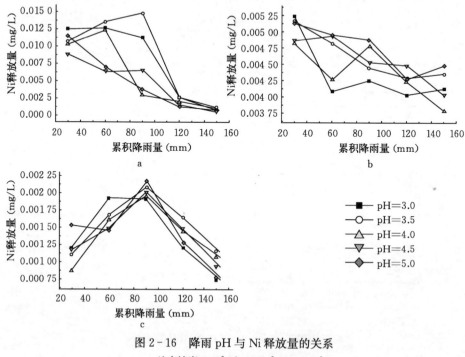

图 2-16 降雨 pH 与 Ni 释放量的关系

a. 地表坡度 $\alpha=5°$ b. $\alpha=10°$ c. $\alpha=15°$

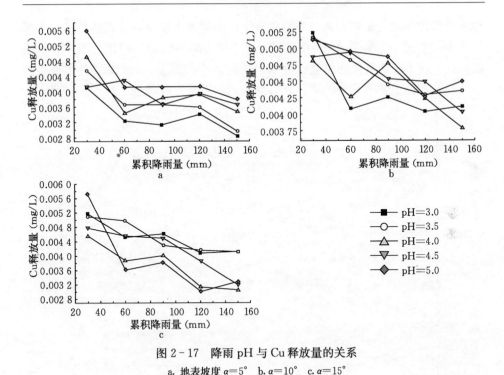

图 2-17　降雨 pH 与 Cu 释放量的关系

a. 地表坡度 $\alpha=5°$　b. $\alpha=10°$　c. $\alpha=15°$

相关，因为黏粒有较强的固定 Ni 的能力，从而降低了 Ni 的有效性，黏粒对 Ni 的吸持力比较强，所吸持的 Ni 难以释放出来。虽然也有研究表明，土壤有效 Ni、Cu 含量一般随土壤 pH 的升高而降低（杨定清，1996），但有实验分别证明土壤样品的 pH 为 3.5～4.5 时土壤 pH 与土壤 Ni、Cu 含量的关系在如此小的 pH 范围内并不能得到很好的体现（郭朝晖等，2003）。另有类似研究表明，Cu 与 Ni 由于在 pH 3.0～5.0 范围内 pH 并不是这两种元素释放的关键性因素，因此，上述研究可能部分解释了这两种重金属浓度变化的不规律性。

2.4.3.7　污染流 As 释放量与界面水相 pH 的关系

图 2-18 给出了水相中 As 浓度与累积降雨量的关系。水相中 As 浓度总体上随累积降雨量增加呈下降趋势，个别处理出现先上升、后下降趋势。不同地表坡度处理之间曲线变化规律有很大差异。例如，地表坡度为 5°和 15°时，实验初始阶段各 pH 酸雨处理的浓度差异较大，随累积降雨量增加逐渐下降，累积降雨量达到 150 mm 时各组处理浓度值趋于一致；而地表坡度为 10°时，各组处理均呈现出水相浓度先上升、后下降的变化趋势，基本均在累积降雨量为 90 mm 左右时达到浓度峰值。陈建芬等（1996）研究认为，As 在土水界面污染流中的迁移转化只有在界面水相呈弱酸性条件下才会增加，在强酸性条件下，As 的迁移转化反而受到抑制。本实验结果证实了 As 的释放在强酸性条

件下受到抑制的结论，但强、弱酸条件下的差异并不明显，这可能与供试土壤性质不同有关。土壤中 As 的化学行为是土壤有机质含量、粒径分布、矿物质组成、土壤 pH 和氧化还原电位等因素共同影响的结果。As 浓度变化规律性不明显，应是上述因素中的多因素共同作用的结果，有待进一步仔细研究。

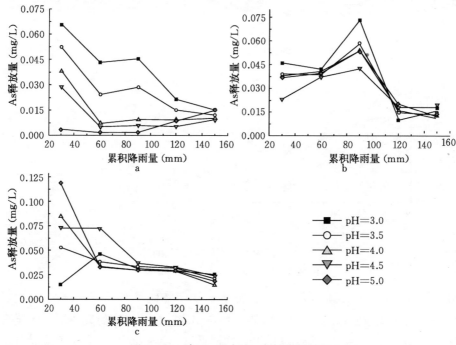

图 2-18　降雨 pH 与 As 释放量的关系

a. 地表坡度 $\alpha=5°$　b. $\alpha=10°$　c. $\alpha=15°$

2.4.4　小结

本研究选取的 7 种重金属在实验中呈现出不同规律，而部分重金属之间则呈现相似性。这种现象表明，7 种重金属在土水界面污染流作用下的释放机理存在异同。

Cr、Cd、Zn、Pb 4 种重金属释放量随累积降雨量上升呈现出持续上升的趋势。这一现象表明，这 4 种重金属在本实验条件范围内始终处于同一酸缓冲体系，污染流界面土壤在该范围内可提供足够量的重金属离子与水相中 H^+ 进行交换。同时，不同界面水相 pH 条件下的重金属释放量差异越加显著，基本呈现 pH 越低，重金属释放量越大的规律，说明在本实验条件下界面水相的 pH 是影响界面土壤中上述重金属释放的主要因素。

Ni、Cu 两种重金属释放量均在累积降雨量 100 mm 范围内存在峰值，出现峰值后释放量逐渐衰减。实质上，Ni、Cu 的释放量主要受 H^+ 输入量控制：当 H^+ 输入量少时，界面土壤对 H^+ 的缓冲以交换重金属离子为主；随着 H^+

输入量增多，较多的质子不仅与界面土壤中交换性重金属离子交换，还在加速界面土壤矿物风化的同时导致矿物中盐基离子的释放淋失。重金属释放量在实验前段即出现峰值，说明界面土壤中 Ni、Cu 两种重金属离子与界面水相中 H^+ 的缓冲作用是一个快速过程，随着界面土壤中交换性较高的 Ni、Cu 重金属迅速淋失而无法持续供给，因此进入新的缓冲体系，即界面土壤矿物风化、矿物中盐基离子的释放过程。

上述 6 种重金属通过离子交换缓冲界面水相 H^+ 的输入过程持续时间是由重金属化合物与 H^+ 反应速率及重金属在界面土壤中的背景含量等因素共同决定的。此外，随着 H^+ 的逐渐输入，界面土壤中交换性 Al^{3+}、Fe^{3+} 逐渐增多，这些离子可能对某些重金属有较强的专属吸附能力，同时，这些离子也可能占据高能吸附位促进某些重金属向界面水相的释放，这也是决定重金属通过离子交换缓冲界面水相 H^+ 的输入过程持续时间的重要因素。

As 作为类金属元素，其化学性质与上述 6 种重金属元素有较大差异，其实验现象也较为特殊，表现为实验结果规律性不明显，与其他 6 种重金属可比性差。土壤中 As 的化学行为是土壤有机质含量、粒径分布、矿物质组成、土壤 pH 和氧化还原电位等因素共同影响的结果。As 变化规律性不明显，可能意味着本实验选取的理化因素在 As 的土水界面污染流中化学行为中不起决定性作用。

2.5 土水界面污染流重金属释放机理

2.5.1 界面土壤 pH 相关性质影响重金属释放的原理

界面土壤中重金属向水相的释放特征取决于重金属交换性。而研究表明，界面水相对界面土壤重金属交换性的影响主要是通过降低界面土壤 pH 来实现的（徐冬梅等，2003）。界面土壤酸化一般来说就是界面水相中 H^+ 与界面土壤胶体表面吸附的离子进行交换而被吸附于土粒表面，被交换下来的重金属离子进入界面土壤溶液进而向水相释放，土粒表面的 H^+ 又与矿物晶格表面的 Al 转化成交换性铝，最终界面土壤金属离子减少，交换性氢、交换性铝增加（王敬华等，1994）。

交换性酸浓度增加，降低了界面土壤胶体对重金属可溶态离子的吸附量。这一方面是由 H^+ 对重金属离子的竞争吸附作用加强了；另一方面是由于溶出大量的交换性铝，导致土壤溶液中离子强度增加，从而降低了重金属离子的吸附量。此外，酸雨作用下土壤中交换性铝含量大大提高，由于交换性铝能占据高能的吸附位，从而使其他金属吸附量下降，解吸量增加。

在界面土壤酸化过程中，界面土壤中重金属形态主要决定于元素特性和界面土壤性质，如土壤 pH，有机质和氧化物含量等，而重金属形态转化主要决定于界面水相 pH。当界面水相中氢离子量较大时，界面土壤酸化促使土壤中重金属形态向交换性形态转化，尤其对水溶态、交换态、铁锰氧化物结合态重金属影响极大，交换态 Cd、Cu、Pb、Zn 增加，碳酸盐结合态 Cd、Cu、Pb、Zn 减少。但这些影响又同时受到重金属种类和土壤类型的影响。界面土壤吸附 Pb 的能力与黏土缓冲能力密切相关，只要界面土壤 pH 未下降到 Pb 的沉淀点之下，则土壤 Pb 的吸附量不会明显减少。As 的迁移转化只有在界面水相呈弱酸性条件下才会增加，在强酸性条件下，As 的迁移转化反而受到抑制。

综上所述，研究理化因素对土水界面污染流重金属释放的影响，关键在于研究理化因素对界面土壤酸化过程的影响，其中，界面土壤 pH、交换性酸、交换性 Al^{3+} 和 pH 缓冲能力是表征界面土壤酸化过程的关键指标。

2.5.2 理化因素对界面土壤 pH 的影响

2.5.2.1 理化因素与界面土壤 pH 关系模拟实验

将土样填至 15 cm×45 cm×25 cm 土槽中，将土槽角度设置为 5°，配置不同界面水相 pH 的酸雨分别喷淋土样，喷淋高度为 2.5 m，降雨强度为 30 mm/h。在降雨量分别达到 60、120、180、240、300、360、420 和 480 mm 时，取出土样静置风干 15 d，过 20 目[①]筛。

2.5.2.2 降雨量对界面土壤 pH 的影响

不同界面水相 pH 酸雨条件下，界面土壤 pH 变化趋势不同。如图 2 - 19 所示，从总体趋势上看，界面水相 pH 为 3.0 和 3.5 时，界面土壤 pH 随降雨

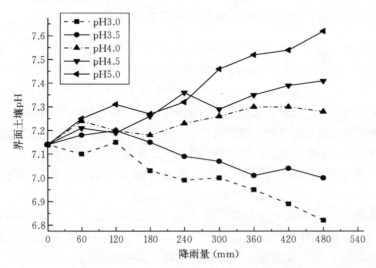

图 2 - 19　不同界面水相 pH 酸雨条件下界面土壤 pH 随降雨量的变化

---

① 目为非法定计量单位。

量增加而降低，当界面水相 pH 为 4.0、4.5 和 5.0 时，界面土壤 pH 随降雨量增加而升高。

在不同界面水相 pH 酸雨条件下，对界面土壤 pH 和降雨量做线性回归分析（表 2 - 17）。结果表明，各界面水相 pH 酸雨条件下界面土壤 pH 均与降雨量呈良好的线性关系。

表 2 - 17　不同界面水相 pH 酸雨条件下界面土壤 pH 与降雨量的线性关系

界面水相 pH	线性方程	R^2
3.0	界面土壤 pH＝－0.0007r＋7.1638	0.916 7
3.5	界面土壤 pH＝－0.0004r＋7.1938	0.800 8
4.0	界面土壤 pH＝0.0003r＋7.1687	0.710 7
4.5	界面土壤 pH＝0.0005r＋7.1576	0.889 8
5.0	界面土壤 pH＝0.0009r＋7.1544	0.943 1

注：r 为降雨量（mm）。

降雨量达到 480 mm 后，界面土壤 pH 高低与界面水相 pH 高低顺序完全一致。有研究表明，由于土壤的缓冲作用，界面土壤 pH 会在酸雨喷淋后的一段时间内有将大幅度的上升和下降的反复，一般 15 天后趋于稳定（肖慈英等，2000）。本实验测定的为酸雨处理后风干 15 d 的土样，因此可以认为，

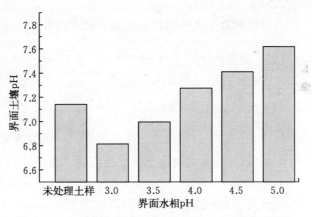

图 2 - 20　不同界面水相 pH 酸雨 480 mm 喷淋后界面土壤 pH 与未处理土样 pH 的比较

测定结果为土壤的稳定 pH。如图 2 - 20 所示，界面水相 pH 3.0 和 3.5 的酸雨降雨量达到 480 mm 后界面土壤 pH 低于未处理土样，而界面水相 pH 4.0～5.0 的酸雨降雨量达到 480 mm 后界面土壤 pH 较未处理土样有不同幅度上升。在接近天津地区年均降水量的污染流作用下，界面土壤存在酸化趋势的界面水相 pH 临界值应在 3.5～4.0。

上述结果可能与 SO_4^{2-} 的专性吸附有关。界面水相中含有大量的 SO_4^{2-}，界面土壤吸附的 SO_4^{2-} 与氧化物表面的羟基进行配位交换，羟基由界面土壤表

面进入界面水相，消耗 H^+，所以界面土壤在界面水相 H^+ 达到一阈值之前，pH 变化不大甚至上升，但当配位交换之后，界面土壤 pH 就不可能再上升，而此时 pH 的维持就要靠界面土壤中活跃的交换性阳离子与进入土壤 H^+ 的快速置换反应来完成。

2.5.3 理化因素对界面土壤交换性酸、交换性铝的影响

2.5.3.1 界面土壤交换性酸与交换性铝的测定

采用稍加改动的 KCl 交换—中和滴定法，取 2 g 土样放在已铺好中速滤纸的漏斗内，用 1 mol/L 的 KCl 溶液少量多次地淋洗土壤样品，滤液承接在 100 mL 容量瓶中，近刻度时用 1 mol/L KCl 溶液定容。吸取 20 mL 滤液于 150 mL 锥形瓶中，煮沸 5 min 赶出 CO_2，以酚酞做指示剂，趁热用 0.005 mol/L NaOH 标准溶液滴定至微红色，记下 NaOH 用量 (V_1)。另取一份 20 mL 滤液于 150 mL 锥形瓶中，煮沸 5 min，赶出 CO_2，趁热加入过量 1 mL 3.5 ％的 NaF 溶液，冷却后以酚酞做指示剂，用 0.002 mol/L NaOH 标准溶液滴定到微红色，记下 NaOH 用量 (V_2)。

交换性酸和交换性铝含量按如下公式计算：

$$100 \text{ g 土交换性酸（mmol）} = \frac{V_1 c \times \text{分取倍数}}{\text{土样重（g）}} \times 100$$

$$100 \text{ g 土交换性铝（mmol）} = \frac{(V_1 - V_2) c \times \text{分取倍数}}{\text{土样重（g）}} \times 100$$

式中，c 为 NaOH 标准溶液的浓度；分取倍数为 5 (100 mL/20 mL)。

2.5.3.2 理化因素对界面土壤交换性酸、交换性铝含量的影响

当界面水相 pH 为 4.0、4.5 和 5.0 时，各降雨量处理的界面土壤样品均未测出交换性酸和交换性铝。界面水相 pH 为 3.5、降雨量达到 240 mm 后测定到微量交换性酸，达到 360 mm 后测定到微量交换性铝。而界面水相 pH 为 3.0 时，除 120 mm 降雨量处理外，均测出交换性酸，降雨量在 180 mm 以上时测出有微量交换性铝存在。如图 2-21 所示，土壤交换性铝的出现是土壤酸化的重要标志，因此，污染流界面水相 pH 为 3.0、3.5 时界面土壤呈酸化趋势，这与前面对界面土壤 pH 变化趋势的分析结果一致。

分别对界面水相 pH 3.0 和 3.5 的酸雨条件下交换性酸和交换性铝含量数据进行相关分析，分析结果见表 2-18。结果表明，交换性酸与交换性铝含量均呈显著正相关关系，Pearson 相关系数分别高达 0.980 和 0.905。一般来说，界面水相中 H^+ 先与界面土壤胶体表面吸附的离子进行交换而被吸附于土粒表面，土粒表面的 H^+ 再与矿物晶格表面的 Al 转化成交换性铝，这是一个有一

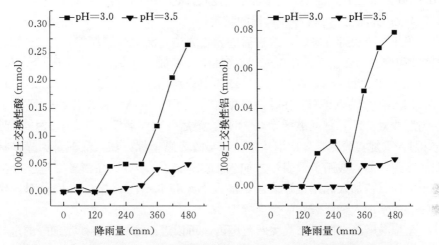

图 2-21　不同界面水相 pH 下土壤交换性酸和交换性铝含量随降雨量的变化

定先后顺序的化学过程。交换性酸与交换性铝含量的极显著正相关关系表明，在污染流水相 pH 为 3.0～3.5 时，由于水相向界面土壤 H^+ 输入量极大，这一化学过程快速完成。由于界面水相 pH 3.0 时 H^+ 输入量比界面水相 pH 3.5 时更大，因此，pH 3.0 处理更早测得交换性铝存在，且交换性酸与交换性铝含量相关系数更高，这一结果也验证了上述结论。

表 2-18　交换性酸与交换性铝含量相关性

界面水相 pH	Pearson 相关系数	显著性（双边检验）
3.0	0.980**	1.10×10^{-5}
3.5	0.905**	2.90×10^{-5}

注：＊＊表示在 0.01 水平上相关性显著。

2.5.4　理化因素对界面土壤 pH 缓冲能力的影响

2.5.4.1　理化因素与界面土壤 pH 缓冲能力关系模拟实验

供试土壤取自天津市西青区郊区，土壤均为表层土（0～20 mm），结构基本均匀一致。其 pH 为 8.13（1∶2.5 酸度计法），CEC 为 24.34 cmol/kg（乙酸铵法），有机质含量为 17.1 g/kg（重铬酸钾—硫酸消化法）。降雨装置分为喷淋和土槽两部分。喷淋部分喷头高度为 3.0 m，降雨有效面积为 20 cm×50 cm，降雨强度为 30 mm/h；土槽为 15 cm×45 cm×25 cm，可在 0°～40°范围内调节与地面角度，本实验设置地表坡度为 5°。

将采集的土样风干后过 20 目筛，称 4 kg 填至土槽中，按照不同 pH 分别喷淋土样。在降雨量分别达到 120、240、360 和 480 mm 时取样，取出土样以

"pH -降雨量"方式命名。土样取出后静置风干 15 d，过 20 目筛。

2.5.4.2 界面土壤 pH 缓冲容量的测定

采用成杰民等（2004）改进后的测定方法，50 mL 烧杯编号为 1～11，每只烧杯中放入 4 g 土样。在 1～5 号烧杯中分别加入 0.5、1.0、2.0、3.0 和 4.0 mL 0.1 mol/L 的 HCl，在 7～11 号烧杯中分别加入 0.5、1.0、2.0、3.0 和 4.0 mL 0.1 mol/L 的 NaOH。在各烧杯中加入无 CO_2 蒸馏水使总体积达到 20 mL，摇匀后放置 72 h，日间歇摇动 3～4 次，最后一次摇动后静置 2 h，用 pH 计测定 pH。重复实验测定 3 次取均值。以 pH 为纵坐标，加入酸碱量为横坐标作图。其中，加入酸用负数表示，加入 HCl 0.5～4.0 mL 在横轴对应坐标依次为 −5～−1；加入碱用正数表示，加入 NaOH 0.5～4.0 mL 在横轴对应坐标为 1～5；不加入酸或碱对应横坐标为 0。

土壤酸碱滴定曲线在其突跃范围内，可以近似地视为直线，加酸的量与土壤 pH 呈线性相关关系，斜率的绝对值表示加入单位量的酸或碱引起土壤 pH 的变化量。斜率的绝对值越大，界面土壤缓冲能力越差，反之则缓冲能力越强。K 值定义为淋溶后土壤与淋溶前土壤直线斜率绝对值的比值，用来定量地说明界面土壤 pH 缓冲能力的变化。当 $K > 100\%$ 时，K 值越大，界面土壤 pH 缓冲能力降低越多；当 $K < 100\%$ 时，K 值越小，土壤 pH 缓冲能力增加越大。

2.5.4.3 酸碱滴定曲线特征

图 2 - 22 给出了污染流界面土壤在 5 种降雨 pH 梯度和 4 种降雨量条件下 pH 缓冲容量的酸碱滴定曲线。可以看出，各酸碱滴定曲线均呈近似的 S 形。在加酸条件下虽然整体上呈现 pH 随加入酸含量增加而降低的趋势，但变化幅度较小，如 3.0 - 480 处理加入 4 mL HCl 仅比加入 0.5 mL HCl 的土壤 pH 低 0.01 个 pH 单位，除少数处理的变化幅度超过 0.3 个 pH 单位外，大多数处理的变化幅度均在 0.1～0.25 个 pH 单位，上述现象均表明，供试界面土壤具有一定的 pH 缓冲能力。在这一曲线平缓区域，同一 pH 的酸雨在不同降雨量处理时界面土壤 pH 高低与降雨量之间并无明显规律，这说明此阶段酸缓冲体系的反应是相当复杂的。按照由 Ulich（1986）提出的对土壤缓冲体系的经典分类，土壤缓冲体系依次分为碳酸钙（pH 8.6～6.2）、硅酸盐（pH > 5.0）、阳离子交换（pH 4.2～5.0）、铝（pH < 4.2）和铁（pH < 3.8）5 个缓冲范围，按这一划分标准，本研究使用土壤的 pH 缓冲作用应视为 $CaCO_3$ 缓冲作用。而更详尽的分类认为，界面土壤缓冲反应在不同 pH 范围内依次为：土壤中 Fe_2O_3 转化为 Fe^{3+}（pH 3.0～3.5）、Al^{3+} 由化合物中释放（pH 3.5～4.2）、交换性阳离子与 H^+ 交换（pH 4.2～5.0）、硅酸盐矿物风化（pH 5.0～6.2）、大气中 CO_2 与土壤中 H_2CO_3 平衡（pH 6.2～8.6）。本研究认为，后一酸缓冲体系分类更适合解释本实验现象。

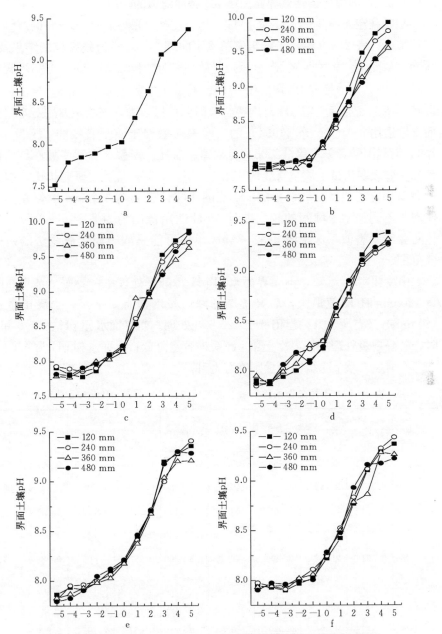

图 2-22 不同处理条件下界面土壤 pH 缓冲容量的酸碱滴定曲线

a. CK b. pH 3.0 c. pH 3.5 d. pH 4.0 e. pH 4.5 f. pH 5.0

注：横坐标为加入酸碱量。其中，加入酸用负数表示，加入 HCl 0.5~4.0 mL 在横轴对应坐标依次为 -5~-1；加入碱用正数表示，加入 NaOH 0.5~4.0 mL 在横轴对应坐标为 1~5；不加入酸或碱对应横坐标为 0。

2.5.4.4 不同理化条件对界面土壤 pH 缓冲能力的影响

酸碱滴定曲线 5~11 点部分可近似为直线，可采用 $y=ax+b$ 的线性关系进行拟合。表 2-19 给出了各组酸碱滴定曲线 5~11 点直线拟合的结果及 pH 缓冲容量变化。相关系数 R^2 显示拟合效果较好，除 3.5-360 处理 R^2 较低为 0.929 7 外，其他处理 R^2 均大于 0.95。其 pH 主要在 7.5~9.5，与供试土壤以及各条件处理后土壤 pH 范围符合，因此可以认为，该测定方法对本研究界面土壤适用。Aitken 等（1994）的实验表明酸性土壤呈直线的 pH 为 4.0~7.0，而我国学者姜军等（2006）对福建、浙江、安徽 3 省某些酸性红壤做的类似实验表明供试土壤呈直线的 pH 为 4.0~6.0。与上述研究相比，本研究的酸碱滴定曲线呈直线部分的 pH 范围比酸性土壤高 3 个 pH 单位左右，这体现了不同类型土壤间的较大差异；pH 适用范围约为 2 个 pH 单位，与上述实验结果类似，这说明 2~3 个 pH 单位可能是酸碱滴定曲线法的一般有效范围。

由变化率 K 可知，不同界面水相 pH 污染流处理中，界面土壤均在降雨量 120 mm 时 K 值最大，后又逐渐随降雨量增加有所下降，当降雨量达到 480 mm 时又有所上升，但仍低于 120 mm 处理。当界面水相 pH 为 3.0 和 3.5 时，各降雨量处理均使界面土壤 pH 缓冲容量降低；界面水相 pH 为 4.0、4.5 和 5.0 时，土壤 pH 缓冲容量则略有上升。

表 2-19 不同处理条件下酸碱滴定曲线拟合结果及 pH 缓冲容量变化

处理	$y=ax+b$		R^2	K（%）	处理	$y=ax+b$		R^2	K（%）
	a	b				a	b		
CK	0.272 9	8.128 5	0.964 3	100.00	4.0-360	0.210 4	7.956 3	0.967 8	75.41
3.0-120	0.384 1	8.242 0	0.989 4	140.75	4.0-480	0.247 3	7.836 3	0.977 9	90.62
3.0-240	0.351 5	7.469 7	0.966 3	128.80	4.5-120	0.262 2	7.733 2	0.957 4	96.08
3.0-360	0.297 6	8.200 6	0.989 5	109.13	4.5-240	0.251 0	7.733 0	0.985 7	91.98
3.0-480	0.301 0	7.582 4	0.998 1	110.30	4.5-360	0.250 2	7.705 7	0.982 1	91.68
3.5-120	0.364 1	8.297 5	0.964 3	133.42	4.5-480	0.257 7	7.760 3	0.964 4	94.43
3.5-240	0.343 8	7.625 8	0.986 1	125.98	5.0-120	0.267 2	7.703 1	0.988 6	97.91
3.5-360	0.301 5	8.336 7	0.929 7	110.48	5.0-240	0.257 4	7.792 3	0.990 9	94.32
3.5-480	0.310 9	7.686 3	0.985 6	113.92	5.0-360	0.234 0	7.808 4	0.979 1	85.75
4.0-120	0.265 9	7.765 2	0.985 0	95.34	5.0-480	0.255 1	7.779 5	0.956 0	93.48
4.0-240	0.207 9	7.989 3	0.973 3	76.18					

2.6 结论

2.6.1 土水界面污染流产沙规律分析

通过土水界面污染流产沙模拟实验，设置不同降雨强度、降雨 pH、地表坡度，研究土水界面污染流产沙规律和产污规律与上述因素及累积降雨量的关系，结果如下：

泥沙重、含沙率是表征土水界面污染流产沙规律的有效指标。地表坡度与泥沙重和含沙率的相关系数分别为 0.355 和 0.364，呈显著正相关关系，模拟实验条件范围内污染流产沙能力随坡度增大而提高，并未出现坡度阈值，说明制约污染流产沙的地表坡度大于 15°，在以平原为主的北方典型工业城市，地表坡度为土水界面污染流产沙的促进性因素；累积降雨量与泥沙重和含沙率的相关系数分别为 −0.650 和 −0.633，呈显著负相关关系，说明污染流产沙能力在形成初始阶段较高，并逐渐衰减，研究污染流产沙现象应关注污染流的"初始冲刷效应"。

泥沙重（y_1）与含沙率（y_2）均与累积降雨量（x_4）和地表坡度（x_2）之间有线性关系，线性方程分别为 $y_1 = 28.904 - 0.426x_4 + 129.765x_2$，$y_2 = 0.43 - 0.01x_4 + 0.212x_2$。累积降雨量与累积产沙量关系均可表示为指数方程 $y = a[1 - \exp(-bx)]$ 形式。拟合结果 R^2 值均较高，说明拟合方程能准确表示变量之间的关系，通过简单测算污染流发生地的土壤界面自然条件及降雨性质预测污染流产沙给生态环境带来的影响有很高可能性，值得深入探讨。

2.6.2 土水界面污染流重金属释放规律分析

通过土水界面污染流产污模拟实验，设置不同降雨强度、降雨 pH、地表坡度，研究土水界面污染流重金属释放规律和产污规律与上述因素及累积降雨量的关系，结果如下：

将降雨 pH、地表坡度、降雨强度和累积降雨量设置为控制变量时，7 种重金属的释放量与泥沙重指标呈显著正相关关系；7 种重金属释放量之间也均呈显著正相关关系。分析结果表明，土水界面污染流重金属释放是污染流冲刷界面土壤并携带吸附在土壤颗粒上的重金属的物理过程和界面土壤酸化、重金属从界面土壤向界面水相释放的复合作用结果，地表坡度和累积降雨量等对污染流产沙能力影响较大的因素为主要因素。

Cr、Cd、Zn、Pb 4 种重金属元素释放量随累积降雨量上升呈现出持续上升的趋势，这一现象表明，这 4 种重金属在本实验条件范围内始终处于同一pH 缓冲体系，污染流界面土壤在该范围内可提供足够量的重金属离子与水相

中 H^+ 进行交换。同时，不同界面水相 pH 条件下的重金属释放量差异越加显著，重金属释放量与界面水相 pH 呈负相关关系，说明在本实验条件下界面水相的 pH 是影响界面土壤中 4 种重金属离子释放的主要因素。

Ni、Cu 两种重金属释放量均在累积降雨量 100 mm 范围内存在峰值，出现峰值后重金属释放量逐渐衰减。重金属释放量在实验前段即出现峰值，说明界面土壤中两种重金属离子与界面水相中 H^+ 的缓冲作用是一个快速过程，随着界面土壤中交换性较高的两种重金属迅速淋失而无法持续供给，界面土壤进入新的缓冲体系，即界面土壤矿物风化、矿物中盐基离子的释放过程。

As 试验结果规律性不明显，与上述 6 种重金属可比性差。As 的化学行为是土壤有机质含量、粒径分布、矿物质组成、土壤 pH 和氧化还原电位等因素共同影响的结果。As 实验规律性不明显，可能意味着本实验选取的理化因素在 As 的土水界面污染流中化学行为中不起决定性作用。

重金属通过离子交换缓冲界面水相 H^+ 的输入过程的持续时间是由重金属化合物与 H^+ 反应速率及重金属在界面土壤中的背景含量等因素共同决定的。界面土壤中交换性阳离子（Al^{3+}、Fe^{3+}）对某些重金属具较强的专属吸附能力，并可能占据高能吸附位促进某些重金属向界面水相的释放，这也是决定重金属通过离子交换缓冲界面水相 H^+ 的输入过程持续时间的重要因素。

2.6.3 界面土壤 pH 相关性质影响重金属释放的原理

通过对不同 pH 酸雨对土壤 pH、交换性酸、交换性铝、酸缓冲能力及重金属释放量影响的系统实验，结果表明：

界面水相 pH 为 3.0 和 3.5 时，界面土壤 pH 随降雨量增加而降低，而界面水相 pH 为 4.0、4.5 和 5.0 时，界面土壤 pH 随降雨量增加而升高。降雨量达到 480 mm 后，界面土壤 pH 高低与界面水相 pH 高低顺序完全一致。在接近天津地区年均降水量的污染流作用下，界面土壤存在酸化趋势的界面水相 pH 临界值应在 3.5～4.0。这可能是由于界面水相中含有的大量 SO_4^{2-} 被界面土壤吸附，SO_4^{2-} 与氧化物表面的羟基进行配位交换，羟基由界面土壤表面进入界面水相，消耗 H^+；配位交换之后，pH 的维持就要靠界面土壤中活跃的交换性阳离子与进入土壤 H^+ 的快速置换反应来完成。

当界面水相 pH 为 4.0、4.5 和 5.0 时，各降雨量处理的界面土壤样品均未测出交换性酸和交换性铝。界面水相 pH 为 3.5、降雨量达到 240 mm 后测定到微量交换性酸，达到 360 mm 后测定到微量交换性铝。交换性酸与交换性铝含量均呈显著正相关关系。结果表明，在污染流水相 pH 为 3.0～3.5 时，水相向界面土壤 H^+ 输入量极大，界面水相中 H^+ 与界面土壤胶体表面吸附的离子进行交换而被吸附于土粒表面，土粒表面的 H^+ 再与矿物晶格表面的 Al

转化成交换性铝，从而完成这一化学过程。

　　酸碱滴定曲线法能够灵敏、准确表征土水界面污染流中界面水相 H^+ 输入对界面土壤 pH 缓冲能力的影响。当界面水相 pH 为 3.0 和 3.5 时，各降雨量处理均使界面土壤 pH 缓冲容量降低；界面水相 pH 为 4.0、4.5 和 5.0 时，土壤 pH 缓冲容量则略有上升。当水相 pH 较低时，界面土壤缓冲体系主要为 Al^{3+} 由化合物中释放、交换性阳离子与 H^+ 交换；当水相 pH 较高时，界面土壤缓冲体系主要为交换性阳离子与 H^+ 交换、硅酸盐矿物风化。缓冲体系的不同使界面土壤中 H^+、Al^{3+} 含量不同，进而影响重金属在界面土壤与界面水相之间的分配。

3　研究区概况和分析测试方法

　　以我国北方典型工业城市天津市西青区为例，主要目的是通过野外实际调查、定点取样和分析测试，研究降雨条件下研究区水土作用形成的土水界面污染流的污染特征，解析其主要污染物的污染来源，分析污染流重金属和多环芳烃等污染物的空间变异性及空间分布规律。在此基础上，利用指数法和基于概率估算的不确定风险评价方法评价潜在的生态风险，并在区域尺度上对污染流的生态风险评价结果予以表征，无异对于揭示研究区土水界面污染流的形成过程、影响因素和变化规律，进一步揭示城郊土水界面污染流对地表水体的污染胁迫，深入认识进而缓解城郊非点源污染问题至关重要。

3.1　研究背景

3.1.1　研究区概况

　　研究区西青区位于天津市西南部，是4个环城区之一，地处北纬39.18°~38.82°至东经116.88°~117.33°之间，东与红桥区、南开区、河西区及津南区毗邻，东南与大港相连，南靠独流减河与静海县隔河相望，西与武清区和河北省霸州接壤，北依子牙河，与北辰区交界。全区南北长48 km、东西宽11 km，总面积570.8 km²，距北京120 km，距天津机场15 km，距天津新港30 km。境内现有规划的国家级公路干线16条，其中高速公路3条，规划高速铁路1条，其他铁路5条，交通十分便利。独特的区位优势，使西青区在京津冀区域发展中占有重要位置。西青区现辖7个镇和2个街道，包括中北镇、杨柳青镇、辛口镇、张家窝镇、精武镇、大寺镇、王稳庄镇及西营门街道、李七庄街道，含149个自然村及50个居委会，总人口37.4万人。

　　研究区自然形成西高东低的地势，地面高程渐次海拔5.0~3.0 m，洼地为2.0 m。西青区属暖温带半湿润大陆行季风气候区，干湿季节分明，寒暑交替明显，全年平均气温11.6 ℃，全年无霜期203天，年际变化不大。年平均日照时数2 610~3 090 h，年太阳总辐射125~135 kW·cm²，多年平均降水量577.8 mm，主要集中在7~8月。研究区土壤属中壤质潮土，pH 7.5~7.8，有机质含量1%~2%，土壤全盐含量1%~2%，是天津市的主要蔬菜生产基地，研究区土地利用现状分布如图3-1所示。

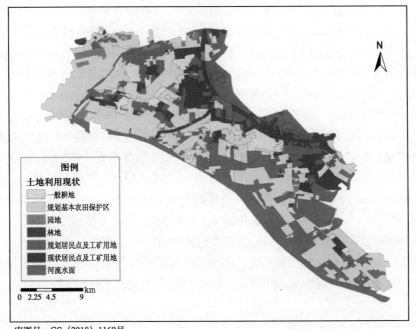

图例

土地利用现状

一般耕地

规划基本农田保护区

园地

林地

规划居民点及工矿用地

现状居民点及工矿用地

河流水面

0 2.25 4.5　9 km

审图号：GS（2018）1169号。

图 3-1（彩插）　研究区土地利用现状

从研究区大气降水特征及化学成分分析的结果来看，研究区属于弱酸雨区，虽然酸雨较少，酸雨 pH 较大，但在个别年份和月份仍然会出现 pH 小于 5.0 的情况。研究区部分年份（2000—2004 年）逐月酸雨 pH 如表 3-1 所示。

表 3-1　研究区 2000—2004 年逐月酸雨 pH

年份	月份												年
	1	2	3	4	5	6	7	8	9	10	11	12	
2000	6.9	7.5	6.8	6.7	6.4	6.5	5.6	5.9	7.0	7.4	6.8	0.0	6.0
2001	7.4	0.0	0.0	6.8	7.3	5.9	6.0	6.3	4.7	5.7	0.0	0.0	6.0
2002	0.0	0.0	0.0	7.3	7.0	6.6	6.5	5.8	6.7	7.2	7.6	0.0	6.4
2003	0.0	7.2	6.8	7.1	6.0	6.8	6.5	5.2	6.3	4.5	4.9	0.0	5.8
2004	0.0	6.2	0.0	6.5	6.7	7.9	7.4	5.6	6.2	5.1	4.8	5.4	6.7
平均	6.7	4.9	6.6	6.6	6.6	6.3	5.9	5.5	6.0	5.4	5.5	4.6	5.9

3.1.2　研究区相关研究背景

本研究区地处中国沿海开放前沿的环渤海经济圈内，是天津市 4 郊区之一。一方面，研究区乡镇工业发达，是全国乡镇企业百强区县之一，目前境内已形成化工、机械、医药、金属制品等 13 个大类、32 个行业的企业 1 172 家；另一方面，研究区是天津最大的副食品生产基地之一，第三产业发达。由于严重缺水，天津市从 1958 年开始用污水灌溉农田，至 1999 年，天津市污水灌溉面积达到 23.40 万 hm²，形成南排污河污水灌溉区、北排污河污水灌溉区和武宝宁污水灌溉区。位于市区周边的本研究区属于南排污河灌区，曾有多年施用污水和污泥的历史。常年的污水灌溉和污泥施用，加之乡镇工业企业"三废"的肆意排放，造成研究区土壤重金属的严重积累，据 2006 年天津市土壤环境质量调查数据，西青区在监测的 10 933.33 hm² 耕地面积中，轻度污染面积为 5 066.67 hm²，占 46%；中度污染面积 800 hm²，占 7%；超标面积 1 066.67 hm²，占 10%。其中重金属 Cd 是研究区农田土壤的主要污染元素，几乎所有乡镇中均有土壤 Cd 超过国家土壤环境质量标准的监测样点出现。除重金属外，由于近年来天津市城市化和工业化进程的加快以及人均汽车保有量的进一步增加等，造成天津市区及郊县土壤多环芳烃等污染物含量地持续增加。

3.2　采样方案及分析方法

3.2.1　布点采样方案

3.2.1.1　样点布设原则

研究区土壤和土水界面污染流野外监测样点布设遵循以下基本原则：

（1）代表性原则：布设的监测样点具有广泛的代表性，尽可能兼顾研究区的各种土地利用类型。

（2）均匀性原则：布设的监测样点要兼顾空间分布的均匀性，尽可能考虑监测样点的分布位置、耕作制度和研究区区域面积大小等。

（3）典型性原则：布设的监测样点要有典型性，应尽可能避免受各种非调查因素的干扰和影响。

（4）客观性原则：布设的监测样点应遵循"随机"和"等量"原则，避免一切主观因素，使组成总体的个体有同样的机会被选入样品，同级别样品应当由相似的等量个体组成，保证相同的代表性。

（5）可行性原则：布点应兼顾采样现场的实际情况，考虑交通、安全等方面情况，保证样品代表性最大化、最大限度节约人力和资源。

3.2.1.2　样点采集方案

将研究区划分成 3 km×3 km 的网格，在每一格网中，根据工业布局、"三废"排放状况、污水灌溉以及土地利用现状和地形坡度，于自然降雨且降雨

强度较大并产生径流时，在每一格网内随机采取农田或地表坡面径流水样，具
体代表每一3 km×3 km格网的污染流污染特征。每次取样1 500～2 000 mL，放
入聚乙烯瓶，并用黑色塑料袋包装后带回实验室，振荡混合均匀，离心分离
后，用玻璃纤维滤膜过滤，对所得悬浮颗粒物冷冻干燥，研磨过100目筛，低
温保存以备分析，水样冷藏保存。同时，做好采样记录，贴好标签。标签内容
包括采样点位编号、点位位置、采样时间及采样人、土地利用状况、周围污染
源状况等。研究区历次共采集污染流样品64个，污染流监测样点分布如图
3-2所示。

审图号：GS（2018）1169号。

图3-2（彩插）　研究区土水界面污染流监测样点分布

3.2.2　样品分析方法

3.2.2.1　测定项目

土水界面污染流污染物的测定包括重金属和多环芳烃两类，其中重金属测
定项目为As、Pb、Cd、Cr、Ni、Cu、Zn 7种重金属全量；污染流中持久性
有机污染物测定项目为美国环境保护署（EPA）列入环境优先控制污染物名
单的16种多环芳烃，其名称及相关理化性质见表3-2。

表 3 - 2　测定的 16 种多环芳烃的理化性质

中文名称	英文简称	相对分子质量	分子式	沸点（℃）	25℃下水溶解度（mg/L）	logKow
萘	Nap	128	$C_{10}H_8$	217	30.00	3.37
二氢苊	Acy	132	$C_{12}H_8$	275	3.963	3.98
苊	Ace	154	$C_{12}H_{10}$	279	1.93	4.07
芴	Fl	166	$C_{13}H_{10}$	298	1.68～1.98	4.18
菲	Phe	178	$C_{14}H_{10}$	340	1.20	4.45
蒽	Ant	178	$C_{14}H_{10}$	341	0.076	4.45
荧蒽	Flu	202	$C_{16}H_{10}$	394	0.20～0.26	4.90
芘	Pyr	202	$C_{16}H_{10}$	394	0.077	4.88
苯并［a］蒽	BaA	228	$C_{18}H_{12}$	438	0.010	5.61
䓛	Chr	228	$C_{18}H_{12}$	448	$2.8×10^{-3}$	5.16
苯并［b］荧蒽	BbF	252	$C_{20}H_{12}$	481	0.001 2	6.04
苯并［k］荧蒽	BkF	252	$C_{20}H_{12}$	481	$7.6×10^{-4}$	6.06
苯并［a］芘	Bap	252	$C_{20}H_{12}$	500	$2.3×10^{-3}$	6.06
二苯并［a，h］蒽	DbA	276	$C_{22}H_{12}$	升华	$5×10^{-4}$	6.50
苯并［g，h，i］芘	Bghip	276	$C_{22}H_{12}$	542	$2.6×10^{-4}$	6.84
茚并［1，2，3 - cd］芘	Inp	276	$C_{22}H_{12}$	升华	0.062	6.58

注：Kow 为辛醇-水分配系数。

3.2.2.2　样品的前处理

（1）水相：取降雨条件下，野外实际采集的污染流样品，用量筒量 1 000 mL 过 0.45 μm 的微孔滤膜，抽滤完成后的水样，直接用 ICP - MS 型仪器测定重金属含量。水样中多环芳烃的测定准备按如下顺序进行：

① 水样准备：量取 500～2 000 mL 水样。每 1 L 水样，加入 200 mL 的异丙醇作为稳定剂，混合均匀。

② SPE 柱活化及条件化：先用 2 mL 二氯甲烷注入柱子，让其缓缓流过，并抽空气 5 min，以去除填料中可能存在的干扰物质，再加入 2 mL 的甲醇活化柱子，最后用去离子水（加入与水样相同含量的改性剂）移去活化溶剂（条件化），但注意在对 SPE 柱进行活化和条件化时，避免将柱床抽干，以防止填料层产生裂隙，使回收率降低。

③ 水样富集：以 4～5 mL/min 的流速，使水样全部通过 SPE 柱后，加入 5 mL 纯水，让其缓缓通过，以去除水溶性干扰物质，通入净化空气 30 min，使已吸附的 SPE 柱彻底干燥。

④ 洗脱与浓缩：将 2 mL 二氯甲烷或四氢呋喃分两次加入柱管，分别洗下被测组分，合并后的洗脱液用氮气浓缩至 0.1 mL 以下，再定容至 0.1~0.5 mL，待进样分析。

(2) 沉积物及颗粒物样品：重金属测定，用 $HCl＋HNO_3＋HClO_4$ HF 联合消解法消解后，备用，每个样品测定重金属 Cu、Zn、Pb、Cr、Cd、Ni 和 As 的污染浓度值，分析过程中使用去离子水，实验室中使用的玻璃器皿在使用前均用稀硝酸溶液浸泡 24 h 以上。所用试剂均为优级纯。

沉积物及颗粒物样品参考 ISO 13877 方法提取 PAHs，样品采集后经冻干、研碎、混匀、过筛（100 目），置于棕色瓶中低温（4 ℃）保存，分析时取 1 g 颗粒物加 5 mL 丙酮振荡 30 min，添加 3 mL 石油醚，继续振荡 30 min，静置澄清，倒出上清液置于分液漏斗，重复萃取 3 次，将上清液合并，向漏斗中分 3 次加入 30 mL 蒸馏水振荡，静置后弃去水相。将颗粒物的萃取液经污水硫酸钠脱水后，旋转蒸发，用 2 mL 环己烷溶液替换，过层析柱、浓缩，用甲醇替换溶剂，氮气吹脱到 1 mL。将 7 g 活化的硅胶用二氯甲烷湿法装柱，上覆 1~2 cm 污水硫酸钠，加 30 mL 正己烷预淋洗，将以环己烷为溶剂的多环芳烃样品转入硅胶层析柱，加 20 mL 正己烷淋洗柱，弃去淋洗液，用 25 mL 二氯甲烷：正己烷洗脱柱，接取洗脱液。

3.2.2.3 高效液相色谱法（HPLC）测样品中的多环芳烃

目前，分离和测定多环芳烃（PAHs）的主要方法有气相色谱法、气相色谱/质谱法、高效液相色谱法、纸色谱荧光光度法、薄层色谱法等。其中，高效液相色谱法（HPLC）是以液体为流动相，应用高压输液系统，将具有极性不同的单一溶剂或者不同比例的混合溶剂、缓冲液等流动相液体通过泵输入到装有固定相的色谱柱，在柱内各成分根据极性不同被分离后，进入到检测器进行检查，从而实现对样品的分析。由于多环芳烃具有半挥发性和不挥发性特点，而高效液相色谱柱的柱温通常较低，不同于气相色谱法需要程序升温至很高的温度，且对某些多环芳烃组分有较高的分辨率和灵敏度、柱后馏分便于收集进行光谱鉴定，所以被广泛用于多环芳烃的定性定量检测。

HPLC 条件：色谱柱为 PAHs 专用柱：20RBAX Edipse PAH，4.6×250 mm，5 μm；流动相：乙腈—水；流速 1.5 mL/min。在洗脱 3 min 以后，以线性梯度上升，在 15 min 内乙腈上升到 100%。

(1) HPLC 分析条件的选择：本研究选用的是 WATERS 公司生产的高效液相色谱仪，色谱柱为 PAHs 专用柱：20RBAX Edipse PAH，4.6×250 mm，5 μm，型号为 959990-918。PAHs 混合标准样品购于百灵威公司，包括美国 EPA 列出的 16 种优先控制 PAHs，它们是萘（Nap）、二氢苊（苊烯）（Acy）、苊（Ace）、芴（Fl）、菲（Phe）、蒽（Ant）、荧蒽（Flu）、芘（Pyr）、苯并［a］蒽（BaA）、屈（Chr）、苯并［b］荧蒽（BbF）、苯并［a］芘（Bap）、二苯并［a，h］蒽（DbA）、茚并［1，2，3－cd］芘（Inp）和苯并［g，h，i］芘（Bghip）。稀释 PAHs 标准原液，以配制不同浓度梯度的 PAHs 标准储备液。分别配制浓度为 10、25、50、75、100、250、500、750 和 1 000 ng/mL 的 PAHs 标准溶液。以标准溶液中目标化合物的峰面积对其浓度作图，得到定量标准曲线，相关系数均大于 0.99。所采用的测定方法如表 3－3 所示。

表 3－3 多环芳烃的高效液相色谱测定

编号	化合物	保留时间（min）	方法检测限（μg/L）	
			紫外	荧光
1	萘（Nap）	7.1		9.3
2	二氢苊（Acy）	7.8	2.3	
3	苊（Ace）	9.8		24.1
4	芴（Fl）	11.7		3.2
5	菲（Phe）	12.7		3.7
6	蒽（Ant）	13.1	0.2	
7	荧蒽（Flu）	13.8	10.6	
8	芘（Pyr）	14.2		10.3
9	苯并［a］蒽（BaA）	14.7		28.7
10	屈（Chr）	15.5		5.7
11	苯并［b］荧蒽（BbF）	17.1		5.1
12	苯并［k］荧蒽（BkF）	17.9		2.0
13	苯并［a］芘（Bap）	19.0		4.4
14	二苯并［a，h］蒽（DbA）	21.3		7.9
15	苯并［g，h，i］芘（Bghip）	22.6		11.2
16	茚并［1，2，3－cd］芘（Inp）	23.6	2.0	

通过文献资料调查和实验摸索，本研究中样品分析采用紫外—荧光检测器串联检测，并分别优化出紫外及荧光的最佳波段，保证 16 种 PAHs 组分均能都得到很好的定量分析。同时，双检测器有助于排除干扰，提高性能的稳定性，具体如表 3－4 所示。为了定量、快速地分离 16 种多环芳烃，采用二元梯度淋洗，乙腈、水为流动相。紫外检测器的波长为 245 nm；荧光共采用 4 波段。

表3-4 多环芳烃所在荧光和紫外检测器波长

组分	荧光检测器（FLD）		紫外检测器（UVD）
	激发波长	发射波长	检测波长
萘（Nap）	260	340	
二氢苊（Acy）			254
苊（Ace）	260	340	
芴（Fl）	260	340	
菲（Phe）	250	370	
蒽（Ant）			254
荧蒽（Flu）			254
芘（Pyr）	320	380	
苯并［a］蒽（BaA）	320	380	
屈（Chr）	250	370	
苯并［b］荧蒽（BbF）	294	430	
苯并［k］荧蒽（BkF）	294	430	
苯并［a］芘（Bap）	294	430	
二苯并［a，h］蒽（DbA）	294	430	
苯并［g，h，i］芘（Bghip）	294	430	
茚并［1，2，3-cd］芘（Inp）			254

使用色谱柱，先用乙腈：水＝6：4（V/V）以 1.5 mL/min 流速洗脱 3 min，然后作线性梯度洗脱，在 15 min 内乙腈浓度由 60％上升到 100％。柱温 25 ℃，流速 1.5 mL/min，并参照方法美国 EPA method 8000 选用适当校准步骤（表3-5和表3-6）。多环芳烃的液相色谱图如图3-3所示。

表3-5 梯度洗脱程序

时间 T（min）	流动相 A 乙腈（％）	流动相 B 水（％）
0	60	40
3	60	40
15	100	0
30	100	0
32	60	40
35	60	40

表3-6 方法校正曲线及回归方程

组分	荧光检测器		紫外检测器	
	回归方程	相关系数 R^2	回归方程	相关系数 R^2
萘（Nap）	$y=40432x-174.56$	0.9993		
二氢苊（Acy）			$y=12242x+1015.7$	0.9986
苊（Ace）	$y=80912x-2554.1$	0.9942		
芴（Fl）	$y=271456x-2092.2$	0.9997		
菲（Phe）	$y=136391x+682.18$	0.9989		
蒽（Ant）			$y=417694x+2747.6$	0.9993
荧蒽（Flu）	$y=37426x-201.7$	0.9983	$y=42255x+1011.6$	0.9946
芘（Pyr）	$y=165496x+621.67$	0.9981		
苯并［a］蒽（BaA）	$y=43458x+51.351$	0.9994		
䓛（Chr）	$y=134004x+1223.7$	0.9985		
苯并［b］荧蒽（BbF）	$y=331982x+396.37$	0.9994		
苯并［k］荧蒽（BkF）	$y=2\,000\,000x+14123$	0.9989		
苯并［a］芘（Bap）	$y=578016x-687.01$	0.9995		
二苯并［a，h］蒽（DbA）	$y=229081x-381.8$	0.9993		
苯并［g，h，i］芘（Bghip）	$y=170611x-1824$	0.9989		
茚并［1，2，3-cd］芘（Inp）			$y=104169x-418.21$	0.9997

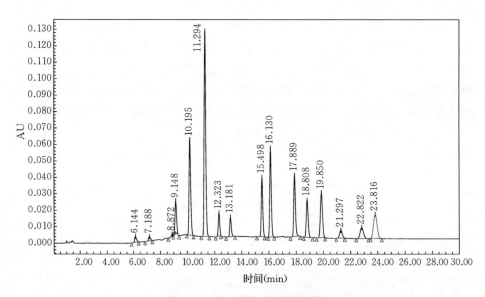

图3-3 多环芳烃的液相色谱

（2）分析测试方法的精密度、检出限及加标回收率：以 3 倍噪声对应浓度作为仪器检出限，从表 3－7 可知，荧光检测器的检测限远低于紫外检测线，荧光检测非常灵敏，特别适合用于环境中样品的痕量分析。高浓度 PAHs 分析可采用紫外检测器进行检测。为了检验方法的准确性，分别进行了土壤样品的基质加标回收实验。向 5.0 g 基质土壤中加入 1 mL 浓度为 0.5 mg/L 的 16 种多环芳烃标准溶液（$n=4$），前处理后上液相色谱进行分析测定，比较处理前后 16 种 PAHs 含量的变化，计算得到样品前处理方法的平均回收率，发现低环的 PAHs 回收率较低，这是由于低环 PAHs 在前处理过程中极易挥发所造成的。因此，本研究的分析结果都是经过回收校正所得的。对所有的样品进行平行测定（$n=3$），计算样品测定的相对标准差，发现所有平行样品的相对标准差都小于 10%，满足分析要求。

表 3－7　PAHs 的高效液相色谱测定

编号	化合物	保留时间（min）	方法检测限（μg/L）		回收率（%）
			紫外	荧光	
1	萘（Nap）	6.1		9.3	41.4
2	二氢苊（Acy）	7.2	2.3		48.5
3	苊（Ace）	8.8		24.1	56.8
4	芴（Fl）	9.1		3.2	69.5
5	菲（Phe）	10.2		3.7	93.4
6	蒽（Ant）	11.5	0.2		85.1
7	荧蒽（Flu）	12.3	10.6		104.5
8	芘（Pyr）	13.1		10.3	85.3
9	苯并 [a] 蒽（BaA）	15.4		28.7	105.3
10	屈（Chr）	16.1		5.7	89.4
11	苯并 [b] 荧蒽（BbF）	17.9		5.1	106.0
12	苯并 [k] 荧蒽（BkF）	18.8		2.0	113.2
13	苯并 [a] 芘（Bap）	19.8		4.4	91.6
14	二苯并 [a, h] 蒽（DbA）	21.3		7.9	100.6
15	苯并 [g, h, i] 芘（Bghip）	22.8		11.2	117.2
16	茚并 [1, 2, 3－cd] 芘（Inp）	23.8	2.0		93.7

注：HPLC 条件：色谱柱为 PAHs 专用柱：20RBAX Edipse PAH，4.6×250 mm，5 μm；流动相：乙腈—水；流速 1.5 mL/min。在洗脱 3 min 以后，以线性梯度上升，在 15 min 内乙腈上升到 100%。

3.2.3　数据分析

主要采用以下软件进行监测数据的统计分析：原始数据处理、异常值检验及数据的描述性统计分析采用 SPSS（Version 13.0）软件，计算监测数据的平均值、最小值、最大值、标准差、变异系数和中位数等统计信息，Grubbs检验法剔除异常离群数据，Shapiro - Wilk 法检测数据正态性，检验结果用 P_{S-W} 表示，方差分析、主成分分析方法等采用 DPS 2000 完成。

土水界面污染流空间变异性研究中半方差函数的拟合、克里格法插值等采用 Geovariances 公司的 ISATIS（Version 6.0）完成，利用 ESRI 公司的 Arc-Map（Version10.3）完成采样点分布图、土水界面污染流污染物空间分布图等相关图件的制作。土水界面污染流重金属和多环芳烃等污染物的生态风险采用基于 Monte - carlo 的风险分析技术，利用 Crystal Ball（Version 7.22）完成。

3.3　质量控制

为保证监测数据的可靠性和准确性，本研究采取了严格的质量控制措施。

（1）审核被测样品在整个实验程序过程中是否符合分析质量控制的要求，从样品前处理（是否存在样品的研磨污染、仪器设备污染、玻璃器皿污染、试剂污染等）、空白、质控样及平行样的测定结果、标准溶液、稀释倍数和计算结果等各个方面进行审核。

（2）审核样品的采集、保管、运输过程中是否存在污染问题，是否按照技术规范的要求采集、保管和运输样品。

（3）样品的测试分析按标准方法操作，以全过程的空白值、平行样、内控样、加标回收等进行控制。在测定精密度合格的前提下，待测质控平行双样的每批待测样品的质控样测定值必须落在质控样保证值（在 95％ 的置信水平）范围之内，加标回收率必须在 100％±10％ 以内，否则本批结果无效，需重新分析测定。

（4）测结果出现的异常值往往是分析偶然误差或环境污染现状的真实体现，不能随意舍弃。为真实客观反映研究区污染物的含量特征和污染状况，需要对分析过程中出现的超标数据进行审核，再行决定取舍，以减少偶然分析误差对环境污染结果统计的影响。

3.4　技术路线

本研究采用野外定点采样监测与经典统计学方法和数据挖掘技术相结合的实验方法，围绕城郊土水界面污染流污染特征、空间变异和生态风险分析 3 个关键问题展开研究。研究的技术路线如图 3 - 4 所示，其中研究区土水界面污染流样品的采集及污染流重金属和多环芳烃的测试工作由农业部环境质量监督检验测试研究中心的相关人员协助完成。

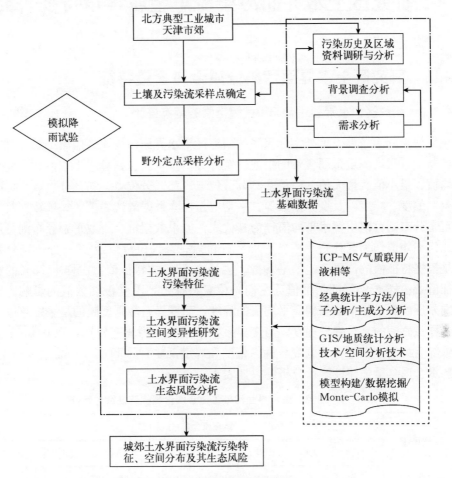

图 3-4 本研究技术路线

4 研究区土水界面污染流重金属含量特征研究

4.1 研究区土水界面污染流重金属含量特征

4.1.1 研究区土水界面污染流重金属含量的基本统计

根据降雨条件下野外实际采集的研究区土水界面污染流的监测结果，进行各监测点污染流重金属含量的描述性统计分析，主要包括算术平均值、几何平均值、最小值、最大值、中值、25%分位点、75%分位点、90%分位点、标准差、偏度、峰度以及变异系数等。平均值是样本数据的代表值，如果数据符合正态分布则可以用算术平均值作为其代表，如果数据符合对数正态分布则可用几何平均值作为其代表。中值、25%分位点、75%位点以及90%分位点分别是根据特征值的位置确定的平均数、占样本25%的特征值、占样本75%的特征值及占样本90%的特征值，它们是位置特征值，不受极端数值的影响。标准差反映的是样本数据偏离平均值的程度，而变异系数则反映的是采样总体中各样点之间的平均变异程度，当变异系数小于0.1为弱变异性，在0.1～1为中等变异性，大于1为强变异性。偏度和峰度反映样本频数分布的偏斜程度。各重金属含量描述性统计分析结果如表4-1所示。

表4-1 研究区土水界面污染流重金属含量描述性统计特征

指标项目	重金属含量（mg/L）							
	pH	Cr	Ni	Cu	Zn	As	Cd	Pb
最小值	4.8	0.001 3	0.002 2	0.000 7	0.001 3	0.000 013	0.000 2	0.000 01
最大值	8.8	0.045	0.10	0.12	0.21	0.11	0.06	0.11
中值	6.3	0.009	0.006 8	0.027	0.016	0.008 1	0.004	0.009 6
算术平均值	6.4	0.011	0.008 9	0.034	0.024	0.015	0.009 1	0.024
几何平均值	6.3	0.008 6	0.005 5	0.024	0.013	0.002 8	0.003 8	0.004 8
25%分位点	5.3	0.005 6	0.003	0.011	0.005 9	0.000 6	0.001 3	0.000 7
75%分位点	7.8	0.013	0.009 4	0.049	0.029	0.024	0.008 2	0.031
90%分位点	8.4	0.02	0.015	0.067	0.045	0.035	0.025	0.069
标准差	1.41	0.008 6	0.014	0.027	0.035	0.019	0.013	0.03

（续）

指标项目	重金属含量（mg/L）							
	pH	Cr	Ni	Cu	Zn	As	Cd	Pb
变异系数	0.22	0.78	1.51	0.81	1.44	1.28	1.47	1.28
偏度	0.23	2.12	5.72	1.12	3.77	2.39	2.41	1.41
峰度	−1.31	5.39	38.54	0.88	16.32	8.26	5.46	0.96
P_{s-w}	—	0.94	0.02	0.005	0.58	0.003	0.57	0.004
分布类型	对数正态分布	对数正态分布	对数正态分布	偏态分布	对数正态分布	偏态分布	对数正态分布	偏态分布

从表 4-1 中可以看出，研究区土水界面污染流重金属的平均含量大小顺序为 Cu＞Zn＝Pb＞As＞Cr＞Cd＞Ni，变异系数大小顺序为 Ni＞Cd＞Zn＞Pb＝As＞Cu＞Cr，且变异系数均大于 50%。各重金属含量描述性统计分析结果如下：

（1）Cr：研究区土水界面污染流 Cr 含量为 0.001 3～0.045 mg/L，算术平均值为 0.011 mg/L，极端值最高与最低的差异为 35 倍。Cr 含量变异系数为 0.78，为中等变异性，数据离散性程度较大，各监测点污染流 Cr 含量差异性较显著。Shapiro-Wilk 法和数据统计特征表明，研究区污染流 Cr 含量原始数据不符合正态分布，其分布频数最多区间为 0.003～0.2 mg/L，占 85.7%。经对数变换后 Shapiro-Wilk 法检验结果 P_{s-w} 为 0.94，符合对数正态分布，几何平均值为 0.008 6 mg/L。Cr 含量原始数据及其对数变换后的频数分布如图 4-1 所示。

（2）Ni：研究区土水界面污染流 Ni 含量为 0.002 2～0.1 mg/L，算术平均值为 0.008 9 mg/L，极端值最高与最低的差异为 45 倍。Ni 含量变异系数为 1.51，为强变异性，数据离散性程度极大，各监测点污染流 Ni 含量差异性极显著。Shapiro-Wilk 法和数据统计特征表明，研究区污染流 Ni 含量原始数据不符合正态分布，其分布频率最多区间为 0.01～0.12 mg/L，占 88.9%。经对数变换后 Shapiro-Wilk 法检验结果 P_{s-w} 为 0.02，符合对数正态分布，几何平均值为 0.005 5 mg/L。Ni 含量原始数据及其对数变换后的频数分布如图 4-2 所示。

（3）Cd：研究区土水界面污染流 Cd 含量为 0.000 2～0.06 mg/L，算术平均值为 0.009 1 mg/L，极端值最高与最低的差异为 300 倍。Cd 含量变异系数为 1.47，为强变异性，数据离散性程度极大，各监测点污染流 Cd 含量差异性极显著。Shapiro-Wilk 法和数据统计特征表明，研究区污染流 Cd 含量原始数据不符合正态分布，其分布频率最多区间为 $0.001 \sim 0.025$ mg/L，占 85.7%。经对数变换后 Shapiro - Wilk 法检验结果 P_{S-W} 为 0.57，符合对数正态分布，几何平均值为 0.003 8 mg/L。Cd 含量原始数据及其对数变换后的频数分布如图 4 - 3 所示。

（4）Pb：研究区土水界面污染流 Pb 含量为 $0.000\,01 \sim 0.11$ mg/L，算术平均值为 0.024 mg/L，极端值最高与最低的差异为 11 000 倍。Pb 含量变异系数为 1.28，为强变异性，数据离散性程度极大，各监测点污染流 Pb 含量差异性极显著。Shapiro - Wilk 法和数据统计特征表明，研究区污染流 Pb 含量原始数据不符合正态分布，其分布频率最多区间为 $0.00 \sim 0.059$ mg/L，占 85.9%。经对数变换后 Shapiro - Wilk 法检验结果 P_{S-W} 为 0.004，为近似对数正态分布，几何平均值为 0.004 8 mg/L。Pb 含量原始数据及其对数变换后的频数分布如图 4 - 4 所示。

（5）Cu：研究区土水界面污染流 Cu 含量为 $0.000\,7 \sim 0.12$ mg/L，算术平均值为 0.034 mg/L，极端值最高与最低的差异为 171 倍。Cu 含量变异系数为 0.81，为中等变异性，数据离散性程度极大，各监测点污染流 Cu 含量差异性较显著。Shapiro - Wilk 法和数据统计特征表明，研究区污染流 Cd 含量原始数据不符合正态分布，其分布频率最多区间为 $0.004 \sim 0.064$ mg/L，占 84.1%。经对数变换后 Shapiro - Wilk 法检验结果 P_{S-W} 为 0.005，为近似对数正态分布，几何平均值为 0.034 mg/L。Cu 含量原始数据及其对数变换后的频数分布如图 4 - 5 所示。

（6）Zn：研究区土水界面污染流 Zn 含量为 $0.013 \sim 0.21$ mg/L，算术平均值为 0.024 mg/L，极端值最高与最低的差异为 16 倍。Zn 含量变异系数为 1.44，为强变异性，数据离散性程度较大，各监测点污染流 Zn 含量差异性极显著。Shapiro - Wilk 法和数据统计特征表明，研究区污染流 Zn 含量原始数据不符合正态分布，其分布频率最多区间为 $0.001 \sim 0.045$ mg/L，占 88.9%。经对数变换后 Shapiro - Wilk 法检验结果 P_{S-W} 为 0.58，符合对数正态分布，几何平均值为 0.013 mg/L。Zn 含量原始数据及其对数变换后的频数分布如图 4 - 6 所示。

（7）As：研究区土水界面污染流 As 含量为 $0.000\,013 \sim 0.11$ mg/L，算术平均值为 0.016 mg/L，极端值最高与最低的差异为 8461 倍。As 含量变异系数为 1.28，为强变异性，数据离散性程度极大，各监测点污染流 As 含量差异性极显著。Shapiro - Wilk 法和数据统计特征表明，研究区污染流不符合正态分布，其分布频率最多区间为 $0.00 \sim 0.027$ mg/L，占 85.7%。经对数变换后 Shapiro - Wilk 法检验结果 P_{S-W} 为 0.003，为近似对数正态分布，几何平均值为 0.002 8 mg/L。As 含量原始数据及其对数变换后的频数分布如图 4 - 7

所示。

由于污染源地域分布的不平衡性，造成了土壤污染程度在空间分布上的地域性差异，而降雨条件下源于水土作用产生的土水界面污染流就不可避免地受此影响，使得各监测点污染流污染物含量存在明显的地域差异性。变异系数作为反映统计数据波动特征的参数，在一定程度上可以描述污染物污染状况，一般来说两者呈正相关性。从研究区土水界面污染流各重金属含量的总体分布特征可以看出，研究区各监测点污染流重金属含量的差异性极为显著，最大值与最小值差异倍数普遍较高，各重金属含量的变异系数普遍较高，说明研究区土水界面污染流受人为外来污染的影响较大，区内工农业和第三产业发展的格局、土地利用类型、污染源状况等各种因素都会对污染流中的重金属含量造成影响。另一方面数据极值之间的差异性表明，研究区的局部区域可能会形成污染流高含量污染的"核心"分布区。

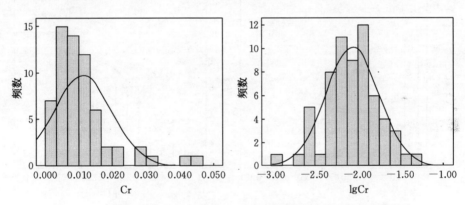

图 4-1 研究区土水界面污染流 Cr 含量原始数据及其对数的频数分布

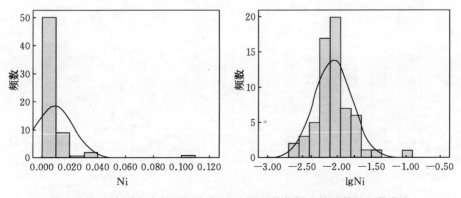

图 4-2 研究区土水界面污染流 Ni 含量原始数据及其对数的频数分布

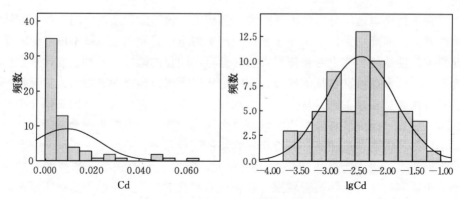

图 4 - 3　研究区土水界面污染流 Cd 含量原始数据及其对数的频数分布

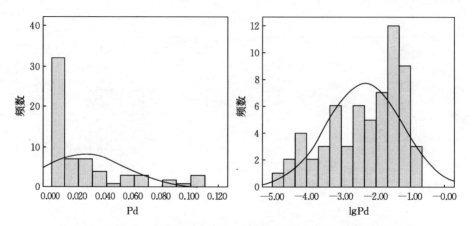

图 4 - 4　研究区土水界面污染流 Pb 含量原始数据及其对数的频数分布

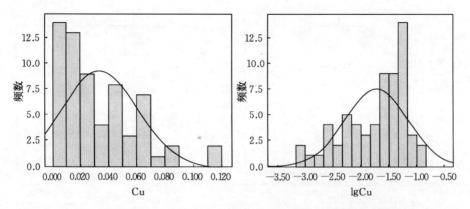

图 4 - 5　研究区土水界面污染流 Cu 含量原始数据及其对数的频数分布

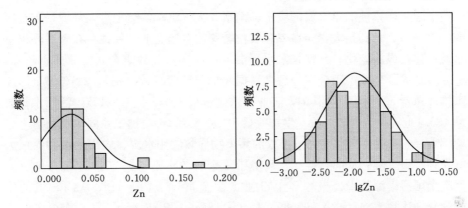

图4-6　研究区土水界面污染流 Zn 含量原始数据及其对数的频数分布

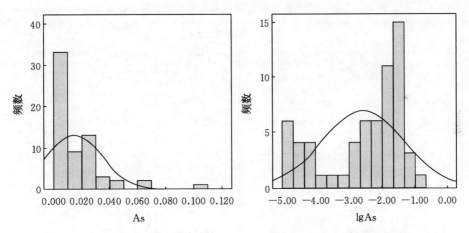

图4-7　研究区土水界面污染流 As 含量原始数据及其对数的频数分布

4.2　土水界面污染流重金属来源解析

4.2.1　重金属污染的主要来源

重金属污染来源极为复杂，其主要受成土母质及人类活动的影响（Lv et al.，2013），成土母质是影响重金属污染的内在因素，而随着经济社会的发展，人类活动已超过自然来源对农产品产地土壤重金属含量的贡献（刘春早等，2012；余洋等，2013）。从国内外多年的研究成果来看，工业污染排放、污水灌溉、大气沉降、汽车尾气排放，以及污泥、农药、肥料、农膜、地膜的农田投入等已成为我国农产品产地土壤重金属污染的主要来源。

4.2.1.1 工业生产中的重金属排放

工业生产排放的重金属随废水、雨水、大气沉降等途径进入环境是重金属的主要来源，尤其是大量向城郊和农村转移的乡镇企业，往往存在着对环保不重视、排污设施老化、环保技术水平滞后等问题，导致重金属排放严重超标，进一步加大了环境中重金属的污染。据《全国环境统计公报》，2013 年全国废水排放总量 695.4 亿 t、其中，工业废水排放量 209.8 亿 t、城镇生活污水排放量 485.1 亿 t、工业烟（粉）尘排放量 1 094.6 万 t、全国工业固体废物产生量 32.8 亿 t。工业"三废"大量排放的污染物导致农用水源、农田土壤和农区大气受到严重影响，从而直接导致环境中重金属的污染。据 2010 年发布的《第一次全国污染源普查公报》，全国工业源重金属 Cr、Pb、Hg、As 和 Cd 的排放量分别达到 1 643.42、190.85、1.40、184.96 和 36.85 t。第一次全国污染源普查各省份工业生产中重金属的排放量见表 4 - 2 所示。

表 4 - 2 第一次全国污染源普查各省份工业源重金属排放量

| 省份 | 重金属排放量（kg） | | | | |
	Cr	Pb	Hg	As	Cd
北 京	559.60	79.23	0.00	12.84	2.11
天 津	983.50	1 223.97	36.74	25.30	23.22
河 北	37 575.04	987.94	11.09	945.75	94.62
山 西	487.93	2 384.71	58.37	3 826.88	140.07
内蒙古	986.38	16 752.26	88.54	6 763.49	2 490.95
辽 宁	3 825.94	1 089.65	134.38	1 281.38	84.55
吉 林	1 052.65	170.88	1.54	17 565.68	4.69
黑龙江	179.48	81.86	0.18	236.18	18.04
上 海	3 984.98	394.91	4.78	83.71	1.32
江 苏	82 436.14	4 913.12	27.49	872.41	485.05
浙 江	425 427.66	1 440.73	125.50	1 203.07	229.71
安 徽	6 979.49	3 292.08	15.90	6 130.18	218.57
福 建	178 380.96	4 628.16	51.09	1 980.78	278.03
江 西	28 154.64	8 796.97	67.16	9 060.94	2 206.29
山 东	28 664.61	4 635.08	73.11	1 246.96	1 140.45
河 南	37 525.33	2 745.05	18.71	1 895.41	560.76
湖 北	18 009.29	3 733.86	20.24	13 886.60	588.13
湖 南	34 182.98	55 951.11	254.59	60 335.07	17 541.70

（续）

省份	重金属排放量（kg）				
	Cr	Pb	Hg	As	Cd
广　东	592 742.27	16 726.76	55.07	2 320.94	949.50
广　西	122 604.54	15 054.43	80.66	8 967.01	2 105.02
海　南	1.18	0.27	0.01	0.47	0.16
重　庆	15 483.24	214.86	0.18	1 986.68	114.43
四　川	2 377.02	2 017.13	17.42	2 526.99	150.28
贵　州	249.22	479.92	33.83	684.46	134.04
云　南	459.12	24 655.57	44.69	19 805.01	3 690.59
西　藏	11.76	0.00	0.00	3 731.00	0.00
陕　西	4 117.61	4 740.51	42.23	6 314.28	781.09
甘　肃	6 760.38	12 602.18	107.28	6 601.14	2 725.75
青　海	2 175.82	941.46	9.76	734.02	79.09
宁　夏	1 092.88	85.31	3.52	258.24	9.51
新　疆	5 946.91	33.77	20.28	3 673.54	4.95
合　计	1 643 418.55	190 853.74	1 404.34	184 956.41	36 852.67

4.2.1.2　污水灌溉

我国是一个水资源十分短缺的国家，仅农业每年缺水就达 300 亿 m³，为弥补水源的严重不足，利用污水进行灌溉的现象在我国极为普遍。1976—1980 年普查结果显示，全国污水灌溉面积 140 万 hm²，占全国耕地面积的 1.4%。到 20 世纪 80 年代末，我国污水灌溉面积已达 133.3 万多 hm²，而 1996—1999 年开展的第二次普查结果显示，全国污水灌溉面积已达 360 万 hm²，占全国总灌溉面积的 7.3%，到 1999 年已经发展到 440 万 hm²。污水灌溉引起的农产品产地土壤重金属污染已经成为我国污水灌溉区的最严重问题，80 年代初期由于污水灌溉不当造成 62.87 万 hm² 农田受到不同程度的污染，而 1990 年前后全国因污水灌溉而造成重金属农田污染的面积接近 666.67 万 hm²。

我国的污水灌溉与世界发达国家相比有其明显的特殊性。首先，污水灌溉水质低劣，美国、日本、以色列等国家的污水灌溉水基本以处理达标后的再生水为主，水中有害物质含量低，而我国由于污水处理设施量少、技术水平低、经费投入不足、运行率低、管理不到位等问题导致污水灌溉水中污染物超标严重，长期采用此类污水灌溉，必须会对农田质量产生危害，据不完全调查，目前因污水灌溉污染耕地达 216.7 万 hm²，约占污水灌溉总面积的 54.94%。其次，由于污水以混合排放为主，导致污水灌溉水中成分复杂，从而使污水灌溉区土壤也常出现复合污染，如天津的武宝宁污水灌溉区、北京污水灌溉区、辽宁沈阳张士、山西太原、甘肃张掖等。第三，污水灌溉点数量进一步增加，近年来随着城镇化进程的加快及污染产业向中小城市转移、矿山开采加速，导致工、矿废污水排放量日益增多且呈现点多面广的趋势，由此也引起了污水灌溉面积的进一步扩大。

我国的污水灌溉始于 1957 年，自 1972 年以后得到快速发展，农田污染面积迅速扩大，两次全国污水灌溉调查结果表明，1979 年我国污水灌溉面积仅有 30 余万 hm²，而到了 20 世纪 80 年代则超过了 130 万 hm²，90 年代来则达到了 440 万 hm²，其结果见图 4-8 所示。

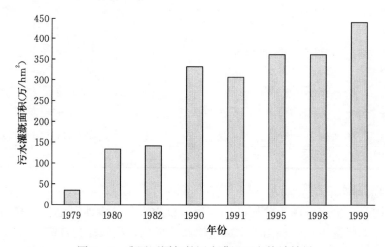

图 4-8　我国不同年份污水灌溉面积统计结果

污水灌溉导致灌区重金属严重污染，例如，天津的污水灌溉区以重金属 Cd、Hg 和 As 污染为主（王祖伟，2005）；北京污水灌溉区以 Zn、Cd、Hg 和 Pb 污染为主（杨军等，2005；孙雷等，2008）；辽宁沈阳张士灌区从 20 世纪 60 年代初期开始引用沈阳西部工厂排放的污水进行灌溉，据估算，每年随污水排入灌区土壤内的 Cd 量达到 1.6 t，在应用含 Cd 污水进行 20 多年污水灌溉后形成 2 500 hm² 的镉土污染区，灌区内土壤 Cd 含量普遍超标，其中 330 hm² 土壤 Cd 含量达 5～7 mg/kg，灌区内 Cd、Hg、Pb、Ni 等重金属的积累处于极高水平（张勇，2001），使得整个灌区被迫停止农产品生产而改做工业用地，山西太原污水灌溉区以 Hg、Cd 和 As 污染为主（解文艳等，2011），广东广州市郊污水灌溉区土壤中 Cd、Pb、Hg 等的含量为清灌区的 1.8～4.5 倍，重金属积累已有明显异常（廖金凤等，2001），甘肃白银污水灌溉区农田 Cr、Pb、As、Cd 等有害物质含量已严重超标，且有逐年加重的趋势（刘毅等，2005）。据统计，全国用于灌溉的污水每年会向农田土壤贡献重金属 As、Cd、

Cr、Cu、Hg、Ni、Pb、Zn 的量分别为 219、30、51、1 486、1.3、237、183 和 4432 t。

4.2.1.3 矿产资源开发

数千年的采矿史，给人类社会带来了巨大的财富，对于国民经济的发展具有十分重要的意义。然而矿山在开采同时也引起了诸多负面问题，随着矿山开采、冶炼、尾矿、冶炼废渣和矿渣堆放等带入的重金属已造成矿区及其周边农产品产地土壤重金属的污染。我国矿产资源丰富，共有大中型矿山 9 000 多座、小型矿山 26 万座（李永康等，2004），采矿活动及其废弃物的排放不仅破坏和占用了大量的土地资源，也带了一系列的环境问题。我国农产品产地土壤重金属重度污染区基本都集中在矿区周边，如广东大宝山矿区，广西刁江、环江流域，湖南湘江流域，湖北大冶，江西德兴，云南个旧，甘肃白银，浙江富阳，四川攀枝花等。对矿区周边土壤和农田的调查监测结果显示，广东大宝山矿区大部分区域土壤中 Cu、Zn、Pb、Cr 等重金属含量高于国家三级标准（陈家栋等，2012），广西刁江沿岸农田受到了严重的 As、Pb、Cd 和 Zn 的复合污染，已不适合农田利用（宋书巧等，2003），湖南湘西花垣矿区土壤 Pb、Zn 和 Cd 含量均超过污染警戒值（杨胜香等，2012）。

4.2.1.4 农业投入品施用

相对于工业、矿产等污染源，由于具有量大、面广、隐蔽性强和持续性使用等特点，近年来我国化肥、有机肥、农药、农膜以及污泥等农业投入品的滥用和不正当使用也加重了土壤重金属的污染。农用化肥中磷酸盐一般会含有较多的重金属 Hg、Cd、As、Zn 和 Pb，磷肥中 Cd 含量往往较高，而氮肥中 Pb 含量较高，化肥施用已导致部分地区土壤重金属含量不同程度的提高。农膜的施用也是影响农产品产地土壤重金属污染的一个重要原因，我国农膜使用量从 1991 年的 31.9 万 t 增加到 2004 年的 93.1 万 t（严昌荣等，2006），且仍以每年 10% 的速度递增，农业部组织的地膜残留污染调查结果表明，我国地膜残留污染较重的地区，其残留量在 90～135 kg/ hm²，高者达 270 kg/hm²，农膜年残留量高达 35 万 t，残膜率达 42%，大量残膜遗留在农田 0～30 cm 的耕作层。对新疆维吾尔自治区的调查发现，在被调查的 16 个县（市）中，废旧地膜平均残留量为 37.8 kg/ hm²，其中最严重的地块达 268.5 kg/hm²，由于地膜污染造成的直接经济损失在 1 500 万元以上。由于农用塑料薄膜生产中应用的热稳定剂中含有 Cd、Pb 等重金属，在大量使用塑料大棚和地膜过程中就可能造成土壤重金属的污染。

畜禽养殖业中使用的配方饲料中往往添加一定比例的能促进生长和提高饲料利用率的含有重金属元素的添加剂（Mehmood et al.，2009；Atafar et al.，2010）。黄鸿翔等调查发现，仔猪和牲猪饲料中添加硫酸铜达 100～250 mg/kg

（黄鸿翔等，2006）。这些重金属元素除一部分被畜禽吸收外，其余往往以畜禽粪便的形式被排泄后，直接施用于农田或被加工成有机肥，大量施用含重金属的畜禽粪便和以这些畜禽粪便为原料的有机肥，就极易导致土壤中重金属的积累。苏德纯等利用文献对 1998—2010 年近 30 年耕地施用的有机肥重金属含量进行了总结，结果如表 4-3 所示，有机肥中 Cd 含量的中值达到了 0.9 mg/kg，而相关统计结果表明，我国农田土壤重金属中 55％的 Cd、69％的 Cu 和 51％的 Zn 是由有机肥输入土壤的（王婷等，2014）。此外，污泥农用、过量农药施用等也给农田土壤带来不同程度的重金属污染。

表 4-3　1980—2010 年耕地施用有机肥重金属含量百分位数值（mg/kg）

元素	样本组数	分布类型	百分位						
			5％	10％	25％	50％	75％	90％	95％
Cd	45	偏态分布	0.15	0.23	0.42	0.90	2.40	4.33	6.54
Pb	46	偏态分布	0.11	0.4	1.15	12.79	23.48	30.70	37.87
As	39	偏态分布	0.05	1.00	1.59	5.51	11.60	48.30	72.83
Hg	27	偏态分布	0.008	0.02	0.06	0.09	0.32	156.20	437.20
Cu	44	偏态分布	22.36	34.88	46.73	92.50	316.90	666.10	964.40
Zn	43	偏态分布	16.84	21.1	110.50	252.30	458.30	1 338.00	1 486.00
Ni	14	偏态分布	8.10	8.24	12.63	17.61	19.68	21.02	21.10
Cr	31	偏态分布	0.10	0.13	18.20	33.29	49.90	68.76	163.10

4.2.1.5　大气颗粒物降尘

　　近年来，大气颗粒物已成为我国主要环境污染源，颗粒物污染不但对城市环境、城区人体健康造成了严重威胁，而且颗粒物降尘特别是能源、运输、冶金和建筑材料生产产生的大气颗粒物降尘越来越成为环境污染的罪魁祸首之一。原因在于，大气降尘可携带多种重金属污染物，如 Hg、As、Cd、Pb、Cr、Ni 等，这些污染物长期沉降累积效应必然导致土壤重金属含量增加甚至污染，相关研究结果表明，大气降尘对耕地积累 As、Cr、Hg、Ni 和 Pb 等重金属的贡献率达 43％～85％。且大气颗粒物降尘污染具有面积广、异地传输性、累积性、隐蔽性、难预防等特点，因此，是我国当前及今后需长期关注的重金属重要污染源。但总体而言，我国大气颗粒物降尘污染还主要集中于城市区域，而对大气颗粒物降尘导致重金属污染的重视度还严重不足，耕地区大气颗粒物降尘相关监测数据匮乏，研究平台不能适应新形势的需求，相关研究及预防措施也比较落后。

　　相关研究表明，火山、粉沙扬尘、工业生产、交通运输、冶金、建筑等产生的大气颗粒物降尘可携带多种重金属污染物，如 Hg、As、Cd、Pb、Cr、

Ni 等（王文全等，2012），这些重金属以气溶胶长期停留在大气当中，并最终经过自然沉降和降水进入环境，长期沉降累积效应必然导致重金属含量增加甚至污染（刘爱明等，2011）。据报道，燃煤颗粒物总含有 Cr、Pb 和 Hg 等重金属，石油含有相当量的 Hg，煤和石油燃烧后排放的部分悬浮颗粒物和重金属随烟尘进入大气，其中 10%～30%沉降在距排放源十几千米的范围内。相关研究结果表明，许多工业发达国家，大气沉降对土壤系统中重金属累积贡献率在各种外源输入因子中排在首位（Kloke，1984），对耕地积累 As、Cr、Hg、Ni 和 Pb 等重金属的贡献率达 43%～85%。相关研究发现，在法国一山区流域上游的氯碱工业区附近，大气沉降输入到当地土壤中的 Hg 占到了 63%～95%（Hissler and Probst，2006）；丹麦纳维亚半岛南部大气总沉降中 Pb、Cd、Cu、Zn、V、Ni 和 As 的含量与表层土壤中相应重金属增加的数量级一致（Hovmand et al.，2008）。就广大农区而言，随着我国工业的转移、农村交通设施的发展及农村能源结构的变化，农区面上的污染有不断加重的趋势，大气沉降重金属对农区的影响应引起足够重视。

4.2.1.6 固体废弃物堆放

固体废弃物堆放也是直接影响环境中重金属污染的罪魁祸首，污染农田的固体废弃物来源广泛，除矿产开采冶炼产生的固体废弃物外，电子垃圾固体废弃物、工业固体废弃物、市政固体废弃物、污泥及垃圾渗滤液等是我国耕地固体废弃物污染的主要来源。因固体废弃物堆存而被占用和毁损的农田面积达到 40 万 hm²，造成周边地区的污染农田面积超过 333.33 万 hm²。广西南丹矿区每年向刁江排放含 As 尾矿 1 770 t，自建矿以来，总共排放了 800 万～1 000 万 t 尾矿砂，除了被江水冲走外，还有 200 万～300 万 t 尾矿砂堆积在河道中，从而直接导致了流域范围耕地土壤中 As 严重超标。据 2010 年发布的《第一次全国污染源普查公报》，全国各地区工业源、生活源和集中式固体废弃物产生量分别已达到 385 214.19 万、25 955.55 万和 2 025.06 万 t，各省份固体废弃物产生量见表 4-4 所示。

表 4-4 各省份固体废弃物产生量（t）

省份	合计	工业源	生活源	集中式
北 京	20 822 969.27	13 205 231.22	6 672 846.59	944 891.46
天 津	14 714 780.99	11 277 134.56	3 104 692.83	332 953.60
河 北	541 376 141.41	526 772 956.69	13 599 801.89	1 003 382.83
山 西	335 813 038.11	325 132 792.35	10 384 157.36	296 088.40
内蒙古	428 766 879.48	419 253 707.66	9 197 023.25	316 148.57
辽 宁	317 230 232.44	304 230 061.77	12 550 997.88	449 172.79

（续）

省份	合计	工业源	生活源	集中式
吉 林	51 603 727.67	42 222 698.33	9 254 596.23	126 433.11
黑龙江	88 197 177.53	71 339 374.80	16 668 574.79	189 227.94
上 海	27 052 412.54	21 140 034.73	4 920 695.68	991 682.13
江 苏	115 538 488.75	100 195 994.15	13 149 902.93	2 192 591.67
浙 江	66 042 904.60	54 268 639.21	8 993 907.35	2 780 358.04
安 徽	121 609 898.36	110 373 507.16	10 917 214.36	319 176.84
福 建	95 977 019.90	88 349 321.05	6 948 119.80	679 579.05
江 西	184 224 993.43	178 088 191.76	6 107 145.99	29 655.68
山 东	215 818 996.80	188 351 629.76	23 051 471.79	4 415 895.25
河 南	206 878 898.17	190 027 742.43	16 144 435.31	706 720.43
湖 北	85 881 808.62	74 115 915.01	11 490 787.83	275 105.78
湖 南	95 605 070.99	82 620 642.55	12 856 134.91	128 293.53
广 东	112 165 243.59	94 599 881.95	15 346 101.41	2 219 260.23
广 西	75 154 968.89	71 285 898.44	3 817 310.12	51 760.33
海 南	4 691 283.45	3 965 759.53	708 161.68	17 362.24
重 庆	47 220 660.35	42 593 271.46	4 224 271.77	403 117.12
四 川	190 900 696.78	180 204 320.84	10 296 965.94	399 410.00
贵 州	75 405 608.94	70 189 368.00	5 104 452.82	111 788.12
云 南	187 866 135.94	181 804 229.87	5 924 808.87	137 097.20
西 藏	1 876 443.77	1 650 677.32	225 312.95	453.50
陕 西	84 602 453.02	78 125 041.55	6 265 291.07	212 102.40
甘 肃	72 616 955.23	68 420 511.16	3 920 780.06	275 664.01
青 海	202 583 355.42	201 514 357.41	1 059 665.10	9 332.91
宁 夏	18 331 758.13	16 642 994.40	1 638 221.77	50 541.96
新 疆	45 376 988.28	40 180 036.58	5 011 635.45	185 316.25
合 计	4 131 947 972.85	3 852 141 923.70	259 555 485.78	20 250 563.37

　　我国浙江省台州市，广东省清远市和汕头市朝阳区贵屿等区域是电子垃圾处置的主要区域，这些区域因电子垃圾造成的农田污染在局部区域非常严重，其主要污染物包括重金属 Cd、Cr、Cu、Ni、Pb、Zn 等，电子垃圾拆解及对土壤污染物重金属含量影响的典型研究如表 4-5 所示。对湖北武汉市垃圾堆放场和浙江杭州铬渣堆放区附近土壤中重金属的研究发现，这些区域土壤中 Cd、Hg、Cr 等重金属含量均高于当地土壤背景值。

表 4-5 电子垃圾拆解及堆放对土壤污染物重金属含量的影响

地区	污染物重金属含量 (mg/kg)								参考文献
	Cd	Hg	As	Cu	Pb	Cr	Zn	Ni	
贵屿拆解地	3.1			712	190	74.9		87.4	Leung 等，2006
贵屿焚烧地	1.7			496	104	28.6	258	155	陈佳佳，2011
贵屿周边农田	0.57			23.2	83.8	81.8	224	15.4	
贵屿酸洗区	1.36			684.1	222.8	7.43	572.8	278.4	权胜祥，2015
贵屿周边农田	54.1~57.1			93.5~116	382~415	278~320	46.2~68.1		林文杰等，2011
清远龙塘周边	0.9~10.9			13~1891.3	11.6~822.9	18~64.8	33.7~1776.5		朱崇岭，2013
佛山里水屿周边	0.51~1.26			23.8~94.8	5.2~67.2	36.4~58.9	7.5~52		
汕头贵屿周边	0.84~37.15			24.9~170.4	11.2~286.1	28.7~296.1	23.1~60.45		
台州拆解地周边	1.5		49.1	481	788	104.3	505	13.6	李科等，2015
台州周边农田	1.9			115.1	51.8	52.53	209.8		王家嘉，2008
台州拆解基地	42.3	4.05	36.6	2364.2	6082.9	771.5	5995.6		张微，2013
台州焚烧地周边稻田			7.96	435.67	81.08	52.53	137.01	28.22	潘虹梅等，2007
台州周边稻田	0.02~6.37			32.1~256.4	25.86~67	6.33~33.5	74.9~281.4		张俊会，2009
清远拆解区	1.27~1.7			45.9~65.4	28.8~32.6	23.2~25.6	74.7~80.6		黄华伟等，2015
清远拆解区周边农田	0.9~1.07			13~15.3	11.6~17.4	18~20.3	33.8~36.6		
清远周边农田	1.4			70	64.1	23.57	168.5	11.19	张金连等，2015
清远周边农田	0.075~3	0.06~2.1	2.5~65	10.5~3000	29.8~560	20~105	36.6~420	9.6~88	张朝阳等，2012
清远焚烧区周边	0.058~0.303			5.7~709.5	72.1~194.9	0.198~1.216	30.1~54.9	3.12~9.17	余晓华等，2008

4.2.2 研究区土水界面污染流重金属含量的相关性分析

自然界中的重金属元素并不是单独孤立存在的，它们往往是伴生在一起，因此，通过对环境中几种重金属元素含量的相关性分析，比较它们之间的相关关系，可以推测出几种重金属的来源是否相同。用以检验成对数据之间近似性的相关性分析方法，已被广泛应用于环境中重金属的分析统计和污染来源解析，通过土水界面污染流各重金属含量之间相关性的分析，可以推测重金属的来源是否相同，通常若元素之间显著相关，则说明它们出自同一来源的可能性较大，这一来源可能出自与降水作用的土壤本身，也可能来自降水的大气沉降或人为活动造成的污染所致。

土水界面污染流中各重金属含量的相关分析结果如表 4-6 所示，为消除数量级不同造成的影响，数据在统计分析之前都进行了标准化处理。可以看出，研究区土水界面污染流重金属 Cr-Ni、Cr-Cu、Cr-Zn、Cr-Cd，Zn-Ni、Zn-Cu、Cd-Ni、Cd-Cu、Cd-Zn，Pb-Cu，Pb-Zn、Pb-Cd 之间具有较显著的相关性，表明研究区土水界面污染流中，这几种重金属元素之间同源性较高。而重金属 Cu-Ni、As-Cu 之间也有一定的同源性。重金属元素中，As 与其他各元素相关性最低，表明研究土水界面污染流中 As 来源的不同。

表 4-6 污染流重金属含量的相关系数 $(n=63)$

	Cr	Ni	Cu	Zn	As	Cd	Pb
Cr	1						
Ni	0.60**	1					
Cu	0.52**	0.30*	1				
Zn	0.79**	0.80**	0.42**	1			
As	0.2	0.07	0.31*	0.22	1		
Cd	0.45**	0.44**	0.64**	0.48**	0.14	1	
Pb	0.22	0.17	0.35**	0.33**	0.02	0.45**	1

注：$*P<0.05$，$**\quad P<0.01$。

4.2.3 土水界面污染流重金属的主成分分析

主成分分析是环境研究中最常见的多元统计分析方法，其是利用降维的思想，通过研究目标体系的内在结构关系，把多指标转化成少数几个互相独立并且包含原来体系大部分的信息，以更少量的因子来表达原始数据的总体变化情况，从而辅助分析数据的一种统计方法。主成分分析的工作目标就是，要对多变量的平面数据表进行最佳优化综合，即要在确保数据信息丢失最少的原则下，对高纬变量空间进行降维处理，在简化评价系统的前提下最终实现对评价样本点的定量化认识。具体来说，主成分分析可以经过线形变换和舍弃小部分信息，研究指标体系的少数几个线性组合，并且这几个线性组合所构成的综合指标将尽可能多地保留原来指标变异方面的信息，这些综合指标也就是主成分。因此，主成分分析的优点是其确定的权重是基于数据分析而得到的目标之间的内在结构关系，它不受主观因素的影响，而且得到综合指标之间彼此独立，减少了信息的交叉。主成分分析方法已在灰尘、土壤、沉积物、水体等环境介质中得到广泛应用，用来区分和分析自然来源和人为来源对污染物的贡献。例如，李玉等（2006）利用主成分分析研究得出胶州湾表层沉积物中重金属主要来自于工业排污、有机质降解、岩石的自然风化与侵蚀过程等3个来源；朱先芳等（2010）利用主成分分析对北京北部水系沉积物中重金属来源进行了分析，得出该水系沉积物中 Hg、Cd、Zn 和 Cu 作为第一主成分且被认为与人类活动的工矿业开采有关。

可见，利用主成分分析方法，可以进一步对研究区土水界面污染流的重金属数据进行详细解释，更好地说明研究区土水界面污染流重金属变量之间的关系，解析污染流重金属的来源等。

主成分分析之前，先利用 SPSS 软件进行 KMO 检验和巴特利特（Bartlett）球形检验，判断原始数据集是否适合进行主成分分析，检验结果如表4-7所示。从检验结果可以看出，KMO 的检验值为 0.677，该值大于 0.5，根据统计学家 Kaiser 给出的标准，基本适合主成分分析；Bartlett 的检验值为 207.82，P 值（Sig. ＝0.000）＜0.05，因此拒绝 Bartlett 球形检验的零假设，认为适合主成分分析。从上述两种检验结果可以看出，由研究区所获得的土水界面污染流的重金属监测数据矩阵可以进行主成分分析。

表4-7 重金属原始监测数据的 KMO 检验和 Bartlett 球形检验

检验类型		检验值
KMO 检验		0.677
Bartlett 球形检验	Approx. χ^2	207.821
	df	21
	Sig.	0.000

主成分分析提取的因子解释总体变量情况见表4-8所示，可以看出，只有前3个提取因子初始特征值超过1，这3个因子的总方差解释也都超过

10%，3个特征值所对应的累积贡献率达到了79.79%，基本可以作为主成分进行因子提取。

表4-8 重金属主成分分析结果

成分	初始特征值			提取后特征值			变换后特征值		
	特征值	解释方差	累积方差	特征值	解释方差	累积方差	特征值	解释方差	累积方差
1	3.454	49.35	49.35	3.454	49.35	49.35	2.528	36.12	37.12
2	1.104	65.12	65.12	1.104	15.77	65.12	1.866	26.65	62.77
3	1.027	79.79	79.79	1.027	14.67	79.79	1.191	17.02	79.79
4	0.610	88.50	90.50						
5	0.437	94.74	95.74						
6	0.261	98.47	98.47						
7	0.107	100.00	100.00						

图4-9是研究区土水界面污染流重金属公共因子碎石图，可以看出，前面3个公共因子的特征值变化非常明显，到第三个特征值以后，特征值变化趋于平稳。因此，说明提取3个公共因子可以对原变量的信息描述有显著作用。

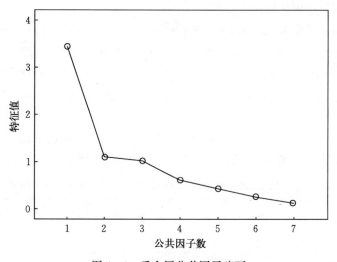

图4-9 重金属公共因子碎石

一般情况下，未经过旋转的主成分分析矩阵，主成分中因子变量在许多变量上都有较高的载荷，其表达的信息较为模糊，难以对污染成因进行有效的分析，通常需要对主成分分析矩阵进行旋转。从表4-9中可以看出，在因子的初始矩阵中，Cr、Ni、Cu、Zn和Cd在第一主成分中显示出较高的值；而Cu

和 Pb 在第二主成分中值相对较高；As 在第三主成分中出现较高的值，显得较为混乱。矩阵旋转后，在因子 Cr、Ni 和 Zn 上具有较大载荷，并且这 3 种重金属之间的相关关系显著，说明它们具有共同的污染来源；第二主成分包括Cu、Cd 和 Pb；第三主成分则集中反映了 As 的作用。

表 4-9　研究区土水界面污染流重金属主成分分析成分矩阵

重金属	主成分			旋转后的主成分		
	1	2	3	1	2	3
Cr	0.828	−0.274	0.076	0.813	0.246	0.213
Ni	0.755	−0.498	−0.125	0.905	0.11	−0.051
Cu	0.724	0.432	0.162	0.286	0.675	0.447
Zn	0.877	−0.355	−0.017	0.906	0.247	0.118
As	0.306	0.207	0.871	0.072	0.014	0.943
Cd	0.756	0.359	−0.161	0.37	0.756	0.136
Pb	0.49	0.544	−0.441	0.059	0.84	−0.147

图 4-10 是 3 个主成分的三维因子载荷散点图，分别以 3 个主成分为坐标，给出各原始变量在该坐标中的载荷散点图，该图是旋转后因子载荷矩阵的图形化表达方式，从图中也可以看出 3 个主成分所集中反映的各重金属的作用。从研究区土水界面污染流重金属的主成分分析结果和表 4-10 可以看出，影响研究区土水界面污染流重金属含量的主要污染源可能来自于火力发电、电镀工业以及黑色冶金等工业，其次当地利用污水进行灌溉、化肥施用等也可能是造成土壤重金属积累进而影响污染流重金属含量的重要原因。

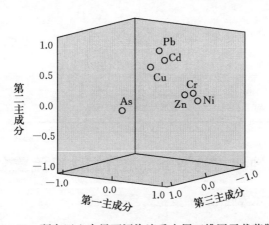

图 4-10　研究区土水界面污染流重金属三维因子载荷散点

表 4-10　不同类型污染源排放的重金属种类

污染源类别	重金属种类
黑色金属矿山	Cd、Cr、Cu、Hg、Pb、Zn
黑色冶金	As、Cd、Cu、Hg、Pb、Zn
有色金属矿山及冶炼	As、Cd、Cr、Cu、Hg、Pb、Zn
火力发电	As、Pb、Cd
硫铁矿开采	As、Cd、Cr、Cu、Hg、Pb、Zn
磷矿	As、Pb
汞矿	As、Hg
硫酸工业	As、Cd、Cu、Pb、Zn
氯碱工业	Hg
氮肥、磷肥	As
橡胶工业	Cu、Cr、Zn
塑料工业	As、Hg、Pb
化纤工业	Cu、Zn
颜料工业	As、Cd、Cr、Hg、Pb、Zn
油漆工业	Cd、Cr、Pb
电镀工业	Cd、Cr、Cu、Ni、Zn
电子工业	Cd、Cr、Cu、Hg、Pb、Ni、Zn
玻璃工业	As、Pb
陶瓷工业	Cd、Pb
纺织工业	Cr
制浆造纸工业	Hg、Cr
制革业	Cr、Zn
畜牧业	Cu、Zn

4.3　不同土地利用类型下土水界面污染流重金属含量特征

4.3.1　农用地土水界面污染流重金属含量特征

农用地土水界面污染流重金属含量的描述性统计分析结果见表 4-11 所示。

表 4-11 农用地土水界面污染流重金属含量的描述性统计特征 ($n=40$)

指标项目	pH	重金属含量 (mg/L)						
		Cr	Ni	Cu	Zn	As	Cd	Pb
最小值	4.5	0.001 3	0.002 2	0.000 99	0.001 4	0.000 013	0.000 3	0.000 035
最大值	8.8	0.045	0.102	0.089	0.210	0.109	0.051 1	0.107
中值	6.4	0.008 9	0.008 7	0.028	0.016	0.011	0.003 9	0.012
算术平均值	6.5	0.011	0.012	0.031	0.028	0.016	0.007 8	0.026
几何平均值	6.4	0.008 7	0.008 9	0.019	0.015	0.003	0.003 8	0.006 4
25%分位点	5.4	0.005 9	0.006 3	0.007 9	0.006 3	0.000 24	0.001 7	0.001 2
75%分位点	7.7	0.012	0.01	0.049	0.029	0.025	0.007 7	0.037
90%分位点	8.5	0.026	0.018	0.064	0.052	0.037	0.019	0.085
标准差	1.3	0.009 5	0.016	0.024	0.042	0.021	0.011	0.032
变异系数	0.21	0.84	1.32	0.76	1.50	1.28	1.44	1.23
偏度	0.224	2.299	5.257	0.363	3.272	2.553	2.919	1.302
峰度	−1.162	5.617	30.329	−0.904	11.260	9.114	8.929	0.542
$Ps\text{-}w$	—	0.562	0.001	0.001	0.68	0.000	0.885	0.005
分布类型	—	对数正态分布	偏态分布	偏态分布	对数正态分布	偏态分布	对数正态分布	对数正态分布

从表 4-11 中可以看出，农用地污染流重金属的平均含量大小顺序为 Cu>Zn>Pb>Cr>As>Ni> Cr>Cd，变异系数的大小顺序为 Zn>Cd>Ni>As>Pb>Cr>Cu，且变异系数均大于 50%，Ni、As、Zn、Cd、Pb 为强变异性，Cr 和 Cu 为中等变异性。各重金属含量的描述性统计分析结果为：

（1）Cr：研究区农用地土水界面污染流 Cr 含量为 0.001 3～0.045 mg/L，算术平均值为 0.011 mg/L，极端值最高与最低的差异为 35 倍，75%的值位于 0.012 mg/L 以上，90%的值位于 0.026 mg/L 以上。农用地土水界面污染流 Cr 含量变异系数为 0.84，为中等变异性，数据离散性程度较大，农用地各监测点污染流 Cr 含量差异性较显著，表明不同的种植作物可能对土水界面污染流 Cr 的影响较强。Shapiro-Wilk 法和数据统计特征表明，研究区农用地污染流 Cr 含量原始数据不符合正态分布，经对数变换后 Shapiro-Wilk 法检验结果 $Ps\text{-}w$ 为 0.562，符合对数正态分布，几何平均值为 0.008 7 mg/L。农用地土水界面污染流 Cr 含量箱形图如图 4-11 所示，Cr 含量原始数据及其对数变换后的含量频数分布如图 4-12 所示。

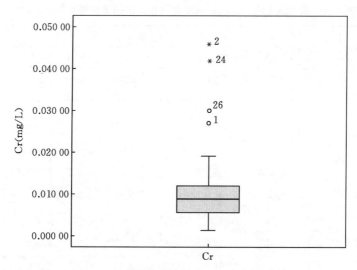

图 4-11 农用地土水界面污染流 Cr 含量箱形

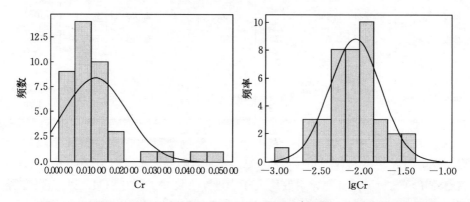

图 4-12 研究区农用地土水界面污染流 Cr 含量原始数据及其对数的频数分布

（2）Ni：研究区农用地土水界面污染流 Ni 含量为 0.002 2～0.102 mg/L，算术平均值为 0.012 mg/L，极端值最高与最低的差异为 46 倍，75% 的值位于 0.01 mg/L 以上，90% 的值位于 0.018 mg/L 以上。农用地土水界面污染流 Ni 含量变异系数为 1.32，为强变异性，表明农用地各监测点 Ni 含量数据离散性程度大，各监测点 Ni 含量差异性显著，表明不同的种植作物可能对土水界面污染流 Ni 含量的影响强。Shapiro-Wilk 法和数据统计特征表明，研究区农用地污染流 Ni 含量不符合正态分布，经对数变换后 Shapiro-Wilk 法检验结果 P_{s-w} 为 0.001，为近似对数正态分布，几何平均值为 0.008 9 mg/L。农用地土水界面污染流 Ni 含量箱形图如图 4-13 所示，Cr 含量原始数据及其对数变换后的含量频数分布如图 4-14 所示。

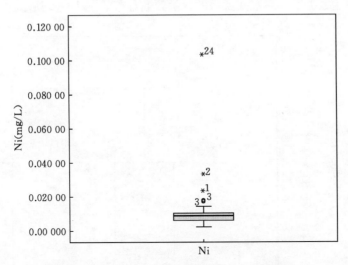

图 4-13　农用地土水界面污染流 Ni 含量箱形

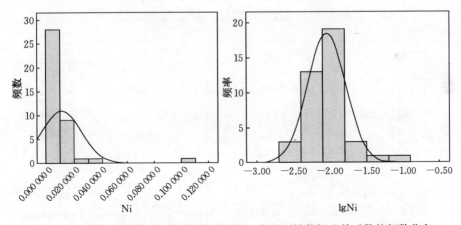

图 4-14　研究区农用地土水界面污染流 Ni 含量原始数据及其对数的频数分布

　　(3) Cu：研究区农用地土水界面污染流 Cu 含量为 0.000 99～0.089 mg/L，算术平均值为 0.031 mg/L，极端值最高与最低的差异为 90 倍，75% 的值位于 0.049 mg/L 以上，90% 的值位于 0.064 mg/L 以上。农用地土水界面污染流 Cu 含量变异系数为 0.76，为中等变异性，表明农用地各监测点 Cu 含量数据离散性程度较大，农用地各监测点污染流 Cu 含量差异性较显著，表明不同的种植作物可能对土水界面污染流 Cu 含量的影响较强。Shapiro - Wilk 法和数据统计特征表明，研究区农用地污染流 Cu 含量不符合正态分布，经对数变换后 Shapiro - Wilk 法检验结果 P_{S-W} 为 0.001，为近似对数正态分布，几何平均值为 0.019 mg/L。农用地土水界面污染流 Cu 含量箱形图如图 4-15 所示，

Cu 含量原始数据及其对数变换后的含量频数分布如图 4-16 所示。

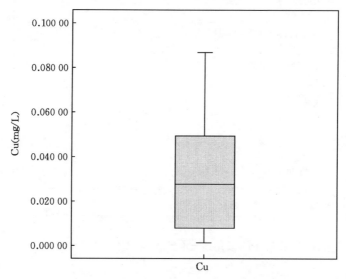

图 4-15　农用地土水界面污染流 Cu 含量箱形

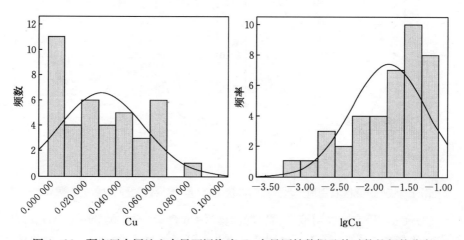

图 4-16　研究区农用地土水界面污染流 Cu 含量原始数据及其对数的频数分布

（4）Zn：研究区农用地土水界面污染流 Zn 含量为 0.0014～0.21 mg/L，算术平均值为 0.028 mg/L，极端值最高与最低的差异为 150 倍，75％的值位于 0.029 mg/L 以上，90％的值位于 0.052 mg/L 以上。农用地土水界面污染流 Zn 含量变异系数为 1.50，为强变异性，表明农用地各监测点 Zn 数据离散性程度大，农用地各监测点污染流 Zn 含量差异性显著，表明不同的种植作物可能对土水界面污染流 Zn 含量的影响较强。Shapiro-Wilk 法和数据统计特征表明，研究区农用地污染流 Zn 含量不符合正态分布，经对数变换后 Shapiro－Wilk 法检验结果 $Ps-w$ 为 0.68，为对数正态分布，几何平均值为 0.015 mg/L。农用地土水界面污染流 Zn 含量箱形图如图 4-17 所示，Zn 含量原始及数据其对数变换后的含量频数分布如图 4-18 所示。

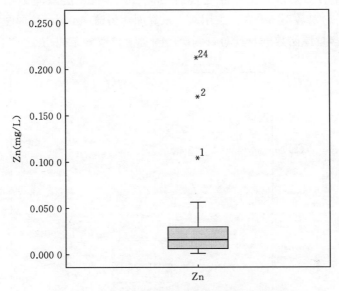

图 4-17　农用地土水界面污染流 Zn 含量箱形

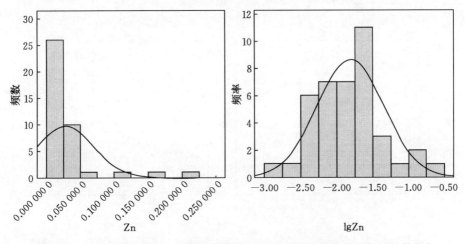

图 4-18　研究区农用地土水界面污染流 Zn 含量原始数据及其对数的频数分布

（5）As：研究区农用地土水界面污染流 As 含量为 0.000 001 3～0.109 mg/L，算术平均值为 0.016 mg/L，75％的值位于 0.025 mg/L 以上，90％的值位于

0.037 mg/L 以上。农用地土水界面污染流 As 含量变异系数为 1.28，为强变异性，表明农用地各监测点 As 含量数据离散性程度大，农用地各监测点污染流 As 含量差异性显著，表明不同的种植作物可能对土水界面污染流 As 含量的影响较强。Shapiro – Wilk 法和数据统计特征表明，研究区农用地污染流 As 含量不符合正态分布，经对数变换后 Shapiro – Wilk 法检验结果 P_{s-w} 为 0.00，不符合对数正态分布。农用地土水界面污染流 As 含量箱形图如图 4 – 19 所示，As 含量原始数据及其对数变换后的含量频数分布如图 4 – 20 所示。

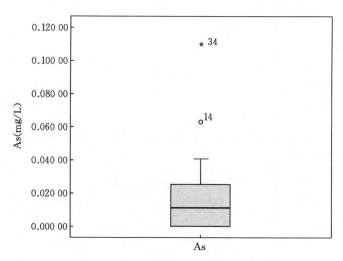

图 4 – 19　农用地土水界面污染流 As 含量箱形

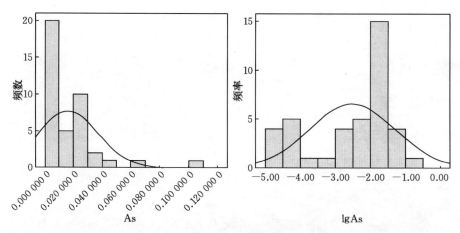

图 4 – 20　研究区农用地土水界面污染流 As 含量原始数据及其对数的频数分布

（6）Cd：研究区农用地土水界面污染流含量为 0.000 3～0.051 1 mg/L，

算术平均值为 0.007 8 mg/L，极端值最高与最低的差异为 170 倍，75% 的值位于 0.000 77 mg/L 以上，90% 的值位于 0.019 mg/L 以上。农用地土水界面污染流 Cd 含量变异系数为 1.44，为强变异性，表明农用地各监测点 Cd 含量数据离散性程度大，农用地各监测点污染流 Cd 含量差异性显著，表明不同的种植作物可能对土水界面污染流 Cd 含量的影响较强。Shapiro - Wilk 法和数据统计特征表明，研究区农用地污染流 Cd 含量不符合正态分布，经对数变换后 Shapiro - Wilk 法检验结果 $Ps-w$ 为 0.885，为对数正态分布，几何平均值为 0.007 8 mg/L。农用地土水界面污染流 Cd 含量箱形图如图 4 - 21 所示，Cd 含量原始数据及其对数变换后的含量频数分布如图 4 - 22 所示。

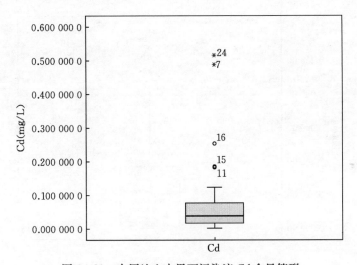

图 4 - 21　农用地土水界面污染流 Cd 含量箱形

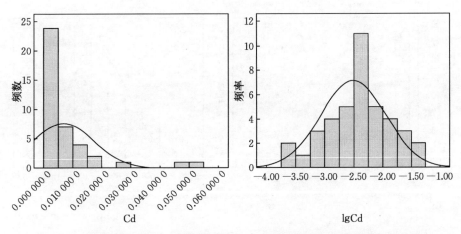

图 4 - 22　研究区农用地土水界面污染流 Cd 含量原始数据及其对数的频数分布

（7）Pb：研究区农用地土水界面污染流含量为 0.000 035～0.107 mg/L，算术平均值为 0.026 mg/L，75%的值位于 0.037 mg/L 以上，90%的值位于 0.085 mg/L 以上。农用地土水界面污染流 Pb 含量变异系数为 1.23，为强变异性，表明农用地各监测点 Pb 数据离散性程度大，农用地各监测点污染流 Pb 含量差异性显著，表明不同的种植作物可能对土水界面污染流 Pb 含量的影响较强。Shapiro-Wilk 法和数据统计特征表明，研究区农用地污染流 Pb 含量不符合正态分布，经对数变换后 Shapiro-Wilk 法检验结果 Ps-w 为 0.005，为近似对数正态分布，几何平均值为 0.006 4 mg/L。农用地土水界面污染流 Pb 含量箱形图如图 4-23 所示，Pb 含量原始数据及其对数的频数分布如图 4-24 所示。

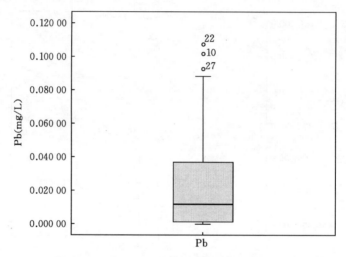

图 4-23　农用地土水界面污染流 Pb 含量箱形

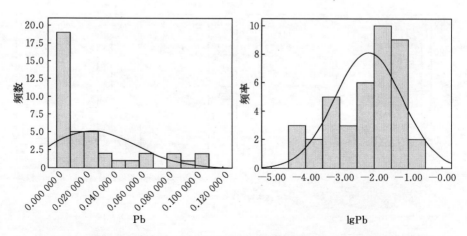

图 4-24　研究区农用地土水界面污染流 Pb 含量原始数据及其对数的频数分布

4.3.2　林地及园地土水界面污染流重金属含量特征

林地及园地土水界面污染流重金属含量的描述性统计分析结果见表 4 - 12 所示。从表 4 - 12 中可以看出，林地及园地土水界面污染流重金属平均含量大小顺序为 Cu>Pb>Zn>Cr>Cd>Ni> Cr>As，变异系数的大小顺序为 As> Pb>Cd>Cu>Ni>Zn>Cr，且 Cu、As、Cd、Pb 含量变异系数均大于 1，为强变异性；Ni 和 Zn 含量变异系数大于 0.50，为中等变异性；Cr 含量变异系数小于 0.50，为弱变异性。各重金属含量描述性统计分析结果为：

（1）Cr：研究区林地及园地土水界面污染流含量为 0.002 3～0.022 mg/L，极端值最高与最低的差异为 9 倍，算术平均值为 0.011 mg/L，75％的值位于 0.018 mg/L 以上，90％的值位于 0.022 mg/L 以上。林地及园地土水界面污染流 Cr 含量变异系数为 0.27，为弱变异性，表明林地及园地各监测点 Cr 含量数据离散程度小，Cr 含量差异性不显著。

（2）Ni：研究区林地及园地土水界面污染流含量为 0.002 6～0.031 mg/L，极端值最高与最低的差异为 12 倍，算术平均值为 0.012 mg/L，75％的值位于 0.019 mg/L 以上，90％的值位于 0.029 mg/L 以上。林地及园地土水界面污染流 Ni 含量变异系数为 0.87，为中等变异性，表明林地及园地各监测点 Ni 含量数据离散程度较大，Ni 含量差异性较显著。

（3）Cu：研究区林地及园地土水界面污染流含量为 0.002 3～0.082 mg/L，

表 4 - 12　林地及园地土水界面污染流重金属含量的描述性统计特征（$n=7$）

指标项目	pH	重金属含量（mg/L）						
		Cr	Ni	Cu	Zn	As	Cd	Pb
最小值	4.5	0.002 3	0.002 6	0.002 3	0.001 3	0.000 013	0.000 50	0.000 080
最大值	8.02	0.022	0.031	0.082	0.062	0.031	0.049	0.10
中值	6.9	0.007 2	0.008 8	0.012	0.030	0.002 0	0.007	0.022
算术平均值	6.56	0.011	0.012	0.034	0.027	0.009 0	0.017	0.031
几何平均值	6.42	0.008 0	0.008 7	0.017	0.016	0.001 3	0.005 9	0.006 0
25％分位点	5.38	0.004 4	0.004 6	0.007 1	0.007 7	0.000 38	0.001 2	0.001 0
75％分位点	7.86	0.018	0.019	0.072	0.042	0.019	0.032	0.051
90％分位点	7.99	0.022	0.029	0.082	0.059	0.029	0.046	0.093
标准差	1.42	0.007 9	0.011	0.035	0.022	0.013	0.019	0.037
变异系数	0.216	0.27	0.87	1.03	0.79	1.40	1.15	1.21

极端值最高与最低的差异为 36 倍，算术平均值为 0.034 mg/L，50％的值位于 0.012 mg/L 以上，75％的值位于 0.072 mg/L 以上，90％的值位于 0.082 mg/L 以上。林地及园地土水界面污染流 Cu 含量变异系数为 1.03，为强变异性，表明林地及园地各监测点 Cu 含量数据离散程度大，Cu 含量差异性显著。

（4）Zn：研究区林地及园地土水界面污染流含量为 0.001 3～0.062 mg/L，极端值最高与最低的差异为 47 倍，算术平均值为 0.027 mg/L，50％的值位于 0.03 mg/L 以上，75％的值位于 0.042 mg/L 以上，90％的值位于 0.059 mg/L 以上。林地及园地土水界面污染流 Zn 含量变异系数为 0.79，为中等变异性，表明林地及园地各监测点 Zn 含量数据离散程度较大，Zn 含量差异性较显著。

（5）As：研究区林地及园地土水界面污染流含量为 0.000 013～0.031 mg/L，算术平均值为 0.009 mg/L，50％的值位于 0.002 mg/L 以上，75％的值位于 0.019 mg/L 以上，90％的值位于 0.029 mg/L 以上。林地及园地土水界面污染流 As 含量变异系数为 1.40，为强变异性，表明林地及园地各监测点 As 含量数据离散程度大，As 含量差异性显著。

（6）Cd：研究区林地及园地土水界面污染流含量为 0.000 5～0.049 mg/L，极端值最高与最低的差异为 98 倍，算术平均值为 0.017 mg/L，50％的值位于 0.007 mg/L 以上，75％的值位于 0.032 mg/L 以上，90％的值位于 0.046 mg/L 以上。林地及园地土水界面污染流 Cd 含量变异系数为 1.15，为强变异性，表明林地及园地各监测点 Cd 含量数据离散程度大，Cd 含量差异性显著。

（7）Pb：研究区林地及园地土水界面污染流含量为 0.000 08～0.1 mg/L，算术平均值为 0.031 mg/L，50％的值位于 0.022 mg/L 以上，75％的值位于 0.051 mg/L 以上，90％的值位于 0.093 mg/L 以上。林地及园地土水界面污染流 Pb 含量变异系数为 1.21，为强变异性，表明林地及园地各监测点 Pb 含量数据离散程度大，Pb 含量差异性显著。

4.3.3 居民地及工矿用地土水界面污染流重金属含量特征

居民地及工矿用地土水界面污染流重金属含量描述性统计分析结果见表 4-13 所示。

从表 4-13 中可以看出，居民地及工矿用地土水界面污染流重金属的平均含量大小顺序为 Cu＞As＝Pb＞Zn＞Cr＞Ni＞Cd，变异系数的大小顺序为 Cd＞Pb＞As＞Cu＞Zn＞Cr＞Ni，且 As、Cd 和 Pb 含量变异系数均大于 1，为强变异性；Cu、Zn 和 Cr 含量变异系数大于 0.50，为中等变异性；Ni 含量变异系数小于 0.50，为弱变异性。各重金属含量描述性统计分析结果为：

表 4-13 居民地及工矿用地土水界面污染流重金属含量的描述性统计特征 （n=16）

指标项目	pH	重金属含量 （mg/L）						
		Cr	Ni	Cu	Zn	As	Cd	Pb
最小值	4.5	0.002 4	0.003 0	0.000 70	0.001 4	0.000 013	0.000 20	0.000 010
最大值	8.73	0.029	0.022	0.120	0.041	0.061	0.060	0.067
中值	5.4	0.009 7	0.008 3	0.028	0.009 2	0.008 8	0.004 4	0.003 9
算术平均值	6.06	0.010	0.009 5	0.038	0.014	0.015	0.009 1	0.015
几何平均值	5.87	0.008 7	0.008 6	0.020	0.009 1	0.003 1	0.003 2	0.002 1
25%分位点	4.6	0.005 3	0.006 5	0.009 2	0.004 4	0.001 2	0.000 97	0.000 39
75%分位点	7.71	0.014	0.011	0.057	0.022	0.022	0.008	0.023
90%分位点	8.34	0.018	0.016	0.11	0.031	0.046	0.025	0.055
标准差	1.59	0.006 8	0.004 5	0.037	0.012	0.018	0.015	0.021
变异系数	0.26	0.65	0.48	0.96	0.86	1.21	1.66	1.46

（1）Cr：研究区居民地及工矿用地土水界面污染流含量为 0.002 4～0.029 mg/L，极端值最高与最低的差异为 12 倍，算术平均值为 0.010 mg/L，50% 的值位于 0.009 5 mg/L 以上，75% 的值位于 0.014 mg/L 以上，90% 的值位于 0.018 mg/L 以上。研究区居民地及工矿用地土水界面污染流 Cr 含量变异系数为 0.65，为中等变异性，表明研究区居民地及工矿用地土水界面污染流各监测点 Cr 含量数据离散程度较大，Cr 含量差异性较显著。

（2）Ni：研究区居民地及工矿用地土水界面污染流含量为 0.003～0.022 mg/L，极端值最高与最低的差异为 7 倍，算术平均值为 0.009 5 mg/L，50% 的值位于 0.008 3 mg/L 以上，75% 的值位于 0.011 mg/L 以上，90% 的值位于 0.016 mg/L 以上。Ni 含量变异系数为 0.48，为弱变异性，表明居民地及工矿用地土水界面污染流各监测点 Ni 含量数据离散程度较小，Ni 含量差异性不显著。

（3）Cu：研究区居民地及工矿用地土水界面污染流含量为 0.000 7～0.12 mg/L，极端值最高与最低的差异为 171 倍，算术平均值为 0.038 mg/L，50% 的值位于 0.028 mg/L 以上，75% 的值位于 0.057 mg/L 以上，90% 的值位于 0.11 mg/L 以上。研究区居民地及工矿用地土水界面污染流 Cu 含量变异系数为 0.96，为中等变异性，表明研究区居民地及工矿用地土水界面污染流各监测点 Cu 含量数据离散程度较大，Cu 含量差异性较显著。

（4）Zn：研究区居民地及工矿用地土水界面污染流含量为 0.001 4～0.041 mg/L，极端值最高与最低的差异为 29 倍，算术平均值为 0.014 mg/L，50% 的值位于 0.009 2 mg/L 以上，75% 的值位于 0.022 mg/L 以上，90% 的值位于 0.031 mg/L 以上。研究区居民地及工矿用地土水界面污染流 Zn 含量变异系数为 0.86，为中等变异性，表明研究区居民地及工矿用地各监测点 Zn 含量数据离散程度较大，Zn 含量差异性较显著。

（5）As：研究区居民地及工矿用地土水界面污染流含量为 0.000 013～0.061 mg/L，算术平均值为 0.015 mg/L，50％的值位于 0.008 8 mg/L 以上，75％的值位于 0.022 mg/L 以上，90％的值位于 0.046 mg/L 以上。研究区居民地及工矿用地土水界面污染流 As 含量变异系数为 1.21，为强变异性，表明研究区居民地及工矿用地土水界面污染流各监测点 As 含量数据离散程度大，As 含量差异性显著。

（6）Cd：研究区居民地及工矿用地土水界面污染流含量范围为 0.000 2～0.060 mg/L，算术平均值为 0.009 1 mg/L，50％的值位于 0.004 4 mg/L 以上，75％的值位于 0.008 mg/L 以上，90％的值位于 0.025 mg/L 以上。研究区居民地及工矿用地土水界面污染流 Cd 含量变异系数为 1.66 为强变异性，表明研究区居民地及工矿用地土水界面污染流各监测点 Cd 含量数据离散程度大，Cd 含量差异性显著。

（7）Pb：研究区居民地及工矿用地土水界面污染流含量范围为 0.000 01～0.067 mg/L，算术平均值为 0.015 mg/L，50％的值位于 0.003 9 mg/L 以上，75％的值位于 0.023 mg/L 以上，90％的值位于 0.055 mg/L 以上。研究区居民地及工矿用地土水界面污染流 Pb 含量变异系数为 1.46，为强变异性，表明居民地及工矿用地土水界面污染流各监测点 Pb 含量数据离散程度大，Pb 含量差异性显著。

4.4　土地利用类型与土水界面污染流重金属含量的关系

分别计算研究区农用地、居民地及工矿用地、林地及园地 3 种土地利用类型下所产生的土水界面污染流中 7 种重金属含量的平均值及标准差，并将 3 种土地利用类型下土水界面污染流中各重金属平均值和标准差考虑在内制作柱状图，如图 4-25 所示。采用单因素方差分析分别检验不同土地利用类型下产生的土水界面污染流中各重金属含量的差异性，并采用字母标注法将检验结果分别标注在图 4-25 上。

从图 4-25 中可以看出，研究区土水界面污染流重金属含量与土地利用类型存在一定的关系，居民地及工矿用地土水界面污染流重金属含量普遍较高，林地及园地土水界面污染流重金属含量普遍较低。除 As 外，居民地及工矿用地土水界面污染流中各重金属平均含量最高；除 Cu 外，林地及园地土水界面污染流中各重金属平均含量最低，农用地土水界面污染流重金属含量则介于其他两种土地利用类型之间。方差分析结果表明，土水界面污染流中 Ni、As、Zn 和 Pb 4 种重金属与土地利用类型的差异性不显著；居民地及工矿用地与林地及园地土水界面污染流中 Cr 含量差异性显著；居民地及工矿用地与农用地土水界面污染流中 Cu 含量差异性显著；居民地及工矿用地与农用地、林地及园地土水界面污染流中 Cd 含量存在显著性差异。

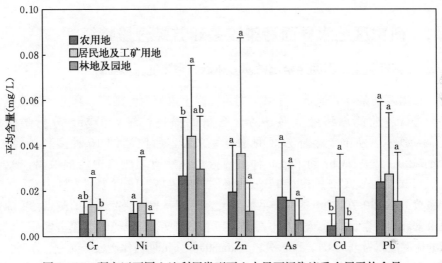

图 4 - 25　研究区不同土地利用类型下土水界面污染流重金属平均含量

4.5　本章小结

（1）对研究区土水界面污染流 Cr、Ni、Cu、Zn、As、Cd 和 Pb 7 种重金属污染特征进行了系统研究。研究区土水界面污染流中，各重金属含量均符合对数正态分布或近似正态分布，各重金属变异系数普遍较高，表明污染流重金属数据离散性程度较大，各监测点污染流重金属含量的差异性较大，相关性分析表明，几种重金属元素之间同源性较高。

（2）进行了土水界面污染流重金属含量的主成分分析，结果表明，影响研究区土水界面污染流重金属含量的主要污染源可能来自于火力发电、电镀工业以及黑色冶金等工业。

（3）分析了土地利用类型对研究区土水界面污染流重金属的关系，研究结果显示，不同土地利用类型之间土水界面污染流重金属含量存在一定的差异性，污染流重金属含量受土地利用类型的影响较大。

5 研究区土水界面污染流多环芳烃含量特征研究

5.1 研究区土水界面污染流多环芳烃含量特征

5.1.1 研究区土水界面污染流单项多环芳烃含量的基本统计

根据降雨条件下野外实际采集的研究区土水界面污染流多环芳烃的监测结果，进行各监测点污染流多环芳烃含量的描述性统计分析，分析结果如表 5-1 所示。从单个多环芳烃的化合物来看，所监测的 16 种多环芳烃中，Phe、Flu、BaA、Chr 和 Bap 5 种多环芳烃在所有监测点中均被检出，Acy、Ace、Flu、BaA、Chr、BbF 和 Bap 的平均含量较高。16 种多环芳烃中 Flu 的变异系数最小为 0.76，Inp 的变异系数最大为 2.22，表明研究区各监测点污染流中单个多环芳烃含量的差异性并不相同。16 种多环芳烃中，Acy 含量占多环芳烃总量的比例最高为 16.08%，BbF 次之为 15.39%，Flu 所占比例最低仅为 0.73%。

（1）Nap：研究区土水界面污染流 Nap 含量为未检出～192.48 μg/L，算术平均值为 43.58 μg/L，50% 的值位于 31.79 μg/L 以上，75% 的值位于 56.33 μg/L 以上，90% 的值位于 107.91 μg/L 以上，标准差为 41.24 μg/L。Nap 含量占多环芳烃总量的平均比例为 4.02%，变异系数为 0.95，为中等变异性，数据离散性程度较大，各监测点污染流 Nap 含量差异性较显著。研究区污染流 Nap 含量原始数据不符合正态分布，其分布频率最多区间为 8.11～113.17 μg/L，占 81.6%，经对数变换后，Shapiro-Wilk 法检验结果 P_{s-w} 为 0.91，符合对数正态分布，几何平均值为 15.44 μg/L。研究区土水界面污染流 Nap 含量的箱形图、原始数据及其对数的频数分布如图 5-1 和图 5-2 所示。

（2）Acy：研究区土水界面污染流 Acy 含量为未检出～691.17 μg/L，算术平均值为 43.58 μg/L，50% 的值位于 145.4 μg/L 以上，75% 的值位于 299.77 μg/L 以上，90% 的值位于 467.66 μg/L 以上，标准差为 186.01 μg/L。Acy 含量占多环芳烃总量的平均比例为 16.08%，变异系数为 0.89，为中等变异性，数据离散性程度较大，各监测点污染流 Acy 含量差异性较显著。研究区污染流 Acy 含量原始数据不符合正态分布，也不符合对数正态分布，研究区土水界面污染流 Acy 含量的箱形图、原始数据及其对数的频数分布如图 5-3 和图 5-4 所示。

表 5-1 研究区土水界面污染流多环芳烃含量描述性统计特征

含量（μg/L）

	最小值	最大值	中值	算术平均值	几何平均值	25%分位点	75%分位点	90%分位点	标准差	变异系数	平均比例（%）	偏度	峰度
Nap	未检出	192.48	31.79	43.58	15.44	16.61	56.33	107.91	41.24	0.95	4.02	1.69	3.00
Acy	未检出	691.17	145.4	207.48	60.72	82.57	299.77	467.66	186.01	0.89	16.08	1.11	0.45
Ace	未检出	281.2	62.8	82.59	40.36	35.71	116.58	172.84	68.33	0.83	7.87	1.17	0.87
Fl	未检出	234.64	20.52	31.02	10.87	8.71	44.60	60.37	37.74	1.22	7.87	3.54	17.29
Phe	0.01	195.2	12.17	26.17	12.10	7.70	37.70	67.61	34.63	1.32	2.58	2.89	11.13
Ant	未检出	73.96	5.17	8.69	3.49	2.49	9.91	19.55	11.89	1.37	2.09	3.82	18.81
Flu	0.01	804.18	185.98	204.91	122.75	91.69	250.16	412.08	110.34	0.76	0.73	1.51	3.55
Pyr	未检出	131.76	9.91	24.47	8.87	4.66	34.46	74.86	30.89	1.26	14.62	1.85	2.93
BaA	0.01	562.31	78.77	141.52	72.29	49.83	193.86	379.71	146.24	1.03	1.50	1.59	1.71
Chr	0.04	981.11	106.07	240.1	116.11	86.13	358.99	600.55	266.34	1.11	9.49	1.5	1.28
BbF	未检出	366.02	55.01	60.86	30.06	25.20	65.14	104.52	57.01	0.94	15.39	3.35	16.69
BkF	未检出	255.72	23.07	27.03	10.79	9.07	31.04	40.34	37.38	1.38	5.28	5.00	30.10
Bap	2.21	290.72	45.53	54.17	40.26	28.83	65.45	92.93	45.71	0.84	2.00	3.18	14.61
DbA	未检出	164.8	11.14	21.64	—	6.55	27.03	40.27	33.25	1.54	5.19	3.26	13.05
Bghip	未检出	213.56	17.5	41.59	—	13.13	54.78	101.63	0.75	1.22	2.58	1.98	3.73
Inp	未检出	59.08	1.36	4.66	—	0.00	3.12	16.36	10.33	2.22	3.28	3.69	16.17
低环（2+3）	32.9	1220.22	355.17	407.85	333.83	213.27	538.18	773.86	249.29	0.61	36.6	1.13	1.38
中环（4）	17.72	2377.46	400.19	623.73	420.42	261.72	855.11	1482.25	564.09	0.9	45.0	1.52	1.72
高环（5+6）	2.64	885.03	177.74	211.29	160.5	129.93	244.13	334.9	160.74	0.71	18.4	2.38	7.5
总量	145.6	7495.08	943.97	1220.48	968.59	668.92	1545.19	2397.35	825.62	0.68	100.0	1.26	1.34

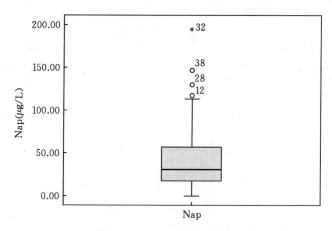

图 5-1　研究区土水界面污染流 Nap 含量箱形

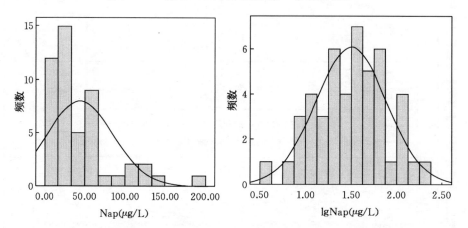

图 5-2　研究区土水界面污染流 Nap 含量的原始数据及其对数的频数分布

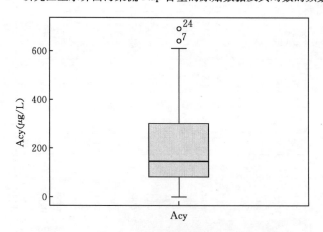

图 5-3　研究区土水界面污染流 Acy 含量箱形

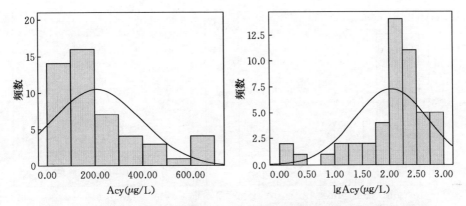

图 5-4　研究区土水界面污染流 Acy 含量的原始数据及其对数的频数分布

（3）Ace：研究区土水界面污染流 Ace 含量为未检出～281.2 μg/L，算术平均值为 82.59 μg/L，50％的值位于 62.8 μg/L 以上，75％的值位于 116.58 μg/L 以上，90％的值位于 172.84 μg/L 以上，标准差为 68.33 μg/L。Ace 含量占多环芳烃总量的平均比例为 7.87％，变异系数为 0.83，为中等变异性，数据离散性程度较大，各监测点污染流 Ace 含量差异性较显著。研究区污染流 Ace 含量原始数据不符合正态分布，其分布频率最多区间为 7.01～171.29 μg/L，占 85.7％，经对数变换后，Shapiro-Wilk 法检验结果 $Ps-w$ 为 0.003，不符合对数正态分布。研究区土水界面污染流 Ace 含量的箱形图、原始数据及其对数的频数分布如图 5-5 和图 5-6 所示。

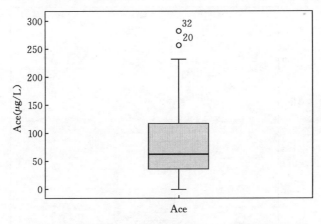

图 5-5　研究区土水界面污染流 Ace 含量箱形

（4）Fl：研究区土水界面污染流 Fl 含量为未检出～234.64 μg/L，算术平均值为 31.02 μg/L，50％的值位于 20.52 μg/L 以上，75％的值位于 44.60 μg/L

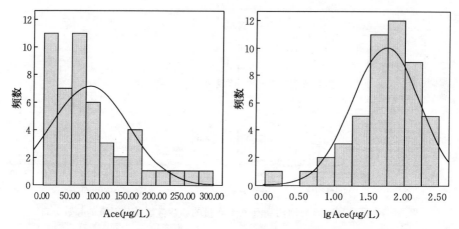

图 5-6　研究区土水界面污染流 Ace 含量的原始数据及其对数的频数分布

以上，90%的值位于 60.37 μg/L 以上，标准差为 37.74 μg/L。Fl 含量占多环芳烃总量的平均比例为 7.87%，变异系数为 1.22，为强变异性，表明研究区土水界面污染流中 Fl 数据离散性程度大，各监测点污染流 Fl 含量差异性显著。研究区污染流 Fl 含量原始数据不符合正态分布，其分布频率最多区间为 2.90~69.34 μg/L，占 83.0%，经对数变换后，Shapiro - Wilk 法检验结果 $Ps-w$ 为 0.16，符合对数正态分布，几何平均值为 10.87 μg/L。研究区土水界面污染流 Fl 含量的箱形图、原始数据及其对数的频数分布如图 5-7 和图5-8 所示。

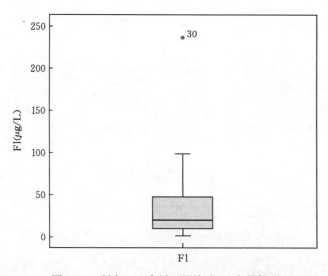

图 5-7　研究区土水界面污染流 Fl 含量箱形

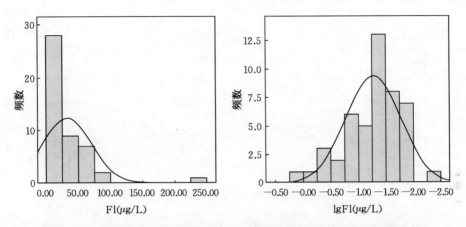

图 5-8 研究区土水界面污染流 Fl 含量的原始数据及其对数的频数分布

（5）Phe：研究区土水界面污染流 Phe 含量为 0.01～195.2 $\mu g/L$，算术平均值为 26.17 $\mu g/L$，50%的值位于 12.17 $\mu g/L$ 以上，75%的值位于 37.70 $\mu g/L$ 以上，90%的值位于 67.61 $\mu g/L$ 以上，标准差为 34.63 $\mu g/L$。研究区土水界面污染流中 Phe 含量占多环芳烃总量的平均比例为 2.58%，变异系数为 1.32，为强变异性，Phe 数据离散性程度大，各监测点污染流 Phe 含量差异性显著。研究区污染流 Phe 含量原始数据不符合正态分布，其分布频率最多区间为 3.3～83.8 $\mu g/L$，占 83.7%，经对数变换后，Shapiro-Wilk 法检验结果 $Ps-w$ 为 0.00，也不符合对数正态分布。研究区土水界面污染流 Phe 含量的箱形图、原始数据及其对数的频数分布如图 5-9 和图 5-10 所示。

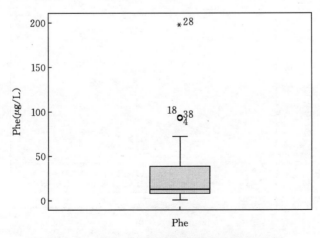

图 5-9 研究区土水界面污染流 Phe 含量箱形

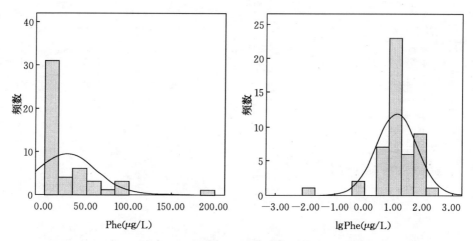

图 5-10　研究区土水界面污染流 Phe 含量的原始数据及其对数的频数分布

（6）Ant：研究区土水界面污染流 Ant 含量为未检出～73.96 μg/L，算术平均值为 8.69 μg/L，50％的值位于 5.17 μg/L 以上，75％的值位于 9.91 μg/L 以上，90％的值位于 19.55 μg/L 以上，标准差为 11.89 μg/L。研究区土水界面污染流中 Ant 含量占多环芳烃总量的平均比例为 2.09％，变异系数为 1.37，为强变异性，表明 Ant 数据离散性程度大，各监测点污染流 Ant 含量差异性显著。研究区土水界面污染流 Ant 含量原始数据不符合正态分布，其分布频率最多区间为 1.10～23.38 μg/L，占 81.7％，经对数变换后，Shapiro-Wilk 法检验结果 P_{s-w} 为 0.19，符合对数正态分布，几何平均值为 3.49 μg/L。研究区土水界面污染流 Ant 含量的箱形图、原始数据及其对数的频数分布如图 5-11 和图 5-12 所示。

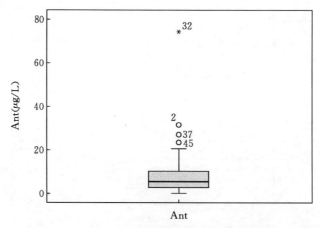

图 5-11　研究区土水界面污染流 Ant 含量箱形

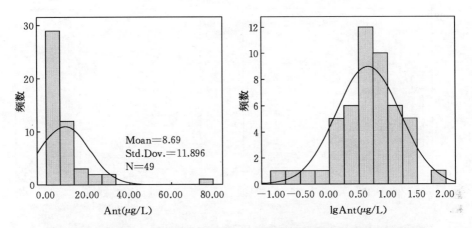

图 5-12 研究区土水界面污染流 Ant 含量的原始数据及其对数的频数分布

（7）Flu：研究区土水界面污染流 Flu 含量为 $0.01 \sim 804.18\ \mu g/L$，算术平均值为 $204.91\ \mu g/L$，50% 的值位于 $185.98\ \mu g/L$ 以上，75% 的值位于 $250.16\ \mu g/L$ 以上，90% 的值位于 $412.08\ \mu g/L$ 以上，标准差为 $110.34\ \mu g/L$。研究区土水界面污染流中 Flu 含量占多环芳烃总量的平均比例为 0.73%，变异系数为 0.76，为中等变异性，表明 Flu 数据离散性程度较大，各监测点污染流 Flu 含量差异性较显著。研究区土水界面污染流 Flu 含量原始数据不符合正态分布，其分布频率最多区间为 $23.24 \sim 440.18\ \mu g/L$，占 83.4%，经对数变换后，Shapiro-Wilk 法检验结果 Ps-w 为 0.001，不符合对数正态分布。研究区土水界面污染流 Flu 含量的箱形图、原始数据及其对数的频数分布如图 5-13 和图 5-14 所示。

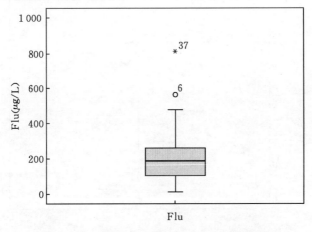

图 5-13 研究区土水界面污染流 Flu 含量箱形

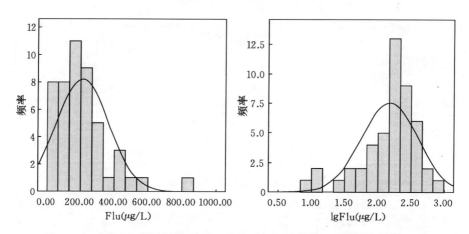

图5-14 研究区土水界面污染流 Flu 含量的原始数据及其对数的频数分布

（8）Pyr：研究区土水界面污染流 Pyr 含量为未检出～131.76 μg/L，算术平均值为 24.47 μg/L，50% 的值位于 9.91 μg/L 以上，75% 的值位于 34.46 μg/L以上，90% 的值位于 74.86 μg/L 以上，标准差为 30.89 μg/L。研究区土水界面污染流中 Pyr 含量占多环芳烃总量的平均比例为 14.62%，变异系数为 1.26，为强变异性，表明 Pyr 数据离散性程度大，各监测点污染流 Pyr 含量差异性显著。研究区土水界面污染流 Pyr 含量原始数据不符合正态分布，其分布频率最多区间为 3.39～82.37 μg/L，占 81.3%，经对数变换后，Shapiro - Wilk 法检验结果 $Ps-w$ 为 0.39，符合对数正态分布，几何平均值为 8.87 μg/L。研究区土水界面污染流 Pyr 含量的箱形图、原始数据及其对数的频数分布如图 5-15 和图 5-16 所示。

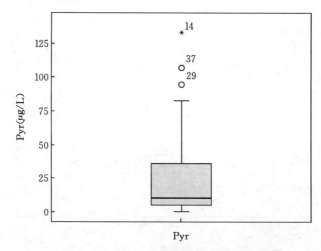

图5-15 研究区土水界面污染流 Pyr 含量箱形

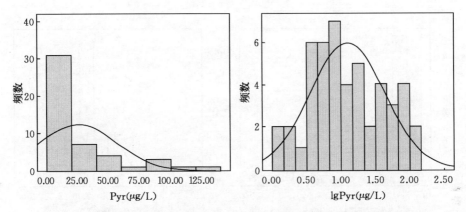

图 5-16 研究区土水界面污染流 Pyr 含量的原始数据及其对数的频数分布

（9）BaA：研究区土水界面污染流 BaA 含量为 0.01～562.31 μg/L，算术平均值为 141.52 μg/L，50% 的值位于 78.77 μg/L 以上，75% 的值位于193.86 μg/L 以上，90% 的值位于 379.71 μg/L 以上，标准差为 146.24 μg/L。研究区土水界面污染流中 BaA 含量占多环芳烃总量的平均比例为 1.50%，变异系数为 1.03 为强变异性，表明 BaA 数据离散性程度大，各监测点污染流BaA 含量差异性显著。研究区土水界面污染流 BaA 含量原始数据不符合正态分布，其分布频率最多区间为 18.65～403.12 μg/L，占 85.4%，经对数变换后，Shapiro - Wilk 法检验结果 $Ps-w$ 为 0.057，符合对数正态分布，几何平均值为 72.29 μg/L。研究区土水界面污染流 BaA 含量的箱形图、原始数据及其对数的频数分布如图 5-17 和图 5-18 所示。

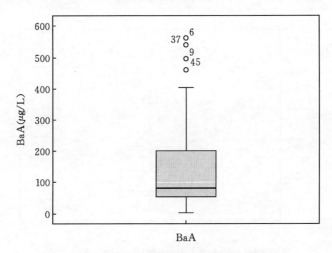

图 5-17 研究区土水界面污染流 BaA 含量箱形

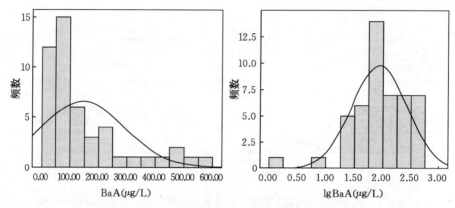

图 5-18　研究区土水界面污染流 BaA 含量的原始数据及其对数的频数分布

（10）Chr：研究区土水界面污染流 Chr 含量为 $0.04 \sim 981.11~\mu g/L$，算术平均值为 $240.1~\mu g/L$，50％的值位于 $106.07~\mu g/L$ 以上，75％的值位于 $358.99~\mu g/L$ 以上，90％的值位于 $600.55~\mu g/L$ 以上，标准差为 $266.34~\mu g/L$。研究区土水界面污染流中 Chr 含量占多环芳烃总量的平均比例为 9.49％，变异系数为 1.11，为强变异性，表明 Chr 数据离散性程度大，各监测点污染流 Chr 含量差异性显著。研究区土水界面污染流 Chr 含量原始数据不符合正态分布，其分布频率最多区间为 $32.4 \sim 726.62~\mu g/L$，占 82.3％，经对数变换后，Shapiro-Wilk 法检验结果 $Ps-w$ 为 0.11，符合对数正态分布，几何平均值为 $116.11~\mu g/L$。研究区土水界面污染流 Chr 含量的箱形图、原始数据及其对数的频数分布如图 5-19 和图 5-20 所示。

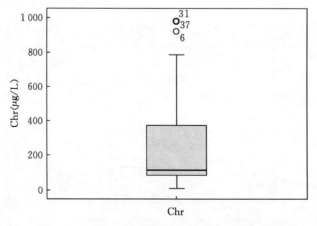

图 5-19　研究区土水界面污染流 Chr 含量箱形

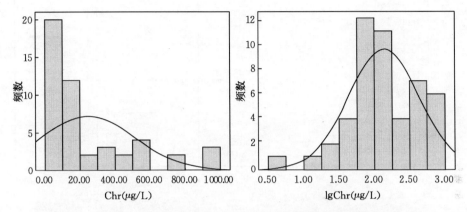

图 5-20　研究区土水界面污染流 Chr 含量的原始数据及其对数的频数分布

（11）BbF：研究区土水界面污染流 BbF 含量为未检出～366.02 μg/L，算术平均值为 60.86 μg/L，50％的值位于 55.01 μg/L 以上，75％的值位于 65.14 μg/L 以上，90％的值位于 104.52 μg/L 以上，标准差为 57.01 μg/L。研究区土水界面污染流中 BbF 含量占多环芳烃总量的平均比例为 15.39 ％，变异系数为 0.94，为中等变异性，表明 BbF 数据离散性程度较大，各监测点污染流 BbF 含量差异性显著。研究区土水界面污染流 BbF 含量原始数据不符合正态分布，其分布频率最多区间为 6.4 ～108.16 μg/L，占 83.4％，经对数变换后，Shapiro-Wilk 法检验结果 $Ps-w$ 为 0.001，不符合对数正态分布。研究区土水界面污染流 BbF 含量的箱形图、原始数据及其对数的频数分布如图 5-21 和图 5-22 所示。

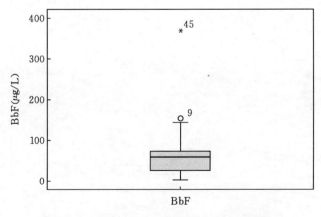

图 5-21　研究区土水界面污染流 BbF 含量箱形

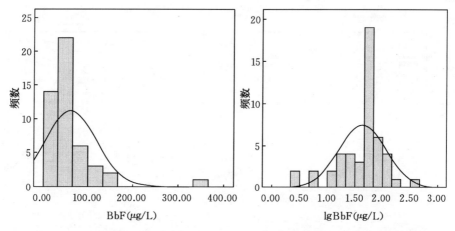

图 5-22　研究区土水界面污染流 BbF 含量的原始数据及其对数的频数分布

（12）BkF：研究区土水界面污染流 BkF 含量为未检出～255.72 μg/L，算术平均值为 27.03 μg/L，50% 的值位于 23.07 μg/L 以上，75% 的值位于 31.04 μg/L 以上，90% 的值位于 40.34 μg/L 以上，标准差为 37.38 μg/L。研究区土水界面污染流中 BkF 含量占多环芳烃总量的平均比例为 5.28%，变异系数为 1.38，为强变异性，表明 BkF 数据离散性程度大，各监测点污染流 BkF 含量差异性显著。研究区土水界面污染流 BkF 含量原始数据不符合正态分布，其分布频率最多区间为 1.8～39.1 μg/L，占 77.1%，经对数变换后，Shapiro-Wilk 法检验结果 P_{s-w} 为 0.000，不符合对数正态分布。研究区土水界面污染流 BkF 含量的箱形图、原始数据及其对数的频数分布如图 5-23 和图 5-24 所示。

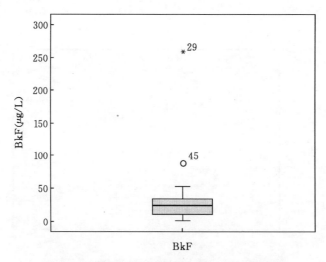

图 5-23　研究区土水界面污染流 BkF 含量箱形

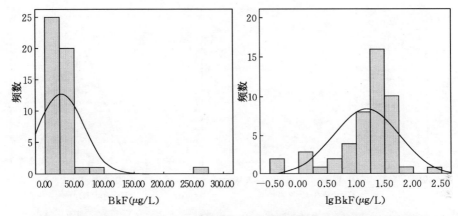

图 5-24 研究区土水界面污染流 BkF 含量的原始数据及其对数的频数分布

（13）Bap：研究区土水界面污染流含量为 Bap2.21～290.72 μg/L，算术平均值为 54.13 μg/L，50% 的值位于 45.53 μg/L 以上，75% 的值位于 65.45 μg/L以上，90% 的值位于 92.93 μg/L 以上，标准差为 45.71 μg/L。研究区土水界面污染流中 Bap 含量占多环芳烃总量的平均比例为 2.0%，变异系数为 0.84 为中等强变异性，表明 BkF 数据离散性程度较大，各监测点污染流 BkF 含量差异性较显著。研究区土水界面污染流 Bap 含量原始数据不符合正态分布，其分布频率最多区间为 15.50～91.88 μg/L，占 83.3%，经对数变换后，Shapiro-Wilk 法检验结果 P_{s-w} 为 0.023，不符合对数正态分布。研究区土水界面污染流 Bap 含量的箱形图、原始数据及其对数的频数分布如图 5-25 和图 5-26 所示。

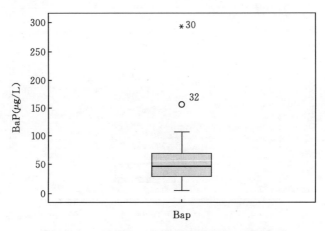

图 5-25 研究区土水界面污染流 Bap 含量箱形

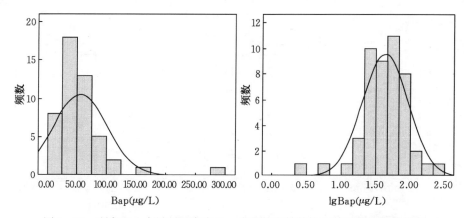

图 5-26　研究区土水界面污染流 Bap 含量的原始数据及其对数的频数分布

（14）DbA：研究区土水界面污染流含量为未检出～164.8 μg/L，算术平均值为 21.64 μg/L，50％的值位于 11.14 μg/L 以上，75％的值位于 27.03 μg/L 以上，90％的值位于 40.27 μg/L 以上，标准差为 33.25 μg/L。研究区土水界面污染流中 DbA 含量占多环芳烃总量的平均比例为 5.19％，变异系数为 1.54 为强变异性，表明 DbA 数据离散性程度较大，各监测点污染流 DbA 含量差异性较显著。研究区土水界面污染流 DbA 含量原始数据不符合正态分布，其分布频率最多区间为 6.47～ 63.73 μg/L，占 82.9％，经对数变换后，Shapiro-Wilk 法检验结果 $Ps-w$ 为 0.039，不符合对数正态分布，研究区土水界面污染流 DbA 含量的箱形图、原始数据及其对数的频数分布如图 5-27 和图 5-28 所示。

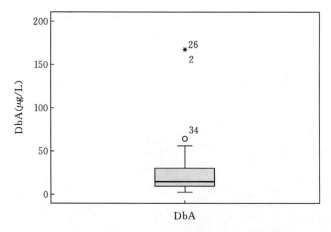

图 5-27　研究区土水界面污染流 DbA 含量箱形

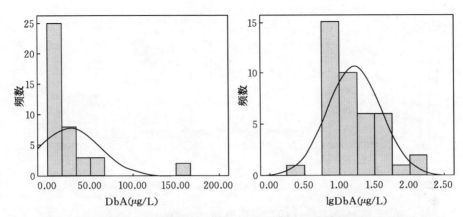

图 5-28 研究区土水界面污染流 DbA 含量的原始数据及其对数的频数分布

（15）Bghip：研究区土水界面污染流含量为未检出～213.56 $\mu g/L$，算术平均值为 41.59 $\mu g/L$，50％的值位于 17.5 $\mu g/L$ 以上，75％的值位于 27.03 $\mu g/L$ 以上，90％的值位于 101.63 $\mu g/L$ 以上，标准差为 0.75 $\mu g/L$。研究区土水界面污染流中 Bghip 含量占多环芳烃总量的平均比例为 2.58％，变异系数为 1.22，为强变异性，表明 Bghip 数据离散性程度大，各监测点污染流 Bghip 含量差异性显著。研究区土水界面污染流 Bghip 含量原始数据不符合正态分布，其分布频率最多区间为 10.05～102.10 $\mu g/L$，占 83.4％，经对数变换后，Shapiro-Wilk 法检验结果 $Ps-w$ 为 0.063，符合对数正态分布，几何平均值为 30.57。研究区土水界面污染流 Bghip 含量的箱形图、原始数据及其对数的频数分布如图 5-29 和图 5-30 所示。

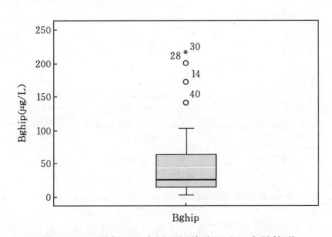

图 5-29 研究区土水界面污染流 Bghip 含量箱形

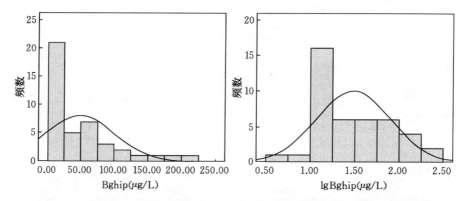

图 5-30　研究区土水界面污染流 Bghip 含量的原始数据及其对数的频数分布

（16）Inp：研究区土水界面污染流含量为未检出～59.08 μg/L，算术平均值为 4.66 μg/L，50％的值位于 1.36 μg/L 以上，75％的值位于 3.12 μg/L 以上，90％的值位于 16.36 μg/L 以上，标准差为 10.33 μg/L。研究区土水界面污染流中 Inp 含量占多环芳烃总量的平均比例为 3.28％，变异系数为 2.22，为强变异性，表明 Inp 数据离散程度大，各监测点污染流 Inp 含量差异性显著。研究区土水界面污染流 Inp 含量原始数据不符合正态分布，其分布频率最多区间为 1.36～21.63 μg/L，占 77.8％，经对数变换后，Shapiro-Wilk 法检验结果 $Ps-w$ 为 0.001，不符合对数正态分布。研究区土水界面污染流 Inp 含量的箱形图、原始数据及其对数的频数分布如图 5-31 和图 5-32 所示。

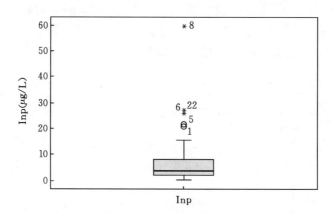

图 5-31　研究区土水界面污染流 Inp 含量箱形

5.1.2　研究区土水界面污染流多环芳烃分组含量的基本统计

对研究区土水界面污染流多环芳烃的总量和分组含量进行了统计，统计分析结果如表 5-1 所示。

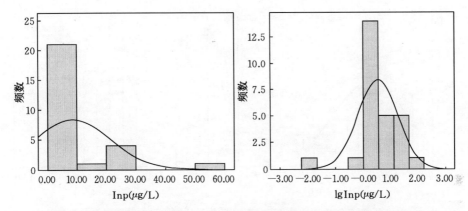

图 5-32 研究区土水界面污染流 Inp 含量的原始数据及其对数的频数分布

研究区土水界面污染流多环芳烃的总量（$\sum \mathrm{PAH_S}$）在 145.6～7 495.08 μg/L，中值为 943.97 μg/L，平均值为 1 220.48 μg/L，标准差为 825.62 μg/L。污染流多环芳烃总量的变异系数为 0.68，与各组分相比，污染流多环芳烃总量在研究区的分布相对均匀，各监测点污染流多环芳烃总量的差异性不大。Shapiro-Wilk 法检验结果表明，研究区土水界面污染流多环芳烃的总量不符合正态分布，其分布频率最多区间为 145～2 300 μg/L，占 81.6%。经对数变换后，Shapiro-Wilk 法检验结果 P_{s-w} 为 0.32，符合对数正态分布，几何平均值为 968.59 μg/L。研究区土水界面污染流多环芳烃总量的箱形图、原始数据及其对数的频数分布如图 5-33 和图 5-34 所示。

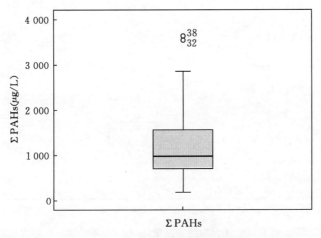

图 5-33 研究区土水界面污染流多环芳烃总量箱形

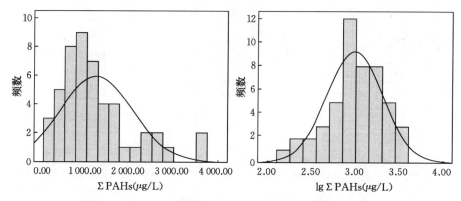

图 5-34　研究区土水界面污染流多环芳烃总量的原始数据及其对数的频数分布

　　低环（2＋3 环）多环芳烃含量在 32.9～1 220.22 μg/L，中值为355.17 μg/L，平均值为 407.85 μg/L，标准差为 249.29 μg/L，占多环芳烃总量的比例为 36.66％。污染流中低环多环芳烃含量的变异系数为 0.61，低环多环芳烃含量在研究区的分布相对均匀，各监测点低环多环芳烃总量的差异性不大。Shapiro-Wilk 法检验结果 P_{s-w} 为 0.03，研究区土水界面污染流中低环多环芳烃的总量不符合正态分布，其分布频率最多区间为 96.62～833.18 μg/L，占 85.4％。经对数变换后，Shapiro-Wilk 法检验结果 P_{s-w} 为 0.30，符合对数正态分布，几何平均值为 333.83 μg/L。研究区土水界面污染流中低环多环芳烃（2＋3 环）含量的箱形图、原始数据及其对数的频数分布如图 5-35 和图 5-36 所示。

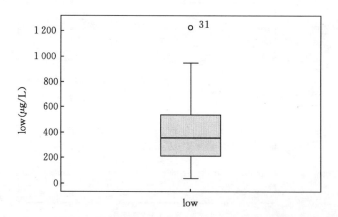

图 5-35　研究区土水界面污染流低环（2＋3 环）多环芳烃含量箱形

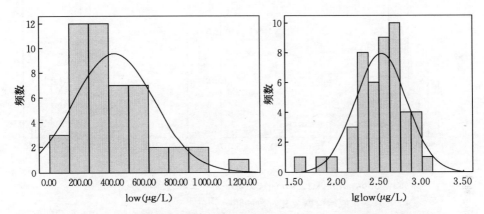

图 5-36　研究区土水界面污染流低环（2+3 环）多环芳烃含量的
原始数据及其对数的频数分布

　　中环（4 环）多环芳烃含量在 17.72~2377.46 μg/L，中值为 400.19 μg/L，平均值为 623.73 μg/L，标准差为 564.09 μg/L，占多环芳烃总量的比例为 45%。污染流中中环多环芳烃含量的变异系数为 0.90，各监测点中环多环芳烃总量的变异性较大。Shapiro-Wilk 法检验结果表明，研究区土水界面污染流中中环多环芳烃的总量不符合正态分布，其分布频率最多区间为 71.31~1 541.11 μg/L，占 87.5%。经对数变换后 Shapiro-Wilk 法检验结果 Ps-w 为 0.14，符合对数正态分布，几何平均值为 420.42 μg/L。研究区土水界面污染流中环多环芳烃含量的箱形图、原始数据及其对数的频数分布如图 5-37 和图 5-38 所示。

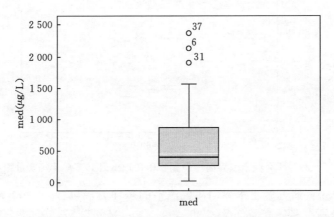

图 5-37　研究区土水界面污染流中环（4 环）多环芳烃含量箱形

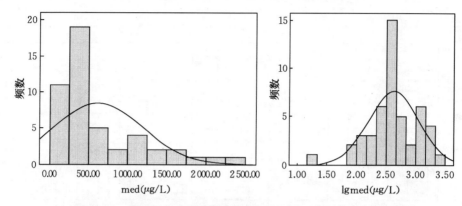

图 5-38　研究区土水界面污染流中环（4 环）多环芳烃含量的
原始数据及其对数的频数分布

　　高环（5＋6 环）多环芳烃含量在 2.64～885.03 μg/L，中值为 177.74 μg/L，平均值为 211.29 μg/L，标准差为 160.74 μg/L，占多环芳烃总量的比例为 18.4％。污染流中高环多环芳烃含量的变异系数为 0.71，各监测点高环多环芳烃总量的变异性较大。Shapiro-Wilk 法检验结果表明，研究区土水界面污染流中高环多环芳烃的总量不符合正态分布，其分布频率最多区间为 55.9～416.43 μg/L，占 85.5％。经对数变换后 Shapiro-Wilk 法检验结果 $Ps-w$ 为 0.00，不符合对数正态分布，即污染流中高环多环芳烃为偏态分布。研究区土水界面污染流高环多环芳烃含量的箱形图、原始数据及其对数的频数分布如图 5-39 和图 5-40 所示。

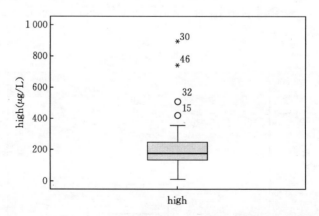

图 5-39　研究区土水界面污染流高环（5＋6 环）多环芳烃含量箱形

　　总的来说，研究区土水界面污染流中的多环芳烃以 3、4 和 5 环的多环芳烃为主，分别占多环芳烃总量的 36.49％、26.34％和 27.85％，2 和 6 环的多环芳烃则相对较低，分别占多环芳烃总量的 4.02％和 5.85％。

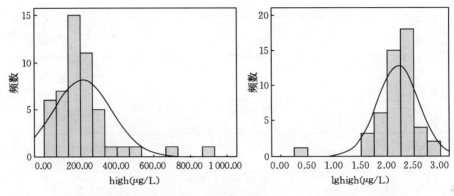

图 5-40　研究区土水界面污染流中高环（5＋6环）多环芳烃含量的
原始数据及其对数的频数分布

5.2　土水界面污染流多环芳烃的相关性分析

　　通过计算污染流监测样点中各多环芳烃组分和总量之间的相关关系，得到研究区土水界面污染流 16 种多环芳烃组分之间及其与总量之间的相关性分析结果，组分之间若具有较好的相关性则说明来自相同的污染源，如表 5-2 所示。可以看出，除 Bghip、Inp 外，其他 14 种组分与总量之间存在显著的相关性（$P<0.01$），其中 4 环的 Flu、Pyr、BaA 和 Chr 与总量的相关性最强，在0.01 的置信水平上，相关系数分别达到了 0.90、0.84、0.87 和 0.89，而低环的 Nap、Acy、Ace 和 Phe 与总量的相关性相对较弱，在 0.01 的置信水平上，其相关系数分别为 0.49、0.46、0.37 和 0.43，这主要是由于低环的 Nap、Acy、Ace 和 Phe 等化合物的沸点较低，挥发性较强，其含量分布受温度、光照等环境因素的影响较大。

　　相关研究表明，不同的多环芳烃组分在土壤中具有一定的相关关系，如Chung 等（2007）在香港地区、Ma 等（2005）在北京郊区土壤中均发现不同多环芳烃之间具有良好的相关关系。其原因可能是，由于区域内多环芳烃的主要来源相似，相同来源的多环芳烃产生的条件相同，其组分特征相同，必然会使得土壤中不同多环芳烃组分之间具有一定的相关性。与土壤中各组分多环芳烃存在的相关性不同，研究区土水界面污染流多环芳烃各组分之间虽然也存在一定的相关性。但亦有部分多环芳烃组分之间的相关性较弱，甚至不存在相关性，如 Acy、Ace、DbA、Inp、BbF 和 BkF 与其他大部分多环芳烃组分相关性不显著，主要是由于各监测点污染流多环芳烃来源的不同和污染流中不同粒级悬浮颗粒物吸附多环芳烃的种类和含量的差异性造成的。由于研究区多环芳

表 5 - 2　研究区土水界面污染流多环芳烃含量相关系数

	Nap	Acy	Ace	Fl	Phe	Ant	Flu	Pyr	BaA	Chr	BbF	BkF	Bap	DbA	Bghip	Inp	总量
Nap	1																
Acy	-0.05	1															
Ace	0.19	0.36**	1														
Fl	0.59**	0.22	0.47**	1													
Phe	0.54**	-0.11	0.05	0.32*	1												
Ant	0.53**	0.11	0.29*	0.75**	0.31*	1											
Flu	0.44**	0.36**	0.26	0.51**	0.40**	0.41**	1										
Pyr	0.39**	0.13	0.03	0.48**	0.47**	0.42**	0.80**	1									
BaA	0.44**	0.17	0.17	0.50**	0.47**	0.41**	0.81**	0.78**	1								
Chr	0.49**	0.14	0.1	0.55**	0.54**	0.54**	0.80**	0.93**	0.87**	1							
BbF	0.22	0.22	0.17	0.24	-0.06	0.1	0.34*	0.23	0.51**	0.30*	1						
BkF	0.01	0.28*	0.2	0.04	-0.09	0.09	0.40*	0.42**	0.29*	0.37*	0.37**	1					
Bap	0.15	0.32*	0.32*	0.24	-0.02	0.26	0.46**	0.44**	0.32*	0.42*	0.22	0.88**	1				
DbA	0.04	-0.15	0	0.07	0.1	0.21	0.11	0.14	0.09	0.09	-0.08	0.04	0.21	1			
Bghip	0.35*	0.11	0.19	0.60**	0.27	0.61**	0.56**	0.76**	0.63**	0.76**	0.36**	0.59**	0.62**	0.30*	1		
Inp	-0.06	0.47**	0.45**	0.19	-0.1	0.05	0.14	0.01	0.03	0.04	0.09	0.18	0.24	-0.1	0.06	1	
总量	0.49**	0.46**	0.37**	0.64**	0.43**	0.55**	0.90**	0.84**	0.87**	0.89**	0.46**	0.50**	0.57**	0.12	0.76**	0.23	1

注: * $P < 0.05$, ** $P < 0.01$。

烃污染源分布的差异、土壤中多环芳烃含量本身的不同，以及降雨强度、土地利用类型、土壤类型等的变化导致的水土作用时进入的污染流中的土壤颗粒物粒径分布的不一致和颗粒物吸附夹带多环芳烃的种类和含量差异很大。小粒径的颗粒物中吸附多环芳烃的种类较多，而大颗粒中多环芳烃的种类则相对较少。另外，由于比表面积的不同，随着粒径的增大，颗粒物吸附的多环芳烃的量增大。多环芳烃的多污染来源和颗粒物吸附多环芳烃的复杂性导致研究区土水界面污染流各多环芳烃组分相关性变化的不同。

5.3 多环芳烃的主要来源

作为持久性有机污染物和半挥发性有机化合物中的一类重要化合物，多环芳烃具有长期残留性、生物蓄积性、半挥发性和高毒性等显著特征，在大气、水体、土壤和沉积物等环境中普遍存在，并对人类健康造成严重威胁。环境中多环芳烃的来源主要分为自然和人为两大类。

5.3.1 多环芳烃的自然来源

多环芳烃的自然源主要包括地质的成岩作用、火山爆发、森林和草原火灾以及陆生、水生植物和微生物的合成作用等（Manoli et al.，2004；卜庆伟等，2008）。火山爆发、森林和草原的天然燃烧可以说是环境中多环芳烃背景的主要来源，据统计，每年仅火山爆发释放的 Bap 总计 12～14 t；有研究估算了中国 1995—2002 年由于森林和草原火灾排放多环芳烃约 125 t/a（Yuan et al.，2007）。地球历史上的地质成岩作用也会产生多环芳烃，如 1983 年分别在捷克斯洛伐克和美国的汞矿砂中就发现含有 200 多种多环芳烃，在南斯拉夫的汞矿砂中叶发现含有多环芳烃。此外，某些有机物通过生物质降解和再合成过程也会产生多环芳烃。

5.3.2 多环芳烃的人为来源

虽然在自然条件下可由多种方式产生多环芳烃，但相对于自然来源，目前普遍认为环境中的多环芳烃主要来源于人为活动源，包括化石燃料的不完全燃烧和石油类产品的排放等人为过程，工业燃料的燃烧、机动车尾气、垃圾焚烧、居民生活、燃料挥发以及燃烧废气等。按照多环芳烃污染源的排放方式，人为源又可分为流动源和固定源两类，流动源主要指各种交通工具的发动机排放，影响多环芳烃排放的主要因素包括燃料种类、燃烧条件和排放尾气的处理措施等；固定源主要包括煤、石油、天然气等的燃烧，居民和工厂的生产生活垃圾焚烧、焦化和提炼过程中产生的废气以及日常生活中加热和烹饪等生活活动（Chen Y J et al.，2005）。根据中国主要能源消耗资料，我国多环芳烃主要的排放方式为工业燃油、交通燃油、工业燃煤、炼焦用煤以及家庭燃煤和天然气等（Xu et al.，2006）。

燃烧源不同产生的多环芳烃污染物也不相同，不同燃料燃烧排放出的多环芳烃见表 5-3 所示。

表 5-3　不同燃料燃烧排放出的多环芳烃

燃料种类	多环芳烃排放量（mg/kg）
煤	67～136
原油	40～68
木材	62～125
汽油	12～50.4

一般燃煤排放的多环芳烃主要包括 Phe、Ant、Fl、Pyr、Chr、BkF 和 BbF，其中 Pyr、BkF、BbF 和 Chr 等中高环多环芳烃多来源于居民生活燃煤；木头、薪柴燃烧排放的多环芳烃主要有 Acy 和 Phe；汽油燃烧排放的多环芳烃主要是 Bap 和 DbA；天然气燃烧和柴油交通燃烧排放的多环芳烃主要是 Inp 和 BaA；秸秆燃烧排放的多环芳烃主要是 Fl 和 Pyr；Bap 和 Ace 则主要来自于炼焦排放的污染物。由于多环芳烃的来源广泛，使得多环芳烃成为环境中无处不在的一类污染物，其在环境介质中的代表物见表 5-4 所示。

表 5-4　环境介质中含多环芳烃物质

介质类型	来源
空气	一般大气、室内空气、汽车库内的空气，焦油和沥青的处理工厂、焦炭炉、煤气工厂、隧洞的空气
排烟	各种燃烧炉（窑、锅炉、焚烧炉等）、废弃物的户外埋焚、火山
排气	汽油车、柴油车、液化丙烷汽车、飞机、木炭粉尘、煤炭粉尘、石油尘土、石油炭黑
煤焦油类	煤焦油、柏油、沥青、杂酚油
石油类	汽油、煤油、轻油、柴油、页岩油、釜底油
土壤	城市土壤、沼泽、湖泊、河川和海底的沉泥
水	河川水、排放水
食品	熏制品（羊肉、鳟鱼肉、鳕鱼肉、鳙鱼肉等）、海藻类、野菜类、麦类
嗜好品	人造黄油、烧鱼、烧鸡、咖啡、香烟
其他	雪、石棉、化肥

5.4　土水界面污染流多环芳烃的来源解析

5.4.1　土水界面污染流多环芳烃的主成分分析

包括主成分分析、因子分析、多元线性回归模型、正矩阵因子分析等多元统计分析模型是开展环境中污染物来源解析的重要方法，这些方法需要大量数据，但不需要对源排放数据进行定量计算（段永红等，2005；左谦等，2007）。国内外众多学者利用多元统计分析方法在环境中多环芳烃的来源解析方面开展了大量的研究工作，取得了极好的效果，如利用主成分分析及多元线性回归法对英国伯明翰城区大气中多环芳烃的来源进分析，利用因子分析/多元线性回归法对美国密歇根湖和芝加哥沿海岸大气中多环芳烃的来源进行了成功解析，利用主成分分析结合多元线性回归的方法，利用不同季节的数据推断了印度德里城区大气颗粒物中多环芳烃的来源（段永红等，2005；左谦等，2007）。

通过主成分分析的因子载荷，确定各个因子所代表的多环芳烃的污染来源，利用 SPSS 软件进行 KMO 检验和巴特利特（Bartlett）球形检验研究区土水界面污染流多环芳烃的原始监测数据是否适合进行主成分分析，检验结果如表 5-5 所示。从检验结果可以看出，KMO 检验的检验值为 0.646，该值大于 0.5，根据统计学家 Kaiser 给出的标准，基本适合主成分分析；Bartlett 检验的检验值为 750.392，P 值（Sig. ＝0.000）＜0.05，拒绝 Bartlett 球形检验的零假设，认为适合主成分分析。从上述两种检验结果可以看出，研究区所获得的土水界面污染流多环芳烃监测数据可以进行主成分分析。

表 5-5　多环芳烃原始监测数据的 KMO 检验和 Bartlett 球形检验

检验类型		检验值
KMO 检验		0.646
Bartlett 球形检验	Approx. χ^2	750.392
	df	120
	Sig.	0.000

研究区土水界面污染流多环芳烃主成分分析提取的因子对总体变量的解释情况见表 5-6 所示。可以看出，前 5 个提取因子的初始特征值超过 1，其中前 3 个因子的解释方差超过 10%，后两个因子的解释方差则分别为 7.49% 和 6.30%，5 个特征值所对应的累积贡献率达到了 79.57%，基本可以作为主成分进行因子提取。从图 5-41 研究区土水界面污染流多环芳烃的公共因子碎石图中也可以看出，前 5 个公共因子的特征值变化较为明显，到第六个特征值以

后，变化幅度明显减小，特征值变化趋于平稳。说明提取 5～6 个公共因子可以对原多环芳烃变量的信息描述有显著作用。

表5-6 研究区土水界面污染流多环芳烃主成分分析结果

成分	初始特征值			提取后特征值			变换后特征值		
	特征值	解释方差	累积方差	特征值	解释方差	累积方差	特征值	解释方差	累积方差
1	6.342	39.638	39.638	6.342	39.638	39.638	4.927	30.793	30.793
2	2.331	14.571	54.209	2.331	14.571	54.209	3.007	18.795	49.588
3	1.851	11.566	65.775	1.851	11.566	65.775	1.990	12.435	62.023
4	1.198	7.490	73.265	1.198	7.490	73.265	1.585	9.904	71.927
5	1.009	6.304	79.569	1.009	6.304	79.569	1.223	7.642	79.569
6	0.744	4.650	84.218						
7	0.697	4.355	88.573						
8	0.527	3.294	91.867						
9	0.450	2.810	94.678						
10	0.338	2.112	96.789						
11	0.190	1.188	97.977						
12	0.158	0.989	98.965						
13	0.098	0.615	99.580						
14	0.048	0.301	99.881						
15	0.012	0.076	99.958						
16	0.007	0.042	100.000						

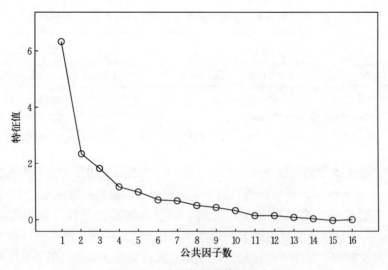

图5-41 多环芳烃公共因子碎石

　　研究区土水界面污染流中 16 种多环芳烃原始及旋转后的主成分分析矩阵见表 5-7 所示。可以看出，提取出的 5 个主成分表现了 79.57% 的多环芳烃原始数据的变化。第一主成分解释了 30.79% 的总变化，以组分载荷高于 0.7 作为显性因子，主要有高分子质量或高环数的多环芳烃组成，包括 4 环的 BaA 和 Chr，5 环的 BbF、BkF、Bap 和 6 环的 Bghip 组成。第二主成分对总变化的贡献率为 18.79%，主要有低分子质量和低环数的多环芳烃组成，包括 2 环的 Nap 和 3 环的 Fl 和 Ant。第三主成分解释了 12.44% 的总变化，集中反映了 Flu、Phe 和 Pyr 3 种多环芳烃的作用；第四主成分解释了 9.90% 的总变化，集中反映了 Acy 和 Inp 两种多环芳烃的作用；第五主成分解释了 7.64% 的总变化，集中反映了 DbA 的作用。

表 5-7　研究区土水界面污染流多环芳烃主成分分析矩阵

多环芳烃	主成分					旋转后的主成分				
	1	2	3	4	5	1	2	3	4	5
Nap	0.53	−0.46	0.34	−0.21	−0.14	0.09	0.73	0.30	−0.13	−0.13
Acy	0.26	0.58	0.36	−0.04	0.37	0.16	−0.02	0.07	0.78	−0.18
Ace	0.35	0.37	0.63	0.12	−0.17	0.12	0.50	−0.23	0.61	0.06
Fl	0.70	−0.21	0.55	0.00	−0.12	0.16	0.84	0.25	0.24	0.03
Phe	0.40	−0.61	0.14	−0.07	0.33	−0.12	0.39	0.69	−0.13	−0.05
Ant	0.63	−0.29	0.42	0.20	−0.23	0.15	0.78	0.20	0.09	0.27
Flu	0.79	−0.29	−0.18	0.04	0.39	0.41	0.22	0.81	0.01	0.11
Pyr	0.83	−0.22	−0.21	−0.01	0.40	0.49	0.20	0.81	0.04	0.07
BaA	0.92	0.05	−0.05	−0.11	−0.19	0.76	0.50	0.27	0.06	0.02
Chr	0.86	0.09	−0.33	−0.24	−0.08	0.86	0.23	0.33	−0.05	−0.09
BbF	0.48	0.30	−0.12	−0.61	−0.35	0.71	0.24	−0.17	−0.04	−0.49
BkF	0.59	0.57	−0.40	0.08	0.01	0.84	−0.18	0.07	0.28	0.15
Bap	0.66	0.48	−0.20	0.32	−0.02	0.72	0.01	0.10	0.38	0.38
DbA	0.22	−0.21	−0.21	0.71	−0.29	0.13	0.13	0.02	−0.20	0.80
Bghip	0.91	−0.03	−0.16	0.14	−0.08	0.71	0.39	0.40	0.05	0.27
Inp	0.15	0.56	0.49	0.12	0.28	−0.05	0.13	−0.05	0.81	−0.03

　　不同环数多环芳烃的丰度可以反映来自热解或石油类污染，通常 4 环及 4 环以上高分子质量的多环芳烃主要来源于化石燃料的高温燃烧。从第一主成分主导的多环芳烃的构成来看，其包含了 4、5 和 6 环 3 类多环芳烃。相关文献表明，Bghip 被认为是汽车尾气污染的示踪剂，在交通繁重的隧道中有大量灰尘，其中就富含 Bghip 和 Bap，和其他多环芳烃组分相比，BkF 的高含量表明

多环芳烃主要源于柴油机排放的废气和汽油的不完全燃烧。因此可以认为，由 BkF、Bghip 和 Bap 等高环多环芳烃组分构成的代表第一主成分中多环芳烃的交通污染源。Duval 和 Fredlander 认为，BaA 和 Chr 是煤燃烧的标记物，在天津市煤仍然作为一重要能源被广泛用于工业和民用等方面，特别是电力产业、冬季采暖等。位于研究区的杨柳青电厂和天津市第三发电厂是天津市的主要大型火力发电厂之一。因此可以推断，第一主成分中 4 环多环芳烃 BaA 和 Chr 代表多环芳烃的燃煤源。综合以上分析结果，第一主成分应该是多环芳烃交通源和燃煤源共同作用的综合体现。

第二主成分主导的多环芳烃主要由 2 环和 3 环的 Nap、Fl 和 Ant 构成，低分子质量的 2 环和 3 环的多环芳烃主要来源于石油类污染。低分子质量的多环芳烃在大气中主要以气相形式存在，可推测第二主成分代表气态多环芳烃的沉降过程。一般认为，进入大气中的多环芳烃多数易吸附于颗粒物上，并主要吸附在可吸入颗粒物上（Baek et al.，1991），孙韧等研究发现，天津市多环芳烃在小于 10 μm 的粒径上多环芳烃的含量占总悬浮颗粒物（TSP）总量的 85% 以上。气态多环芳烃和被大气中各种颗粒物捕获随降雨直接进入污染流中，或被捕获后沉降进入土壤，再经降雨冲刷作用而进入污染流中。

焚烧源的主要标识物为 Pyr、Flu 和 Phe，第三主成分集中体现了它们的载荷，其他多环芳烃的载荷则相对较低，具有典型焚烧源的特征，其占总方差的 12.44%。

Acy 是木质材料（如秸秆等）燃烧的重要指示物，第四主成分中 Acy 载荷高达 0.78，成为该主成分所代表来源典型的示踪物，突出体现了研究区的秸秆燃烧来源。第四主成分的另一主导多环芳烃 Inp 是油燃烧源的特征指示物，柴油和汽油引擎的排放物中也都可发现 Inp 的大量存在，其在第四主成分中所占负荷为 0.81，因此第四主成分集中代表了秸秆燃烧和油燃烧源的多环芳烃来源。

第五主成分集中反映了 DbA 的作用，载荷为 0.8，DbA 分子质量较大，挥发性较弱，除化石燃料和生物质不完全燃烧外，还有其他类型的来源。

5.4.2 应用比值法判断研究区土水界面污染流多环芳烃来源

多环芳烃在环境中具有较为敏感的协变性（Soclo et al.，2000），不同污染源排放的多元芳烃含量的比值存在明显差异，应用比值法即根据污染源排放测定数据或特定环境的多环芳烃不同环数的相对丰度及一些具有相似物化特性的异构体对比值可以大致判断多环芳烃的来源类型。比值法分为多环芳烃组分比值和环数比值两种，目前，比值法已被大量应用于定性分析多环芳烃的主要来源。如高温燃烧成因的多环芳烃和石油烃中的多环芳烃在组成上有明显的不同，前者中以热裂解成因的母核多环芳烃为主，后者中则富含烷基取代的多环芳烃，因此，常用甲基菲/菲的比值来反映燃烧成因和石油烃多环芳烃的相对贡献。利用多环芳烃特征化合物比值可以解析环境中多环芳烃的来源，如Gschwend 等（1981）用多环芳烃的同分异构体比值如 Phe/Ant、Fl/Pyr、BaA/Chr 等比值来分析多环芳烃污染来源，Yunker 等（2002）应用比值法对加拿大 Fraser 河谷地区大气颗粒物和沉积物中多环芳烃的来源进行了判别。

　　不同燃烧源的类型以及强度等因素是决定生成的多环芳烃含量以及组成特征的主导因素，因此，利用一些合适的指示化合物的比值大小的不同就可以对不同多环芳烃来源类型进行判断。常用于比值法解析多环芳烃来源的组分主要包括 Ant/（Ant＋Phe）、Flu/（Flu＋Pyr）、BaA/（BaA＋Chr）、Inp/（Inp＋Bghip）等。不同来源下特定多环芳烃组分的比值如表 5-8 所示。

表 5-8　不同来源下特定多环芳烃组分的比值

污染源		Ant/ (Ant＋Phe)	Flu/ (Flu＋Pyr)	BaA/ (BaA＋Chr)	Inp/ (Inp＋Bghip)
挥发	煤油	0.04	0.46	0.35	0.48
	柴油	0.09±0.05	0.269±0.16	0.35±0.24	0.26±0.11
	原油	0.07	0.22±0.07	0.12±0.06	0.09
	润滑油	—	0.17~0.30	0.11~0.12	0.00~0.13
	煤	0.20±0.13	—	—	—
	沥青	—	—	0.5	0.52~0.54
燃烧	褐煤	0.08	0.72	0.44	0.57
	生煤	0.31~0.36	0.48~0.58	0.18~0.50	0.35~0.62
	硬煤球	—	0.57±0.03	0.43±0.04	0.52±0.04
	煤焦油	0.18	0.58	0.54	0.53
	木材	0.19±0.04	0.51±0.06	0.46±0.06	0.64±0.07
	草	0.17±0.04	0.58±0.04	0.46±0.02	0.58±0.1
	汽油	0.11	0.44	0.33~0.38	0.09~0.22
	煤油	0.14±0.02	0.50	0.37	0.37
	柴油	0.11±0.05	0.39±0.11	0.38±0.11	0.35±0.10
	原油	0.22	0.44±0.02	0.49±0.01	0.47±0.01

　　图 5-42 为研究区土水界面污染流中典型多环芳烃 Phe 和 Ant 的比值散点图，可以看出，研究区大部分样点 Phe/Ant 的比值在 0~10，表示其主要来源于不完全燃烧，部分样点 Phe/Ant 的比值大于 10，表明其为石油类来源。

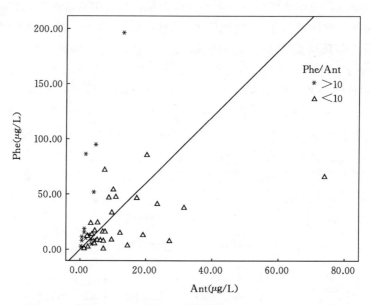

图 5-42 研究区土水界面污染流典型多环芳烃 Phe/Ant 的比值

图 5-43 为研究区土水界面污染流中典型多环芳烃 Flu 和 Pyr 的比值散点图，可以看出，研究区所有样点 Flu/Pyr 的比值均大于 1，表明多环芳烃主要来源于煤炭、生物质的不完全燃烧等。

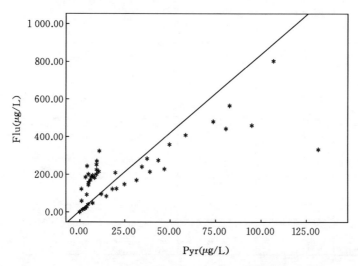

图 5-43 研究区土水界面污染流典型多环芳烃 Flu/Pyr 的比值

图 5-44 为研究区土水界面污染流中典型多环芳烃 BaA 和 Chr 的比值散点图，从图中可以看出，研究区部分样点 BaA/Chr 的比值大于 0.5，表明这

部分样点的多环芳烃主要来源于燃烧源；部分样点 BaA/Chr 的比值在 0.25～0.35，表明其多环芳烃来源于石油和燃烧的混合源；极少部分样点 BaA/Chr 的比值小于 0.25 主要指示石油源。

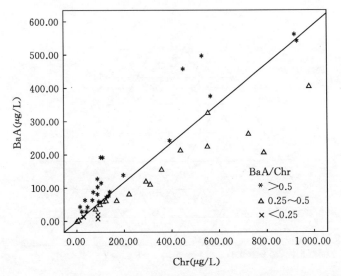

图 5-44　研究区土水界面污染流典型多环芳烃 BaA/Chr 的比值

从 Phe/Ant、BaA/Chr 及 Flu/Pyr 的比值散点图分析中可以看出，研究区土水界面污染流各监测样点的多环芳烃主要来自于燃烧源，少部分来自于石油类来源或几种污染源的共同作用。

5.4.3　源三角图判别法

图 5-45 是研究区土水界面污染流中不同环数多环芳烃组成的三角分布图，以考察不同采样点对多环芳烃的分布和点源污染对多环芳烃组成的影响，通过图中的比较可以看出：

5 和 6 环的高环数多环芳烃主要分布在 0.1～0.3 的带状区域内，变化幅度较窄，由于高环多环芳烃主要由高温燃烧过程产生，因此研究区污染流多环芳烃主要来自燃烧过程。2 和 3 环的低环多环芳烃以及 4 环的中环多环芳烃的比例在各采样点之间的变化幅度较大，比值在 0.4～0.8，虽然污染流中的多环芳烃主要来自燃烧，但不同区域燃烧源的类型不尽相同，研究区除煤炭燃烧外，还存在木质材料如秸秆焚烧、发动机高温燃烧、油燃烧以及生物质燃烧等。从图中也可以看出，低、中、高环多环芳烃各组分在多环芳烃总量中都没有占绝对优势，表明研究区污染流各监测样点多环芳烃不是来自于单一污染源，而可能是多污染源共同复合累加的结果。

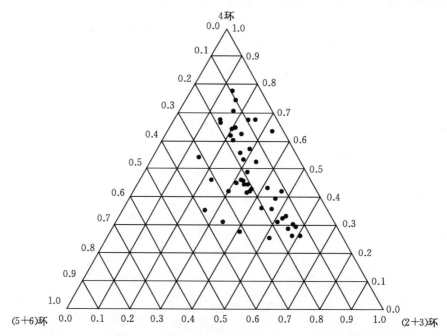

图 5 - 45 研究区土水界面污染流不同环数多环芳烃组成的三角分布

     大气迁移和沉降过程也可能会导致不同环数多环芳烃组分的分异，距离点源较近的采样点低环的多环芳烃比例低，而远离点源的地方低环多环芳烃的比重则较大，说明由于不同环数多环芳烃的理化性质的差异，随着多环芳烃的大气迁移过程，高环多环芳烃组分易沉降在点源的附近，低环多环芳烃组分则更趋向于迁移到更远距离。

5.5 土地利用类型与土水界面污染流多环芳烃含量的关系

     分别计算研究区农用地、居民地及工矿用地、林地及园地 3 种土地利用类型下所产生的土水界面污染流中 16 种多环芳烃含量的平均值及标准差，并将各土地利用类型下土水界面污染流中各多环芳烃含量的平均值和标准差考虑在内制作柱状图，如图 5 - 46 所示。采用单因素方差分析分别检验不同土地利用类型下产生的土水界面污染流多环芳烃含量的差异性，并采用字母标注法将检验结果分别标注在图 5 - 46 上。

     从图 5 - 46 及方差分析的结果可以看出，除 BaA 和 Chr 外，各土地利用类型下土水界面污染流中的其他多环芳烃含量不存在显著性差异，即研究区土水界面污染流多环芳烃的含量与土地利用类型的关系不显著。从图中也可以看

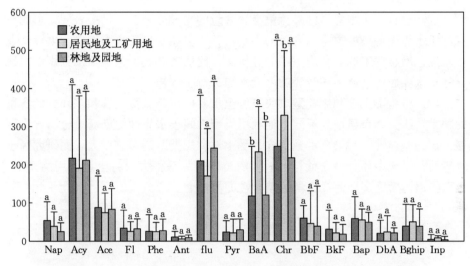

图 5-46　研究区不同土地利用类型下土水界面污染流多环芳烃含量

出，居民地及工矿用地土水界面污染流中 Nap、Acy、Ace、Fl、Phe、Ant 等环数较低、分子质量相对较小的多环芳烃平均值相对较小，而 BaA、Chr、DbA、Bghip 和 Inp 等环数较多、分子质量对象较大的多环芳烃其平均值则相对较高，这可能与多环芳烃在大气中的迁移和沉降过程有关，即高环多环芳烃组分易沉降在工矿企业区等点源的附近，低环多环芳烃组分则更趋向于迁移到更远距离。而从总体上看，多环芳烃的大气迁移和沉降过程极大地削弱了土地利用类型对土水界面污染流多环芳烃含量的影响。

5.6　本章小结

（1）对研究区土水界面污染流重金属和多环芳烃的污染特征进行了系统研究。研究区土水界面污染流中，各项重金属含量均符合对数正态分布或近似正态分布，各重金属变异系数普遍较高，表明污染流重金属数据离散性程度较大，各监测点污染流重金属含量的差异性较大，相关性分析表明，几种重金属之间同源性较高。研究区土水界面污染流中，高环多环芳烃的含量为偏态分布，低环、中环和多环芳烃总量符合对数正态分布，各组分多环芳烃变异系数普遍较高，数据离散程度大，各监测点各多环芳烃组分含量的差异性也较大。统计数据表明，研究区土水界面污染流中的多环芳烃以 3、4 和 5 环的多环芳烃组分为主，2 和 6 环的多环芳烃组分含量则相对较低，多环芳烃的相关性分析结果显示，14 种组分的多环芳烃与总量之间存在显著的相关性，部分多环芳烃组分之间也存在一定的相关性。

（2）进行了土水界面污染流重金属含量的主成分分析，结果表明，影响研究区土水界面污染流重金属含量的主要污染源可能来自于火力发电、电镀工业以及黑色冶金等工业。利用主成分分析法、比值法和典型源三角图判别法对研究区土水界面污染流多环芳烃的可能来源进行了解析。

（3）分析了土地利用类型对研究区土水界面污染流重金属和多环芳烃含量的关系，研究结果显示，不同土地利用类型之间土水界面污染流重金属含量存在一定的差异性，污染流重金属含量受土地利用类型的影响较大，而研究区土水界面污染流多环芳烃含量与土地利用类型的关系不大，各土地利用类型下，土水界面污染流多环芳烃含量的差异性亦不显著。

6 土水界面污染流污染物空间变异与空间预测研究

6.1 污染物空间分析方法

空间分析是随着现代科学技术，尤其是计算机技术引入地图学和地理学而逐渐发展起来的，其源于 20 世纪 60 年代地理学的计量革命，从应用定量分析手段用于分析点、线、面的空间分布模式逐渐发展到强调地理空间本身的特征、空间决策过程和复杂空间系统的时空演化过程分析。目前，空间分析已成为一个被广泛使用的概念，其操作对象主要是具有某种空间属性，具有确定空间位置的空间数据或地理数据，与其相关的还有空间数据分析、空间建模、空间统计和地质统计学等。空间分析的概念很多，不同的专家和学者从不同角度对空间分析进行了定义，如 Haining（1994）认为，空间分析是基于地理对象布局的空间数据分析技术，其将空间分析分为统计分析、地图分析和数学模型 3 个部分；郭仁忠（2001）认为，空间分析是基于地理对象的位置和形态特征的空间数据分析技术，其目的在于提取和传输空间信息；王劲峰（2006）认为，空间分析是指分析具有空间坐标或相对位置的数据和过程的理论和方法。

空间分析的研究目的主要包括以下几个方面，一是描述污染物的空间分布特征；二是描述和解释污染空间分布形成的机理，如分析污染物空间分布与土地利用类型、污染源分布的关系；三是开展污染物在时间和空间上趋势变化的预测和分析；四是根据污染物的时空分布进行调控或决策，制定科学、合理的管理方案。王劲峰（2006）对空间分析的研究体系和研究内容进行了系统和总结，认为空间分析的研究内容可包括空间关联成因、空间关联表达、空间信息分析模型、空间动力学模型、空间复杂模型、空间动力或统计模型、空间图形分析方法以及空间信息模型解法等。

污染物空间变异研究与空间预测等空间分析的技术方法是随科学技术的发展而发展的，20 世纪 70 年代以后，研究方法从经典的 Fisher 统计分析发展到地质统计学分析。而从区域化变量、随机函数、平稳假设等概念出发，以区域化变量理论为基础，以半方差函数为基本工具的地质统计学，是进行污染物空间变异研究和空间预测的主要手段，其采用不同的插值方法，主要应用于对那些在空间分布上既有随机性又有结构性的自然现象的研究。克里格法是地质统计插值中最常用的一种空间插值方法，其可以为与空间相关的属性提供最佳的线性无偏预测，并已经被广泛用于污染物的调查、空间预测和制图中。

6.2 地质统计的理论基础

地质统计学是空间统计学的分支之一，是结合地质学、统计学的交叉边缘学科，地质统计学首次由南非的地质学家 Krige 在 1951 年提出的，并在南非的采矿业中的矿藏勘察中予以运用和计算，法国数学家 Matheron 于 20 世纪 60 年代提出了地质统计学的基本框架。地质统计学以区域变量、随机函数和平稳假设等概念为基础，以变异函数为主要工具，采用不同的插值方法，研究那些在空间上既有随机性又有结构性的自然现象的学科。由于地质统计学通过假设相邻的数据空间相关，并假定表达这种相关程度的关系可以用一个函数来进行分析和统计，从而来对这些变量的空间关系进行研究，因而地质统计学具有确认数据之间的空间关系的能力。经过几十年的发展，目前的地质统计学已初步形成了一套较完整的理论体系和基本工作方法。地质统计学已逐渐成为了解区域环境质量特点、分析污染原因、进行空间分析的不可缺少的重要工具之一。

地质统计学根据其应用条件、适用范围及计算模式的不同有很多的分支，如采用的克里格估计量都是已知样品数据的某种线性组合，则此种地质统计学方法属于线性地质统计学的范畴，称为线性地质统计学，线性地质统计学方法有普通克里格法、一般克里格法、泛克里格法、因子克里格法等。如果估计量是已知样品数据的某种非线性组合，则此种地质统计学方法属于线性地质统计学的范畴，非线性地质统计学方法主要有析取克里格法、模拟值法等。例如，根据对估计变量分布假设的要求的不同，可分为参数地质统计学和非参数地质统计学，由克里格与 Matheron 的思想发展起来的地质统计学方法，全都使用观测值线性组合的估计量（有时将观测数据进行转换），通过线性加权进行修改，因而方法的整体属于广义线性模型的范围，这种线性模型绝大多数是参数统计的基础。

地质统计学是以区域化变量理论为基础，以半方差函数为基本工具的一种数学方法，它建立在区域化变量、随机函数、内蕴假设和平稳假设等概念的基础上。采用地质统计学方法预测污染物的空间分布及含量水平，有许多方法可供选择，如何根据原始数据对象条件，模拟的需要，模型的应用条件、采样方略等选择更加合适的模型，提高预测结果的准确度及精度，降低预测误差，做到更好中的最好（best of best），却存在一定困难。为了深入研究地质统计学方法的应用，提高预测精度，各国科研工作者做了大量的研究工作，如 Jeffrey C. Myers 在其《地质统计错误管理管理》一书中对涉及影响地质统计精度的采样方法、数据质量对象、数据挖掘模型等进行了研究，提出了一些控制地质统计误差的方法及思路。D. J. Brus 对基于设计的采样和基于模型的采样方法进行了探讨，分析了两种采样方法的优缺点，认为具体采用哪种采样方法还需考虑实际情况，不能一概而论。J. W. Einax 分析了地质统计学方法和多元统计方法在不同场址数据分析上的优缺点。具体选择哪一种方法应根据场址特点如数据量、采样方法、数据质量等而定。Goovaerts 和 Journel（1995）采用不同指示克里格法研究了其对未采样点预测不确定性问题。P. Goovaerts 提出了判定指示克里格法和模拟值法预测未采样点污染物含量不确定性的两个标准，即采用交叉验证法，超出概率图方法及包括真实值的概率狭窄度法。国内的地质统计学方面的研究始于 1978 年，最初仅在石油和采矿部门中应用，直到 20 世纪 80 年代才逐渐在水利、生态、土壤学和环境学等领域中不断推广和大规模应用。

6.2.1　区域化变量和随机函数

区域化变量 $Z(x)$ 是指空间分布的变量，是在区域内不同位置 x 上取不同值 Z 的随机变量。随机变量是对一个预期服从某些概率分布定律的事物的量度，可由其分布参数表征，如正态分布的均值和方差。区域化变量 $Z(x)$ 可以看作是在区域内固定的位置 x 上，随机变量 Z 的一次特定实现，是当自变量只有 3 个，且其含义必须是代表一个空间点的 3 个直角坐标时的一种特定的随机函数，则 $Z(x)$ 成为区域内所有位置上随机变量 $Z(x)$ 的一个有限集。这个集就称为随机函数，它表征了区域化变量的随机性和结构性两大属性。

从区域化变量的定义可以看出，区域化变量具有两个最显著也是最重要的特征，即随机性和结构性。首先，区域化变量是一个随机函数，它具有局部的、随机的、异常的性质。其次，区域化变量具有一般的或平均的结构性质，即变量在位置 x 与 $x+h$ 处的数值 $Z(x)$ 与 $Z(x+h)$ 具有某种程度的自相关，这种自相关依赖于两点间距离 h 及变量特征。区域化变量的这两种性质使得区域化变量在所研究的某种自然现象的空间结构和空间过程方面具有独特的优势。

从本研究采集的研究区土壤和降雨条件下产生的土水界面污染流的样点来看，土壤和污染流均不考虑垂直方向上的变化，因此，本研究所称的区域化变量是二维的，每次观测后得到的一个实现也是一个二元实测函数值或空间点函数值。

6.2.2　协方差函数和变异函数

由于区域化变量所具有的特点，需要有一种合适的函数或模型来描述，它即能兼顾到区域化变量的随机性又能反映它的结构性，G. Matheron 在 20 世纪 60 年代提出了协方差函数和变异函数，尤其是变异函数能够同时描述区域化变量的随机性和结构性，为从数学上严格地分析区域化变量提供了有用的工具。

区域化变量 $Z(x)$ 在空间两点 x 和 $(x+h)$ 处的两个随机变量 $Z(x)$ 和 $Z(x+h)$ 的二阶中心混合中心矩，即

$$\mathrm{Cov}\,\{Z(x),\,Z(x+h)\}=C(x,\,x+h)=E[Z(x)\,Z(x+h)]-$$
$$E[Z(x)]\cdot E[Z(x+h)]$$

称为区域化变量 $Z(x)$ 的自协方差函数，简称协方差函数。

变异函数是地质统计学特有的工具，它既能描述区域化变量的结构性变化，又能描述其随机性变化。

在平稳假设的前提下，一维条件的变异函数定义为：

$$2r(x,\,h)=\mathrm{Var}[Z(x)-Z(x+h)]$$
$$=\frac{1}{2}E[Z(x)-Z(x+h)]^2-$$
$$\{E[Z(x)]-E[Z(x+h)]\}^2$$

在实际应用中，常用变异函数 $2r(x,\,h)$ 的一半即半变异函数 $r(x,\,h)$ 来表征区域化变量的结构性和随机性，而不用变异函数。在二阶平稳假设或本征假设（内蕴假设）条件下，半变异函数可简化为以下形式：

$$r(x,\,h)=\frac{1}{2}E[Z(x)-Z(x+h)]^2$$

6.2.3　内蕴假设、平稳假设和本征假设

污染物的空间变异研究中，一般常用的有二阶矩先验方差、协方差和半方差 3 个，若一随机函数在整个研究区域数学期望存在，且不依赖于测定点 x，即 $[Z(x)]=\mu$；且每对 $Z(x)$ 和 $Z(x+h)$ 其协方差存在，只取决于其间隔 h，则称其为二阶平稳假设，这时区域化变量的方差成为先验方差。若一随机变量 $Z(x)$ 在整个研究区域数学期望存在，且不依赖测定点 x，对所有间隔 h，增量 $\{Z(x+h)-Z(x)\}$ 有一个有限方差，此方差只与 h 有关，则称为内蕴假设，其是区域化变量最基本的假设。

从定义上看，协方差函数和变异函数同时都依赖于两个支集点 x_1 和 x_2，则对任何可能的统计推断需用随机变量的多次实现。另外，如果这些函数仅依赖于这两个支集点的距离，而与位置无关，则统计推断成为可能，由距离所分

开的每一数据对可看成是一对随机变量的不同次的实现。直观来看，两个数据 $Z(x)$ 和 $Z(x+h)$ 之间存在的相互关系并不取决于它们的具体位置，而是依赖于这两点的距离。可以看出，区域化变量是普通随机变量在区域内确定位置上的特定取值，它是随机变量与位置有关，特别是与距离有关的函数。区域化变量考虑系统属性在所有分离距离上任意两样本间的差异，并将此差异用方差来表示，这就是变异函数。因此，要估计方差值，即估计变异函数值，就要估计数学期望，就必须有足够的若干对 $Z(x)$ 和 $Z(x+h)$ 的值，才可能通过求 $E[Z(x)-Z(x+h)]^2$ 的平均值的方法来估计 $E[Z(x)-Z(x+h)]^2$。但是在地质统计学中，空间抽样不可能在空间上同一点取得重复，这就在统计推断上出现了困难。为了克服这个困难，使用变异函数时必须对区域化变量 $Z(x)$ 做一些假设，即区域化变量的二阶平稳和本征假设。

当区域化变量 $Z(x)$ 满足下面两个条件时，称该区域化变量是二阶平稳的。在整个研究区域内，区域化变量 $Z(x)$ 的数据期望对任意 x 存在且等于常数，即：

$$E[Z(x)]=m$$

在整个研究区内，区域化变量的协方差函数对任意 x 和 h 存在且平稳，即：

$$\text{Cov}[Z(x), Z(x+h)]=C(h)$$

当 $h=0$ 时，

$$\text{Var}[Z(x)]=C(0)$$
$$C(h)=C(0)-r(h)$$

说明协方差平稳意味方差和变异函数的平稳。

当区域化变量 $Z(x)$ 满足下面两个条件时，称该区域化变量是本征的或弱二阶平稳。

在整个研究区域内，区域化变量 $Z(x)$ 的增量 $[Z(x)-Z(x+h)]$ 的数学期望对任意 x 和 h 存在且等于 0。即：

$$E[Z(x)-Z(x+h)]=0$$

在整个研究区域内，区域化变量的增量 $[Z(x)-Z(x+h)]$ 的方差函数对对任意 x 和 h 存在且平稳，即：

$$\text{Var}[Z(x)-Z(x+h)]=E[Z(x)+Z(x+h)]^2$$
$$=2r(x, h)=2r(h)$$

在地质统计学中常会遇到这种情况，即区域化变量在整个研究区域内并不满足二阶平稳假设和本征假设，但在有限的领域内，是满足二阶平稳假设和本征假设的，此时，称区域化变量是准二阶平稳和准本征的。这也就是说，协方差函数和半变异函数只能用于或限定距离的情况。

6.2.4 变量函数的理论模型

设 $Z(x)$ 是一个二阶平稳的区域化变量，其均值为 m，协方差是 $C(h)$，变异函数是 $r(h)$，Z^* 是以下形式的任何有限的线性结合：

$$Z^* = \sum_{i=1}^{n} \lambda_i Z(x_i)$$

对于任何权重 λ_i，这一线性组合也是一个随机函数，并且其方差必须是非负定的，即 $\mathrm{Var}(Z^*) \geqslant 0$，为了满足这一条件，对于所有选择的权重，协方差必须满足公式：

$$\mathrm{Var}(Z^*) = \sum_i \sum_j \lambda_i \lambda_j C(x_i - x_j) \geqslant 0$$

变异函数必须满足下式：

$$\mathrm{Var}(Z^*) = \sum_i \sum_j \lambda_i \lambda_j r(x_i - x_j) \geqslant 0$$

对于所选择的权重 λ_i，应有 $\sum \lambda_i = 0$，保证 $\mathrm{Var}(Z^*) \geqslant 0$，叫作变异函数模型的条件正则，是选择有效变异函数模型的一个条件。

满足正则条件的一种方式就是运用一些已知的，满足正则条件的变异函数或其线性组合。常见的变异函数模型有球形模型、指数模型、高斯模型、幂函数模型、线性模型、纯块金效应模型、空穴效应模型及各模型的线性结合模型或套合结构模型等。

6.3 研究方法

6.3.1 半方差函数及其理论模型

半方差函数也可称为半变异函数，其是用来描述区域化变量结构性和随机性的最基本模型，其中块金系数、基台值、变程是半方差函数的重要参数，用来表示区域化变量在一定尺度上的空间变异和相关程度。

假设随机函数均值稳定，方差存在且有限，该值仅和样本间距 h 有关，则半方差函数 $r(h)$ 可定义为随机函数 $Z(x)$ 增量方差的一半，即：

$$r(h) = \frac{1}{2N(h)} \sum_{i=1}^{N(h)} \left[Z(x_i + h) - Z(x_i) \right]^2$$

式中，h 为样本间距；$N(h)$ 为以 h 为间距的所有观测点的成对数目。

块金值、基台值和变程是半变异拟合函数的重要参数，是空间结构分析的基础。半方差达到稳态的最小距离称为变程 (a)，是表征变量空间自相关范围的参数，用来判断空间自相关的最大范围。在 $h < a$ 的范围内，变量 $Z(x)$

与其他任何数据 $Z(x+h)$ 存在相关关系且随两点间滞后距离 h 的增大而减小；当达到 $h=a$ 这一距离后，随机变量 $Z(x)$ 与 $Z(x+h)$ 不再相关，经典统计学方法的随机独立性假设成立。有效变程可用以刻画变量空间分布斑块的伸展程度，有效变程越大，意味着变量在空间上的连通性越高，影响范围越大。稳态时的半方差值称为基台值（C_0+C），表征系统内总的变异，C_0 为样本间距为 0 时的半方差值，称为块金方差，主要表示由实验误差和小于取样尺度引起的变异，较大的块金值表明较小尺度上的某种过程不容忽视；C 为结构方差，表示由于土壤母质、地形、气候等非人为的区域因素引起的变异；$C_0/$（C_0+C）表示随机因素引起的空间异质性占系统总变异的比例，如果该所占比例较高，说明由随机部分引起的空间变异性程度加大；相反，则由空间自相关部分引起的空间变异性程度较大；如果该所占比例接近于 1，则说明该变量在整个尺度上具有恒定的变异。从结构性因素的角度来看，$C_0/(C_0+C)$ 可表示系统变量空间相关程度，如果 $C_0/(C_0+C)<0.25$，说明变量具有强烈的空间相关性；在 0.25～0.75，表明变量具有中等的空间相关性；＞0.75 时，表明空间相关性很弱。

实际上，理论变异函数模型 $\gamma(h)$ 是未知的，往往要从有效的空间取样数据中去估计，对各种不同的 h 值可计算出一系列变异函数值，因此，要从一个理论模型去拟合这一系列的变异函数值。到目前为止，地质统计学将这些模型分成 3 大类：一是有基台值模型，包括球状模型、指数模型、高斯模型、线性有基台值模型和纯块金效应模型；二是无基台值模型，包括幂函数模型、线性无基台值模型、抛物线模型；三是孔穴效应模型。

6.3.2 克里格法

克里格（Kriging）法是利用区域化变量的原始数据和半方差函数的结构性，对未采样点的区域化变量的取值进行线性无偏最优估值得的一种插值方法。克里格法是根据待估样点有限邻域内若干已测定的样点数据，在充分考虑样点的形状、大小和空间相互位置关系以及变异函数提供的结构信息之后，对该待估样点值进行的一种线性无偏最优估计。与一般的插值方法相比，克里格法的优点在于最大限度地利用了空间取样所提供的各种信息。主要的克里格法有普通克里格法（Ordinary Kriging）、简单克里格法（Simple Kriging）、块段克里格法（Block Kriging）、协同克里格法（Co-Kriging）、泛克里格法（Universal Kriging）、指示克里格法（Indictor Kriging）及对数正态克里格法（Logistic Nonormal Kriging）等。如果样本数据是正态分布和平稳的，即区域化变量满足二阶平稳和内蕴假设，对点或小区的估值可用简单克里格法或块段克里格法。如果样本是非平稳的，即有漂移存在，则采用泛克里格法；对有多个变量的协同区域化现象，采用协同克里格法。当监测数据表现为对数正态或更复杂的分布时，用对数正态克里格法，或间断克里格法。此外，对于弱平稳性的数据可以先消除趋势或用泛克里格法进行插值。

克里格法的特点有以下几个方面：

（1）与被估计值点距离越近的测量值，对估计值的影响越大，即分配的权重越大。

（2）如果用来进行估值的测量点之间以及测量点与估计点之间的距离都大于变异函数的变差距离（相关尺度），那么克里金估值公式就变成了变 n 个测量值的算术平均值，即与使用传统的统计方法所获利的结果相同。

（3）因为克里格法的基础，即权重的计算是根据变量的空间变异结构所得，所以不仅用来估值的测量点之间的位置关系，而且测量点与估值点之间的位置关系，对估值的精度也很重要。

（4）边滤效应：如果几个样本点位于其径向位置上，那么离估值点最近的样本就把稍远的样本点"过滤"掉了，即在估值过程中，稍远的样本点几乎不占有任何权重。这一点与其他估计方法，如反距离插值方法不同。

（5）分团效应：聚集成团的样本值分配到的集合权重与在它们中心位置的一个样本点分配到的权重几乎相等。这也是与反距离插值方法的不同之处。

（6）克里格法考虑了估值问题中的两个重要方面：样本之间的距离和样本团聚。样本之间的距离和团聚都可以通过统计距离来表征，从而在估值过程中考虑了变量的空间边续性和空间分布。

（7）由于所有权重之和等于 1，所以有的权重可为负值，出现负值通常是过滤效应的结果。

（8）权重可以小于 0 或大于 1 的优点是，估计点的值可以大于最大的样本值，也可以小于最小的样本值。

（9）克里格法可以计算值估的误差（误差的方差），即提供了估计精度。

6.3.2.1 普通克里格法

普通克里格法属于参数克里格及线性克里格的范畴。它是用于具有二阶平稳且均值是未知的随机变量的一种估值方法。

普通克里格法的估计公式为：

$$Z^*(x_0) = \sum_{i-1}^{n} \lambda_i Z(x_i)$$

式中，$Z^*(x_0)$ 是在 x_0 位置的估计值，$Z(x_i)$ 是 x_i 位置的测量值，λ_i 是分配给 $Z(x_i)$ 的权重，n 是用于估计过程的测量值的个数。

其权重 λ_i 的计算方程为：

$$\begin{cases} \sum_{i=1}^{n} \lambda_i r(x_i - x_j) + \mu = r(x_j - x_0) \\ \sum_{i=1}^{n} \lambda_i = 1 \end{cases}$$

式中，λ_i 为估计权重，$r(x_i - x_j)$ 为距离为 x_i 和 x_j 两监测点的变异函数的值，μ 为拉格朗日乘数，$r(x_j - x_0)$ 为距离为 x_j（预测点）和 x_0 两监测点的变异函数的值。

6.3.2.2 协同克里格法

协同克里格法是利用两个变量之间的相关性，用其中易于观测的变量对另一变量进行局部估计的方法。协同克里格法比普通克里格法能明显改进估计精度及采样效率，但在实际应用中，协同克里格法要求有一个已知的互相关函数，这就需要在很多地点同时采样，测定两个函数间的互相关性。与相关函数一样，这种互相关性也受样本数多少的影响。协同克里格法是建立在协同区域化变量理论基础上的，通过建立交叉协方差函数和交叉变异函数模型，然后用协同克里格法对未抽样点的变量值进行估计。

6.3.2.3 泛克里格法

泛克里格法属于线性克里格法及参数克里格法的范畴，但其特点是区域化变量不符合二阶平稳，而是存在趋势或飘移。

对于非平稳的区域化变量 $Z(x)$，假设它们可以分解为漂移和剩余两部分，即：

$$Z(x) = m(x) + R(x)$$

式中，$m(x) = E[Z(x)]$ 为在点 x 处 $Z(x)$ 的数学期望，称为漂移，可用一次或二次多项式表示；而 $R(x) = Z(x) - m(x)$ 称为剩余，它是一个数学期望为零的区域化变量。

一般的，剩余符合二阶平稳假设，且变差函数存在，公式为：

$$r_R(h) = \frac{1}{2} E[R(x+h) - R(x)]^2$$

一般的，漂移 $m(x)$ 表示 $Z(x)$ 的规则而连续的变化，而剩余 $R(x)$ 则可以认为是围绕漂移摆动的随机误差，且数学期望为零。

已知在 n 个信息样品点 x_a 处的重金属含量值 $Z(x_a) = z_a$ $(a=1, 2, \cdots, n)$，欲估计包含信息样品点在内的某领域中任一点 x 处的重金属含量 $Z(x)$。取泛克里格线性估计量。

$$Z_{UK}^* = \sum_{a=1}^{n} \lambda_a z_a$$

式中，Z_{UK}^* 为点 x 处的泛克里格估计量，λ_a 为估计权重。

此外，由于环境样品的部分变量测试分析成本很高，空间预测所需求的大规模样品分析测试，经济上难以承受。为了解决这一问题，目前有许多学者根据指标间的相关性，采用协同克里格法等统计方法，利用易于测得的变量来对那些难以测得的变量进行空间预测。

6.3.2.4 指示克里格法

指示克里格法是普通克里格法的变形，属于线性克里格法及非参数克里格法的范畴。

内插算法着重于未采样位置估计的最优性。而本研究提出的另一个重要问题是关于非取样点的局部不确定性，如对一给定的样品数据集，求在未采样点超过预先选定的一个阈值的概率是多少。回答这类问题，必须要求有评价未知点不确定性的概率模型。这里，将介绍非参数地质统计学方法的一种——指示克里格法，用来估计一给定属性在未知点处的概率分布。

用以下指示函数来定义累积分布函数，即低于某一特定值（阈值）的数值的个数与样本总量的比值：

$$F(z_c) = \frac{1}{n} \sum_{j=1}^{n} i(x_j, z_c)$$

式中，n 是样本数的总个数；$i(x_j, z_c)$ 是指示函数，$i(x_j, z_c) = \begin{cases} 1, & z(x) \leqslant z_c \\ 0, & z(x) > z_c \end{cases}$；$z_c$ 是指标函数的阈值。

6.4 土水界面污染流空间分析精度控制

基于地质统计学开展土水界面污染流污染物空间变异与空间预测的研究，首先应保障各种空间插值技术的正确应用，以确保估计污染物空间变异性的精度。如果无法正确评估土水界面污染流污染物的分布情况及各区域估计值的准确性，就无法保障正确分析区域的污染特征和空间分布情况。提高地质统计学估计精度是一项系统工程，应从布点采样等准备工作到模型选择、最终结果输出、验证等全过程加以掌控，其关键步骤如图6-1所示。

6.4.1 区域基本信息收集

应用地质统计学开展区域土水界面污染流污染物空间变异研究，做好充分的数据、资料和信息等准备工作。重点收集以下区域相关资料：

（1）研究区的地形地貌信息和土壤信息：主要包括坡度、坡向，河流分布、流向，地质条件，成土母质情况，土壤类型，土壤肥力情况，土壤质地等基础信息。

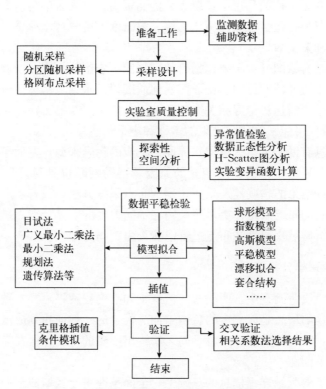

图 6-1　地质统计学估计空间变异性精度控制步骤

（2）污染物和区域污染源分布及排放情况：包括区域污染源类型、分布，排放的污染物类型、去向、数量，区域污染物排放历史和处理情况，污染物进入研究区的利用情况（如污水灌溉）等。

土壤宗地权属、污染物毒性、毒理数据及区域污染治理措施方面的资料、污染区登记档案资料等。

（3）土地利用类型：包括区域土地利用类型、区域土地利用的空间分布、作物种植类型、耕作方式、收获方式等。

（4）农业投入品情况：包括畜禽粪便、有机肥、化肥、农药以及农膜地膜等农业投入品投入情况等。

（5）区域行政区划情况：如县界、乡界、村界等。

（6）区域特征地物情况：如主要河流、居民点、铁路、公路等的分布，影响样点数据的收集或者未来样点调查的物理或生物属性。

（7）研究区气候、气象资料，主要包括气候特性、年平均风速和主导风向、风向玫瑰图、年平均气温、极端气温与月平均气温、年平均相对湿度、年均降水量、降水天数、降水量极值、日照时数、天气特性等。

（8）研究区以往的环境质量调查、监测资料，已发表的与研究区相关的其他各种文献资料，包括区域内历年土壤、灌溉水、空气环境质量、田间农产品等调查情况和监测数据。

（9）区域背景图件：主要包括行政区划图、农区规划图、土壤类型图、土地利用图、土壤环境质量图、交通图、地质图以及水系、污染源分布、示范区的遥感、航拍、雷达影像等相关图件。

（10）其他可能影响研究结果的定性和定量信息。

这些信息有助于了解区域土水界面污染流的污染来源，有助于用于分析污染物的空间变异性，分析空间变异的原因，帮助判断奇异值及研究采用的尺度，评价估计结果的精确性及采用正确的布点采样方法。只有了解了区域特点才能进行正确的布点采用，揭示污染物在不同尺度的变异特点，避免布点密度过稀无法分析微域变异性或布点过密浪费人力、物力等。

6.4.2 布点采样分析

区域环境质量调查中，所获取的信息量和准确程度将随样本数的增加而增加，但信息量的增大是以成本的急剧增加为代价的，如何找到成本与信息量的最佳结合点，就目前的研究来看，尚无法给出明确的答案，但在布点采样前应明确以下相关问题：

（1）在了解区域详细信息的基础上，全面掌握对于区域数据质量的要求。

数据收集的目的：了解区域污染物的空间变异性，了解污染物区域空间分布的差异。因此，土水界面污染流采样方法、布点设计、采样点数量等都应围绕这一中心问题进行。

主要的评价指标：采样点数量应能满足实际分析需要，应具有实际统计意义，能满足评价指标的要求。关注的统计参数，包括平均值、方差、中值、百分位数、变异系数等。

精度控制的要求：精度要求高，则采样密度就高；精度要求低，则采样密度相对较低。

采样尺度的要求：采样尺度和区域密切相关，对于大尺度的研究，则采样点距离相对较大；而对于田块级的研究，其采样尺度就相对较小。

（2）熟悉采样的限制因素。采样人员的限制、技术条件的限制等，时间及计划的限制，经费的限制，地理、地质条件的限制等。

（3）基于地质统计学样点布设方案的设计。研究监测要获得的结果；收集相关的布点采样方案，研究各方案的优缺点及对监测任务的适用性；用数据表达式表示各布点采样方案的实行及成本核算；根据布点采样精度及预算的要求，计算各采样方案需要的采样点数量；选择最有效且经济可行的布点采样方案；制订布点采样方案并按计划实施。

6.4.2.1 专业判断布点采样法

采样点的位置、采样点数量及采样时间的确定基于对要调查对象特征的了解、判断及以布点采样者的专业知识。专业判断布点采样法是一种基于专业知识而非统计学理论的主观采样法。因此，用专业判断布点采样法获得的监测样本对于总体的代表性，完全依靠采样者或布点设计者对监测区的了解及专业判断能力。

适用条件：①对于相对较小范围或尺度的调查；②采集及需分析的样点数量少；③对于调查区有较充分的了解和认识；④调查某种污染物在某区域内是否存在及超过了某一阈值，如果调查发现污染情况存在，则还应进行进一步的布点采样分析。

对于地质统计学而言，该方法一般适用于二次布点采样的情况，即通过地质统计学分析后，对于估计方差较大的区域应进行二次布点采样分析时，专业判断布点采样法一般能满足要求。

优点：一般能符合布点采样计划及经费限制。

缺点：①无法对调查采样的不确定性进行评估；②无法外推未采样区的情况，无法对总体进行统计意义上的无偏估计。

6.4.2.2 简单随机采样法

该方法采用随机数发生器选择采样点的位置，所有选择的位置都具有相同的概率，连续采样位置的选择完全独立于前面的选择。

适用条件：①采样区条件较均一；②地质统计学的多次采样的前期布点采样工作。

优点：①提供对于统计学意义上的总体均值，方差的无偏估计；②便于理解和实施；③采样点数量的计算及数据统计相对简单，可采用均方差和绝对偏差法或变异函数及相对偏差法估计采样点数量。

缺点：①由于所有的采样点都是随机选择，因此有可能出现采样点团聚现象；②无法利用其他有利于提高采样精度的其他辅助信息。

6.4.2.3 分区（或划分监测单元）随机采样法

分区随机采样法也称划分监测单元或分层采样法，是对随机采样法的改进，该方法在采样前首先根据已掌握的调查区的基本资料，将调查区分为几个独立的采样单元，每个独立的采样单元其土壤的理化性质（如土壤类型、土壤质地等）、农作物种类、耕作制度、污染物含量及分布情况应相对均一。在每个采样单元内根据以往的调查结果及研究的实际情况确定采样点数量，采用随机布点采样法布点。分区随机采样法对调查区总体的估计精度一般较完全随机采样法要高。

适用条件：①调查区影响污染物分布的因素存在较大变异性；②对调查区基本情况较了解，能正确划分监测单元；③调查区范围相对较大；④调查者希望对调查区内不同的子区情况分别进行统计分析；⑤对调查区内不同的监测单元采用不同的布点采样法。

优点：①对不同的采样单元可以布设不同密度的监测点数量，从而提高了监测的精度，降低了成本，增加了监测的灵活性。②可以突出对某一特征的监测，如对水污染的农田污染的监测、大气污染引起农田污染的监测、固体废弃物污染引起的农田土壤污染等。③可以对某一小尺度的问题单独划分监测单元，以突出其对总体的影响或对其进行更深入的研究。

缺点：①监测单元的划分对于正确的布点采样及分析结果的代表性有很大的影响，因此，要求监测单元的划分者应对监测区有必要的了解，在划分监测单元前应充分收集监测区的相关资料。②监测精度的提高与划分监测单元所需辅助信息高度相关，因此，对于划分监测单元的辅助信息要求较高，从而在一定程度上增加了信息搜集的难度。③与随机采样一样，采样者实际的采样位置与设计的采样位置有可能有一定的偏差，从而影响了监测结果的精度。④分区（或划分监测单元）随机采样法其监测结果的统计分析工作相对较烦琐，一般不易掌握。⑤在一个监测区内，为便于统计结果的计算，监测单元数量一般不应超过6个。

6.4.2.4 系统/网格布点采样法

系统采样法也可以叫网格布点采样法或规则采样法，在该采样法中，样本的位置或是处于规则网格的中心或是在网格线的节点上，抑或是在网格内部随机布点。网格可以具有不同的大小和形状，最普通的形状是正方形、长方形，六角形和三角形网格，一般认为三角形网格较其他方法更有效。如果被监测的污染物空间变异性存在各向异性时，可考虑采用长方形网格。

适用条件：①对监测区进行全面的调查，尤其当被监测的污染物存在空间相关性时，系统采样法较随机采样法具有更高的精度；②评价污染物随时间及空间的变化趋势时；③调查监测区内的"热点"区域。

优点：①可以覆盖整个监测区；②布点、采样设计直观、简单；③可以对不同尺度的网格进行套合，以便对重点区域进行更深入的研究。④如果被监测的污染物存在时间或空间的连续性，而采样尺度小于被监测的污染物的时间、空间变异范围，则系统采样法对污染物的时间、空间变异性的反映优于其他采样方法；⑤采样者不必对监测区有深入的前期了解，但对于监测区的范围、面积及采样点数量必须清楚。

缺点：①采样行或列可能与关注的污染物的变化特征重合，从而引起对总体特征的不正确的估计；如果采用的是完全等间距采样，当总体有某种周期性的规律，而采样间隔又恰好与这种规律周期吻合的时候，则采样将因无法反映规律性而失去代表性。因此，系统采样法应尽量避免采用这两种采样方式，而应采用划分网格，在网格内随机采样的方式。②如果对监测区有较多的了解，熟悉监测区污染物的分布特征及分布规律等，系统采样法有可能不是首选的方法，因为此方法采样点数量要求较大，消耗的人物、物力和财力较其他方法多。③如果网格布设的尺度较大，有可能对于一些"热点"区域无法捕捉。

6.4.2.5　划分监测单元的系统采样法

划分监测单元的系统采样法将监测单元采样法与系统采样法进行了融合，首先对研究区域根据以往的调查资料划分监测单元，然后分别在监测单元内采用系统采样法进行布点，但布点网格的设计可根据监测单元的情况不同而不同，该方法集中了监测单元采样法与系统采样法的优点，适用于进行大区域土壤环境质量调查。

采用划分监测单元进行土壤样品的采集，虽然在整个研究过程中会降低成本，但其问题在于该方法会使土壤采样点代表的面积有一定的差异，如对于已知的污染区，土壤监测样点的数量较一般没有污染的区域要多，从而污染区样点的代表面积就会小于没有污染区样点的代表面积。如果这种代表面积的差异较大，则在应用地质统计学前应对监测数据进行降聚处理，从而消除丛聚效应对估计结果的影响。

消除数据丛聚效应的方法有很多（Willian，2003），如 Thiessen 多边形法或称 Cell 降聚方法，本方法核心就是给丛聚在一起的地质数据分配较小的权重，给稀疏分布的数据分配较大的权重。如图 6-2 所示，图中面积的大小为监测点代表的权重的大小。

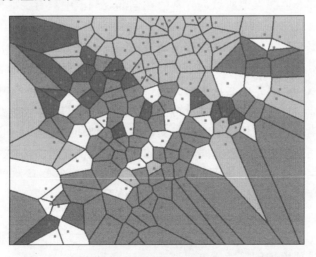

图 6-2　消除监测数据丛聚效应的 Thiessen 多边形

监测定权重的计算公式为：

$$w_i = \frac{a_i}{A}$$

式中，w_i 为分配给监测点 i 的权重，a_i 是监测点的 Thiessen 多边形面积，A 是区域总面积。

由于克里格法本身具有分团效应的特点，因此，如果监测数据的代表面积不是差异很大时，也就是说监测点分布比较均匀时，可不必对原始数据进行降聚处理。

6.4.3　实验室分析质量控制及分析质量保证

实验室分析质量控制服从于研究目的，土水界面污染流的研究是在一个较大空间内研究污染物的含量及其空间分布情况，对样品分析的准确性要求有足够的稳定性和可比性。因此，在分析质量控制的程序构成上，主要包括实验室内部分析质量控制和实验室之间的分析质量控制，并包括协作系统实验而规定的统一分析方法。

实验室分析质量控制基本步骤如图 6-3 所示。

6.4.4　实验数据的异常值检验

环境中污染物的空间分布具有很大的变异性和偏倚性，污染物的监测数据往往含有异常值。环境污染物监测数据的异常值具有如下特点：异常值比所研究的全部观测值的算术平均值或中位数值要高或低得多；异常值确实存在于研究区域中，并非监测误差所致；异常值在全部观测值中只有少部分，但它对全部观测值的统计结果影响大。

监测数据中异常值的存在往往使观测值偏离正态分布，严重影响变异函数的稳健性，对半变异函数的影响很重要，特别是在变程 a 之内的异常值影响实验半变异函数的计算，引起块金值和基台值的明显增加，从而影响空间预测估值的精度，而若直接对原始变量进行空间预测，对应的半方差模型常常会有较大的块金值出现，大的块金值意味着变量的不规则和不连续，一个纯块金值的出现往往会使变量蒙受缺乏空间相关性的假象，致使克里格法预测结果转化为样本简单的算术平均值，从而使得克里格法对污染物空间预测的结果毫无意义。影响半变异函数的异常值分为全局异常值及局部异常值两种。全局异常值是对全部监测数据而言的，这种异常值可通过常规异常值检验方法查到，如采用 Grubb 法、T 法、Dixon 法等查找，对于局部的异常值，可根据实际情况如按均方差的倍数来识别异常值等。

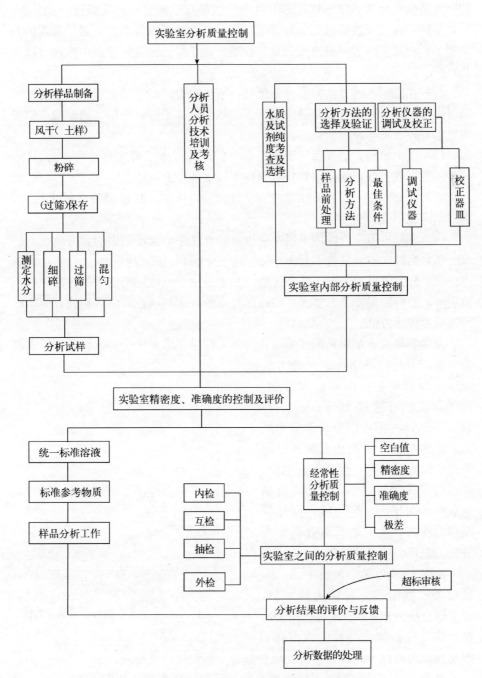

图 6-3　实验室分析质量控制基本步骤

如果采用非参数方法，也可以采用频率柱状图或箱形图查找，在频率柱状图特别是偏态分布的频率柱状图中两端的数据点或孤立点，应做进一步分析；在箱形图中可直观发现数据的异常值（奇异值）及极端异常值。对于发现的异常值，可根据实际情况剔出或做掩膜处理。对于以上方法在使用中应注意以下几点：

（1）在应用上述方法判断异常值前，应先检查原始记录是否按规定的要求填写完全、正确；若查明是过失或错误的数据，如采样、分析、测定操作错误或发生意外污染等，应予舍去。

（2）以上检验方法仅适用于正态分布的总体样本，若来自对数正态总体，应先将数据取对数，然后用对数数据样本再实施以上方法。

（3）Dixon 法仅适用于样本容量大于 25 的样本，其他两种参数方法大、小样本都适用。

（4）实际应用中，往往采用两种以上的方法综合判断数据的异常值。

（5）当样本中异常值不只 1 个时，应逐个判断，逐个剔除。

（6）异常值可能来源于外来污染，如果是由于土壤污染造成的异常值则不能剔除，而应采用掩膜的方式，即在计算实验半变异函数时将其剔除，而实际插值时考虑异常值。

而局部异常值是对局部区域而言的，局部异常值对于全局数据而言不表现为异常，因此，采用传统统计方法难以发现监测数据的局部异常值。局部异常值可通过 H-Scatter 法得到，H-Scatter 图可以分析数据和距离之间的关系。根据地质统计学的原理，位置近的点，性质就越相似，数据的变异性就越小，数据点就越易靠拢于斜率为 1 的直线。而如果相邻点变异性大，数据点就会偏离分散，表现为局部异常值。

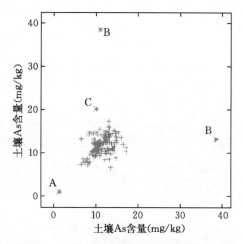

图 6-4　H-Scatter 方法检验数据局部异常值

由图 6-4 可见，与图中 A、B、C 相关的数据很有可能为异常值，经实际分析可知，A、B 两点相关的数据为所标识的全局异常值。而 C 点所标识的数据为局部异常值，应在分析中剔除或掩膜处理。

全局及局部异常值也可以通过半变异函数云图查找，如图 6-5 所示，全局异常值在半变异函数云图上常表现为与总体分离的点（图中红点所示），根据半变异函数的性质可知，随着距离的增加，半变异函数值也随之增加，半变异函数云图中的点值也随之增加，但如果在较近距离内有的点值的半变异值也很高，则可判定为局部异常值。

采用半变异函数云图法，H-Scatter 图法和频率柱状图、箱形图法相结合的方法判断监测数据的异常值，是本研究推荐的方法。因为这样得出的结果相互验证，减少发生错误的判断。

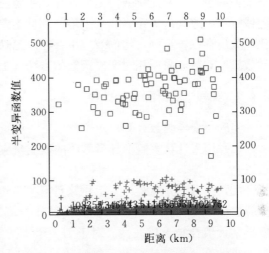

图 6-5（彩插） 带异常值的半变异函数云

6.4.5 实验数据的正态分析

地质统计学方法都是基于经典概率统计理论的，其要求被研究变量的观测值服从正态分布，当区域化变量的数据呈明显的正偏或负偏时，就可能存在一个不依赖于空间点位置及其领域的平稳结构，从而影响实验变异函数的稳健性。此外，数据的非正态分布会使半变异函数产生比例效应，进而造成实验半变异函数产生畸变，抬高基台值和块金值。因此，为了使不符合正态分布的变量满足克里格法预测对数据正态分布的要求，消除半变异函数可能产生的比例效应，必须对变量进行正态变换使之符合正态分布。

正态变换的方法很多，常见的正态变换方法有对数变换、平方根变换、反正弦变换和反余弦变换等。正态变换方法的选择主要考虑数据的频率分布曲线，峰态右偏则用反正弦变换；峰态左偏则用长尾收敛程度选择变换方法，峰态左偏偏度大的采用对数变换，偏度中的采用平方根变换，弱左偏则采用反余弦变换。

对数变换和平方根变换是最为常用的两种正态变换方式。对数变换是一种化曲线为直的方法把非线性回归问题转化为线性回归问题，对数变换能使偏态分布且大于零数据的右边的尾部向内收缩，从而符合正态分布。平方根变换可以对比正态分布胖尾的数据提供一种较弱的收缩作用，它常被用于对服从泊松分布的数据进行正态分布。

6.4.6 比例效应

比例效应可粗略地认为当样品的平均值增加或减少时，样品的方差也随之增加或减少。判断比例效应是否存在，主要是通过移动窗口法分析平均值和方差或标准差之间的关系。如果平均值和标准差之间存在明显的线性相关性，则比例效应存在；否则，比例效应不存在。消除比例效应的方法主要是通过对原始数据取对数或采用相对变异函数的方法（王政权，1999）。

6.4.7　实验半变异函数的计算

实验半变异函数计算，应遵循以下一些重要原则。

（1）用来计算实验变异函数值的数据量应足够大，一般要求在 100 个数据点以上。

（2）在每个分离距离 h 上用来计算实验变异函数值的数据对数 $n(h)$ 最少应大 20，如果用于计算半变异函数步长值的样点对太少，则对于短距离的变异估计值会缺乏代表性。对于第一个半变异函数值而言，仅有 1 对样点值参加了计算，显然这样计算的半变异函数值代表性也较差，且估计方差增大（图 6 - 6）。

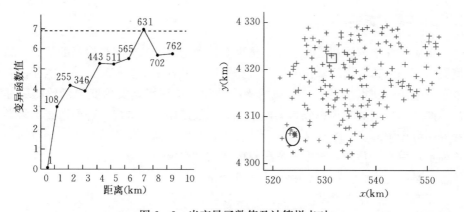

图 6-6　半变异函数值及计算样点对

（3）只用分离距离 $|h| \leqslant L/2$ 的实验半变异函数值来拟合模型。L 是研究区内沿一方向的最大尺度。主要是因为局部变异函数的涨落方差和研究域的大小有关，当 $|h| \geqslant L/2$ 时，相对涨落方差约为 200%，造成估计误差增加。

（4）如果区域化变量不平稳造成实验半变异函数存在趋势，应首先将趋势剔除后，再计算剩余的实验半变异函数，而在插值时将剔除的趋势再加进来。

（5）分离距离 h 应尽可能的小，以反映小尺度的变异性。

（6）如果实验半变异函数存在各向异性，则在计算各向同性实验半变异函数的同时，还需计算各向异性实验半变异函数。

（7）计算得到的实验半变异函数应避免点值之间较大的起伏，实验半变异函数曲线尽量平滑。

（8）实验半变异函数应尽量反映更小距离范围内的变异性。

（9）实验半变异函数尽量避免拖尾翘头出现，以免影响实验半变异函数的拟合，特别是采用自动拟合时，这种影响更显著，如有可能将球形模型拟合成高斯模型等。

6.4.8　半变异函数平稳性检验

根据线性平稳半变异函数的性质可知，如果半变异函数满足二阶平稳假设或本征假设，则 $r(\infty)=C(0)$，$C(0)$ 为半变异函数先验方差。此性质说明，如果半变异函数平稳，实验半变异函数最大值不应超过先验方差。在实际经验半变异函数常出现 4 种情况：一是实验半变异函数值先增加然后达到一稳定值（不大于先验方差），以后随着距离的增加，半变异函数值不再增加，这种情况说明半变异函数符合二阶平稳假设或本征假设。二是实验半变异函数值先增加然后达到一稳定值（不大于先验方差），以后随着距离的增加，半变异函数值又开始增加，表现为全局不平稳性。研究表明（张仁铎，2005），如果在变程 a 范围内有足够多的数据点，就可以不考虑全局不平稳性，半变异函数符合准二阶平稳假设或准本征假设，在半变异函数拟合时只考虑平稳部分计算结果而忽略不平稳（漂移）部分。三是实验半变异函数值随着滞后距离的增加超过先验方差无法实现平稳而一直表现出增加趋势，这种情况说明半变异函数不平稳。四是实验半变异函数值增加超过先验方差后不再增加，这种情况一般也可以按半变异函数满足二阶平稳的情况计算，但如果半变异函数超过先验方差过多，则应考虑不平稳的情况。

6.4.9　实验半变异函数拟合

在拟合过程中，应将更多注意力集中在较小距离的实验变异函数值上；如果区域化变量 $Z(x)$ 在变程 a 之外表现为不平稳，则半变异函数拟合时可只考虑变程 a 之内的半变异函数值，变程 a 之外的漂移可忽略。但如果区域化变量 $Z(x)$ 在变程 a 之内表现为不平稳，则应先剔除不平稳量（即趋势）后再用正则模型拟合剩余的实验半变异函数，或用协方差函数描述区域化变量的空间变异性。对于各向异性的实验半变异函数或较难用一个正则模型拟合的实验半变异函数，可通过相关模型的套合实现半变异函数的拟合。

拟合模型的方法一般有实验法（也称目试法）、广义最小二乘法、加权最小二乘法、规划法、遗传算法、自动基台值拟合法等。这些拟合方法各有优缺点，各个相关模型所选用的拟合方法也不尽相同。Surfer 软件选择的是最小二乘法，vairance2D 软件则采用广义最小二乘法，而 ISATIS 软件则采用的是基台值拟合法。基台值拟合法较适用于各向同性的情况，对于各向异性的情况还需采用实验法进行人工矫正。实验半变异函数拟合是一个复杂的过程，虽然各国科研工作者提出了一些较好的拟合方法模型，但这些模型都有其局限性，无法做到完全的自动拟合。因此，采用人工干预下的实验半变异函数拟合方法，应该是实验半变异函数拟合最有效的方法。

6.4.10 数据插值方法的选择

（1）根据研究目的选择插值方法：如果要对研究区未采样点进行最优无偏线性估计，则线性克里格法是首选方法。如果要研究区域化变量的波动性及结构性，克服数据估值中的平滑效应，保持未采样点的空间结构性，则条件模拟值法是首选方法。如果要研究区域化变量超过某一阈值的概率，计算子域平均估计值，则非参数克里格法是首选方法。

（2）根据各种方法自身的特点选择插值方法：对于一般克里格法而言，它要求数据完全符合二阶平稳假设，无全局及局部趋势，区域化变量平均值为已知常数，区域化变量为正态分布或近似正态分布，这一条件对于实际研究显然很难满足，因此，一般克里格法在实际应用中不多见。

普通克里格法也要求数据符合二阶平稳假设，但根据普通克里格法计算可知，普通克里格法要求区域变化量的平均值为 m，但 m 可以是一未知数（也就像泛克里格法一样，只要知道漂移的形式，而不必求出漂移就能估计未采样点数值一样），又因为普通克里格法采用的是移动邻域的方法确定估值点计算所需样点，这种算法本身就具有处理数据不平稳性的特性。因此，普通克里格法可用于变化的均值而平稳的协方差函数的情况，可称为准二阶平稳或准本征的情况。也就是说，如果区域化变量 $Z(x)$ 在变程 a 之内有足够多的数据点，且半变异函数平稳，而变程 a 之外存在漂移，则半变异函数拟合时可只考虑变程 a 之内的半变异函数值，变程 a 之外的漂移可忽略，此时插值方法依然可以用普通克里格法。但如果区域化变量全局平稳，而在局部小的范围内存在漂移，此时也不能用普通克里格法，此时计算的半变异函数会存在波动性，如图 6-7 所示。

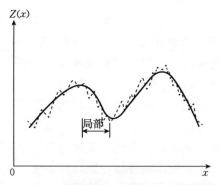

图 6-7 整体平稳局部漂移的一维随机函数

普通克里格法要求监测数据符合正态性分布或近似正态分布，如果监测数据为偏态分布，则在使用此算法前应采用对数变换、平方根变换等方法使数据符合或近似符合正态分布。

泛克里格法应用于区域化变量不符合平稳假设存在漂移的情况，表现在半变异函数上为半变异函数值一直处于上升趋势，超过先验方差后依然在增加，而没有基台值（图6-8），或半变异函数值存在较大的波动性。

泛克里格法的飘移一般用到1次或2次漂移，再高次的漂移一般不用。

区域化变量的平稳与不平稳是一个相对概念，它与研究尺度有

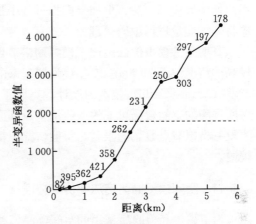

图6-8　存在全局趋势的半变异函数

关，如有的区域化变量在大尺度时表现为平稳，而在小尺度则不平稳，有的区域化变量则相反。泛克里格法要求监测数据符合正态或近似正态分布。

指示克里格法用于评估区域化变量超过某一或一组阈值的概率时的计算，该方法要求区域化变量符合平稳假设，但不要求数据正态性，因此，如果研究区某区域化变量不符合正态分布，或奇异值较多而又不能剔除时，可用此方法。

指示克里格法可用于离散变量的估计。指示克里格法在计算过程有可能存在有序性问题。该问题可通过把对应于所有门槛值的克里格方程组合并成一个大系统，使得估计方差的和为最小。取指示克里格法所给出的结果，拟合一个分布函数，使得它与最优指示克里格法解的差值平方的加权和最小。

析取克里格法适用条件与普通克里格法相似，但该方法要求监测值严格符合正态分布。因此，在应用该方法时，应首先采用非线性方法对原始数据进行转化。析取克里格法在原理上较普通克里格法先进，因此，理论上讲其计算结果较普通克里格法更精确。但析取克里格法计算过程复杂，计算过程中数据的取舍及近似过程往往使计算结果误差增大。因此，在进行克里格法估值时选择析取克里格法还是普通克里格法，应根据数据计算结果及把握简单化的原则。

条件模拟值计算方法是根据特定数据场的统计特征，用数学的方法再现数据场，而这种再现的场与原数据场有着相同的统计特征。与克里格法相比，条件模拟值计算方法更着重反映空间数据的波动性。条件模拟值计算方法一般可分为高斯算法和指示算法两类。高斯条件模拟值法能更好地再现监测数据中极值的离散性，而指示条件模拟值算法则更终实于极值的空间变异性。

如果区域化变量为二值变量，则应有采用指示模拟值算法。

如果区域化变量为连续变量，模拟过程中不强调极值的空间变异性，则可

用高斯条件模拟值法，但如果模拟过程中强调极值空间变异性的可重现性，则应将连续变量进行编码处理。

高斯条件模拟值法适用于模拟网格节点数不大于 1 000 而要求的模拟次数较高的情况。而 20 世纪 90 年代发展起来的序贯高斯条件模拟值法是基于蒙特卡罗（Monte-Carlo）技术的设计，克服了克里斯格法的平滑效应问题，同时对所预测的空间数据可能的取值结果及其概率进行度量。序贯高斯条件模拟值法没有模拟节点数量的限制，一般情况下都可应用，但缺点是其计算速度相对较慢。

6.4.11　空间预测插值方法评价与验证

为了评价和检验所采用的空间预测模型和插值方法的精度，确保空间拟合模型对土水界面污染流污染物含量空间分布的估计是无偏的，并保证估计值和测量值尽可能的一致，使估计值与测量值之间的变异性尽可能的小，在模型拟合过程中利用交叉验证法对模型相关参数进行反复调整，最终筛选和确定适合的拟合模型和相关的拟合参数。交叉验证法是把各实测点上克里金估计值与实测值之差的均方差最小，并将其直接作为拟合理论变异函数模型和插值模型的最优性检验。从而使得选择的经验半变异函数的拟合模型使克里金估计值产生以下较好的统计结果：

（1）平均误差尽可能接近于 0；

（2）均方差尽可能的小；

（3）平均克里金方差尽可能的小；

（4）标准克里金方差尽可能等于 1；

（5）估计值与实测值的相关系数尽可能的大；

（6）估计值与估计误差的相关系数尽可能的小，即没有系统的估计误差。

交叉验证法是一个渐进和逐步摸索的过程，统计量的好坏是相对而言的，在模型拟合过程中，只有经过多次比较实践才能获得最佳的变异函数模型。

6.5　土水界面污染流重金属含量空间变异与空间预测

6.5.1　研究区土水界面污染流 As 含量空间变异与空间预测

从土水界面污染流重金属污染特征的统计分析结果可以看出，研究区土水界面污染流 As 含量呈偏态分布，经过对数变换后其为近似正态分布。根据地质统计学的相近相似原理，滞后距离小，则实验半变异函数值小，而随着滞后距离的增加，实验半变异函数值也会随之增加。由于监测数据中常有全局或局部异常值存在，导致半变异函数云图在较小的滞后距离内存在高值或导致半变异函数值出现分层现象。因此，利用半变异函数云图法可以分析监测数据中异常值的存在情况，研究区土水界面污染流 As 含量的半变异函数云图如图 6-9 所示。

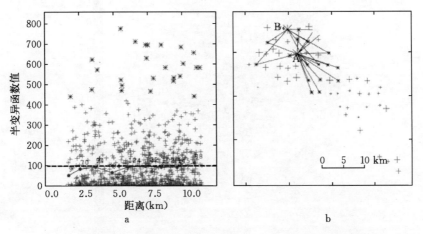

图 6-9（彩插）　研究区土水界面污染流 As 含量的半变异函数云

在图 6-9a 中高亮显示的点属于高值离群点，其为图 6-9b 中高亮值点相连接的数据对集的半变异函数计算结果。在图 6-9b 中，A、B 两个点的监测值明显高于其周围点的监测值，可初步确定为数据集中的异常值，但由于环境监测数据常有较大值出现，其也很可能是真实的检测结果，不能直接从结果中剔出，因此在进行空间结构分析之前，先将这些点予以掩蔽，以减少对空间结构分析的影响，而在进行土水界面污染流 As 含量的空间预测时，再考虑这些大值点的存在，从而提高模型预测的精度。

制作研究区土水界面污染流 As 含量的全方位经验半变异函数图（图 6-10），可见研究区土水界面污染流 As 含量的经验半变异函数以各向同性为主，因此，在半变异函数拟合时，采用各向同性的半变异函数。

采用球形模型拟合土水界面污染流 As 含量的经验半变异函数图，如图 6-11 所示。模型相关参数为：

步长 lag＝1 198.14 m，步长容限率＝0.5，步长分组 Logs＝10，角度容限率＝90，变程 a＝4 210.08，拱高 C＝0.67。

从拟合结果中可以看出，半变异函数的值最初随距离的增加而增大，当距离达到 4 210 m 时，半变异函数的值就基本趋于平稳，这表明随着样点间距离的增加，As 含量的空间相关程度逐渐减小，最后到达一定的距离时，研究区土水界面污染流 As 含量就不再具有空间相关性，而保持空间上的相互独立。

同时，从图 6-11 中也可以看出，其拟合的半变异函数块金值为 0。块金

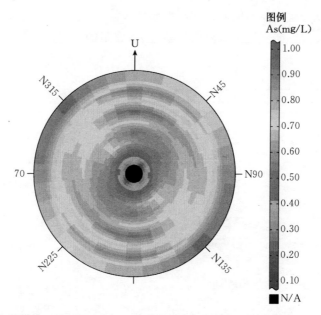

图 6-10（彩插）　研究区土水界面污染流 As 含量全方位经验半变异函数

值通常表示由于试验误差和小于试验采样尺度所引起的变异，其反映了区域化变量 $Z(x)$ 内部随机性的可能程度。块金值主要有两种来源，一是来自于区域化变量 $Z(x)$ 在小于抽样尺度 h 时所具有的内部变异，二是来自于抽样分析的误差。当样点间的距离大于微域结构的范围或样点的大小时，就会出现块金效应，也就是说，如果块金值较大表示小尺度上的某些影响不能忽略。此外，一般以块金值与基台值的比值 $C_0/(C_0+C)$ 作为衡量变量空间相

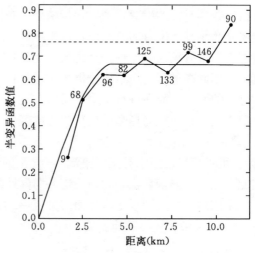

图 6-11　研究区土水界面污染流 As 含量半变异函数拟合结果

关程度的尺度，如果块金值与基台值比值小于 0.25，则变量的空间相关程度较强；如果其比值在 0.25～0.75 之间，则变量为中等程度空间相关；而其比值如果在 0.75 以上，则属于空间弱相关。

　　从拟合模型参数和图 6-11 的模型拟合结果显示，一方面拟合的半变异函

数块金值为 0，无块金效应，即可以忽略研究区小尺度对土水界面污染流 As 含量空间分异的影响，另一方面研究区土水界面污染流 As 含量虽然具有极强的空间相关性，但其空间变程较小，仅在小区域范围内表现出极强的空间相关性。从而说明，研究区不同地域土水界面污染流 As 含量空间分布的变异性很大，人为干扰的随机性因素如耕作制度、管理措施、外来污染因素等使得土水界面污染流 As 含量空间变异性发生了根本性的变化。一方面由于人为干扰因素的影响，在小区域内增强了土水界面污染流 As 含量的空间相关性，而从大区域范围内，As 含量空间分布的结构性因素如背景含量、成土过程的富集、土壤类型等成土因素的影响则被大大削弱，使得 As 含量的空间分布呈现出明显的人为干扰特征。

以拟合的球形模型为计算模型，采用普通克里格法，对研究区土水界面污染流 As 含量的空间分布状况进行预测，结果如图 6-12 所示。

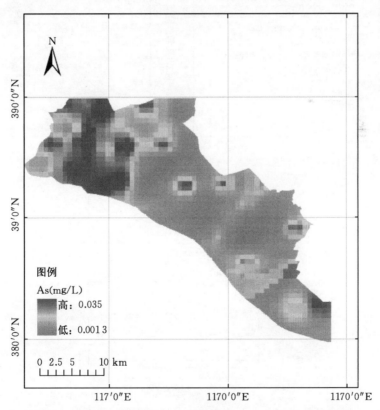

图 6-12（彩插） 研究区土水界面污染流 As 含量空间预测结果

采用交叉验证法对预测结果的准确性进行检验，交叉验证的平均误差为 -0.044，均方差为 -0.028，标准克里格方差为 1.01。检验结果如图 6-13

所示。图 6-13a 反映了研究区土水界面污染流 As 含量预测值与实际监测值的接近程度，图中点越大表示预测值与真实值相差越大，以圆点表示的点表示预测值与真实值的差异超过 95% 的置信区间，不能接受。图 6-13b 为实际监测值与预测值的线性相关图，可以看出，两者之间存在较显著的相关性，相关系数 r 为 0.422（$P<0.01$ 的相关临界值为 0.302），说明预测结果与实际情况具有较好的一致性。图 6-13c 为预测值与标准化克里格误差概率，预测值与预测误差的相关系数 r 为 0.106，小于 $P<0.05$ 的相关临界值，不存在显著相关性，表明研究区土水界面污染流 As 含量预测值与实际监测值之间没有较大的系统误差。利用球形模型进行研究区土水界面污染流 As 含量空间预测是可以接受的。

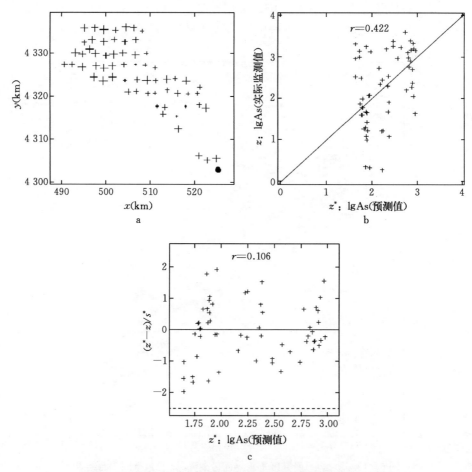

图 6-13　研究区土水界面污染流 As 含量预测结果交叉验证

注：x、y 分别表示空间上横向和纵向的距离。z 表示实际监测值，

z^* 表示预测值，s^* 表示标准差。下同。

6.5.2 研究区土水界面污染流 Zn 含量空间变异与空间预测

研究区土水界面污染流 Zn 含量服从对数正态分布，可以消除实验半变异函数计算时存在的比例效应。利用半变异函数云图分析研究区土水界面污染流 Zn 含量数据中存在的异常值，如图 6-14 所示，可以看出 Zn 含量中仅有一个数据为异常值，在进行空间结构分析时，采用掩膜方法进行处理。

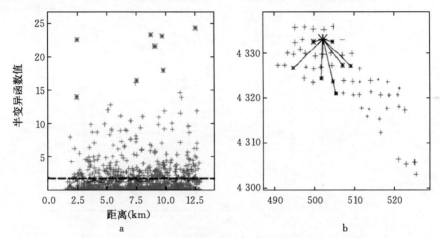

图 6-14　研究区土水界面污染流 Zn 含量的半变异函数云

制作研究区土水界面污染流 Zn 含量的全方位经验半变异函数图，如图 6-15 所示，可见研究区土水界面污染流 Zn 含量的经验半变异函数以各向同性为主，因此，在半变异函数拟合时，采用各向同性的半变异函数。

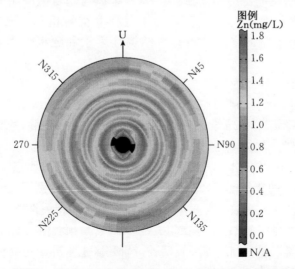

图 6-15（彩插）　研究区土水界面污染流 Zn 含量全方位经验半变异函数

采用球形模型拟合土水界面污染流 Zn 含量的经验半变异函数图，如图 6-16 所示。模型相关参数为：步长 lag＝590 m，步长容限率＝0.5，步长分组 Logs＝20，变程 a＝4 792 m，拱高 C＝0.51，块金方差 C_0＝0.68。

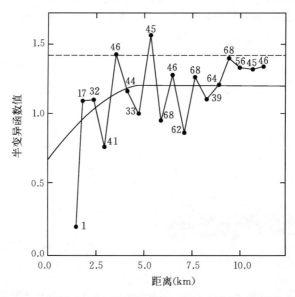

图 6-16　研究区土水界面污染流 Zn 含量半变异函数拟合结果

从拟合结果中可以看出，当距离达到 4 792 m 的变程距离时，Zn 半变异函数值基本趋于平稳，表明研究区土水界面污染流 Zn 含量就不再具有空间相关性，而保持空间上的相互独立。Zn 块金值与基台值的比值 $C_0/(C_0＋C)$ 为 0.57，比值介于 0.25～0.75，为中等程度空间相关，说明研究区土水界面污染流 Zn 含量的空间分布是由结构性因素和随机性因素共同作用的结果。

以拟合的球形模型为计算模型，采用普通克里格法，对研究区土水界面污染流 Zn 含量的空间分布状况进行预测，结果如图 6-17 所示。

采用交叉验证法对 Zn 含量预测结果的准确性进行检验，交叉验证的平均误差为－0.004 7，均方差为－0.003 3，标准克里格方差为 1.25。检验结果如图 6-18 所示。可以看出，研究区土水界面污染流中有 3 个点预测值与真实值的差异超过 95％的置信区间，不能接受。研究区土水界面污染流 Zn 含量实际监测值与预测值相关系数 r 为 0.466，存在较显著的相关性，预测值与预测误差的相关系数 r 为 0.143，不存在相关性，Zn 含量预测值与实际监测值之间不存在较大的系统误差。利用球形模型进行研究区土水界面污染流 Zn 含量的空间预测是可以接受的。

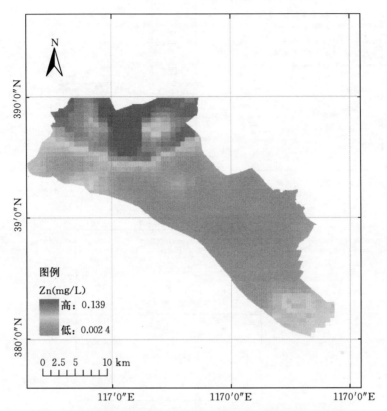

图 6-17（彩插） 研究区土水界面污染流 Zn 含量空间预测结果

6.5.3 研究区土水界面污染流 Ni 含量空间变异与空间预测

研究区土水界面污染流 Ni 含量为偏态分布，经对数变换后符合正态分布，可以消除实验半变异函数计算时存在的比例效应。半变异函数云图分析结果表明，研究区土水界面污染流 Ni 含量数据中不存在异常值。

制作研究区土水界面污染流 Ni 含量的全方位经验半变异函数图，如图 6-19 所示，Ni 含量经验半变异函数以各向同性为主，因此在半变异函数拟合时，采用各向同性的半变异函数。

采用指数模型拟合土水界面污染流 Ni 含量的经验半变异函数图，如图 6-20 所示。模型相关参数为：步长 lag=1 200 m，步长容限率=0.5，步长分组 Logs=10，变程 a=7 404 m，拱高 C=0.22，块金方差 C_0=0.10。

从图 6-20 的拟合结果可以看出，当距离达到 7 404 m 的变程距离时，Ni 半变异函数值基本趋于平稳，表明研究区土水界面污染流 Ni 含量就不再具有空间相关性，而保持空间上的相互独立。Ni 块金值与基台值的比值 $C_0/(C_0+$

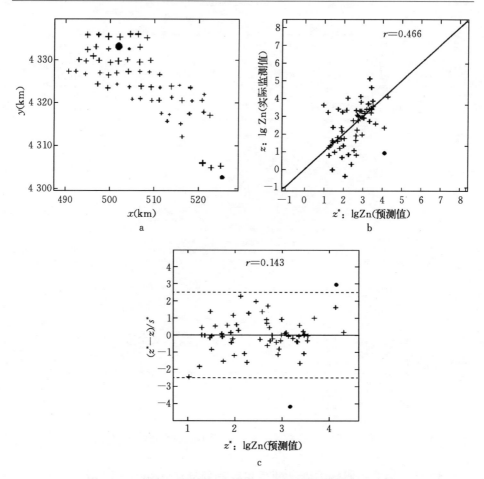

图 6-18　研究区土水界面污染流 Zn 含量预测结果交叉验证

C) 为 0.31，比值介于 0.25～0.75，为中等程度空间相关，说明研究区土水界面污染流 Ni 含量的空间分布是由结构性因素和随机性因素共同作用的结果。

以拟合的指数模型为计算模型，采用普通克里格法，对研究区土水界面污染流 Ni 含量的空间分布状况进行预测，结果如图 6-21 所示。

采用交叉验证法对 Ni 含量预测结果的准确性进行检验，交叉验证的平均误差为 0.047，均方差为 0.094，标准克里格方差为 1.07。检验结果如图 6-22 所示。可以看出，研究区土水界面污染流中有 3 个点预测值与真实值的差异超过 95% 的置信区间，不能接受。研究区土水界面污染流 Ni 含量实际监测值与预测值相关系数 r 为 0.56，存在较显著的相关性，预测值与预测误差的相关系数 r 为 0.19，不存在相关性，Ni 含量预测值与实际监测值之间不存在较大的系统误差。利用指数模型进行研究区土水界面污染流 Ni 含量的空间预测是可以接受的。

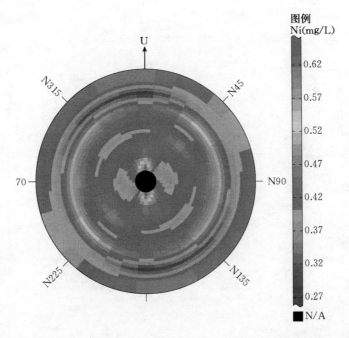

图 6-19（彩插） 研究区土水界面污染流 Ni 含量全方位经验半变异函数

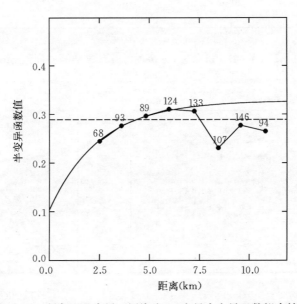

图 6-20 研究区土水界面污染流 Ni 含量半变异函数拟合结果

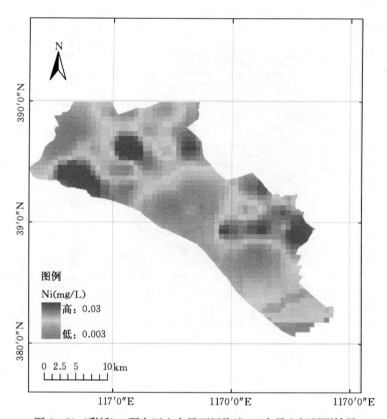

图 6-21（彩插） 研究区土水界面污染流 Ni 含量空间预测结果

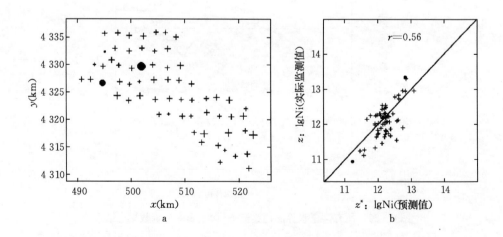

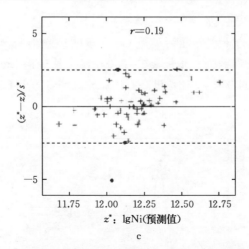

图 6-22 研究区土水界面污染流 Ni 含量预测结果交叉验证

6.5.4 研究区土水界面污染流 Cd 含量空间变异与空间预测

研究区土水界面污染流 Cd 含量为偏态分布，经对数变换后符合正态分布，可以消除实验半变异函数计算时存在的比例效应。半变异函数云图分析结果表明，研究区土水界面污染流 Cd 含量数据中不存在异常值。

制作研究区土水界面污染流 Cd 含量的全方位经验半变异函数图，如图 6-23 所示，Cd 经验半变异函数以各向同性为主，因此在半变异函数拟合时，采

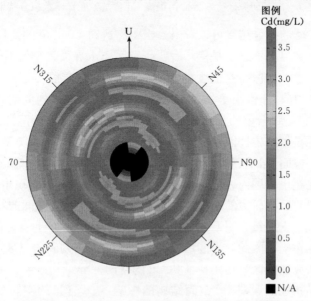

图 6-23（彩插） 研究区土水界面污染流 Cd 含量全方位经验半变异函数

用各向同性的半变异函数。

用指数模型拟合土水界面污染流 Cd 含量的经验半变异函数图，如图 6-24 所示。模型相关参数为：步长 lag＝850 m，步长分组 Logs＝20，步长容限率＝0.5，变程 a＝4 040.43 m，拱高 C＝1.52，块金方差 C_0＝0.27。

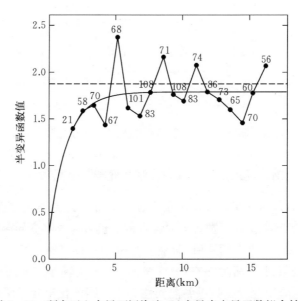

图 6-24　研究区土水界面污染流 Cd 含量半变异函数拟合结果

从图 6-24 的拟合结果可以看出，当距离达到 4 040 m 的变程距离时，Cd 含量半变异函数值基本趋于平稳，表明研究区土水界面污染流 Cd 含量就不再具有空间相关性，而保持空间上的相互独立。Cd 块金值与基台值的比值 $C_0/(C_0+C)$ 为 0.15，比值小于 0.25，表明 Cd 含量具有强烈的空间相关性。单纯从 Cd 块金值与基台值的比值来看，似乎研究区土水界面污染流 Cd 含量的空间变异主要是由结构性因素（如气候、母质、地形、土壤类型等自然因素）引起的，但一方面 Cd 含量变程较小，仅为 4 040 m，也就是说 Cd 含量的强空间变异性只是在小范围内表现出来，距离一旦增大，就不表现出空间相关性；另一方面，研究区有较大的重金属 Cd 污染来源，经过长时间的污染而没有得到任何的治理，土壤重金属 Cd 污染超标普遍，使其从统计学上表现出类似自然因素引起的污染。因此，不能单纯从统计学角度来判断研究区重金属污染的原因。结合研究区的区域污染特征和 Cd 的空间变异结构来看，人为干扰因素已经破坏了结构性因素对 Cd 空间结构的影响，Cd 含量的空间分布呈现出明显的人为干扰特征。

以拟合的指数模型为计算模型，采用普通克里格法，对研究区土水界面污染流 Cd 含量的空间分布状况进行预测，结果如图 6-25 所示。

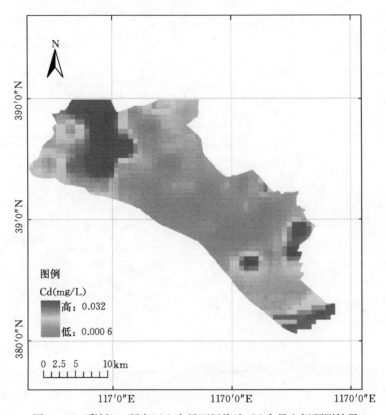

图 6-25（彩插） 研究区土水界面污染流 Cd 含量空间预测结果

采用交叉验证法对 Cd 含量预测结果的准确性进行检验，交叉验证的平均误差为 -0.027，均方差为 -0.018，标准克里格方差为 0.99。检验结果如图 6-26 所示。可以看出，研究区土水界面污染流中 Cd 含量预测值与真实值的差异均在可接受范围之内。研究区土水界面污染流 Cd 含量实际监测值与预测值相关系数 r 为 0.307，存在较显著的相关性，预测值与预测误差的相关系数 r 为 0.144，不存在相关性，Cd 含量预测值与实际监测值之间不存在较大的系统误差。利用指数模型进行研究区土水界面污染流 Cd 含量空间预测是可以接受的。

6.5.5 研究区土水界面污染流 Cr 含量空间变异与空间预测

研究区土水界面污染流 Cr 含量为偏态分布，经对数变换后符合正态分布，可以消除实验半变异函数计算时存在的比例效应。半变异函数云图分析结果表

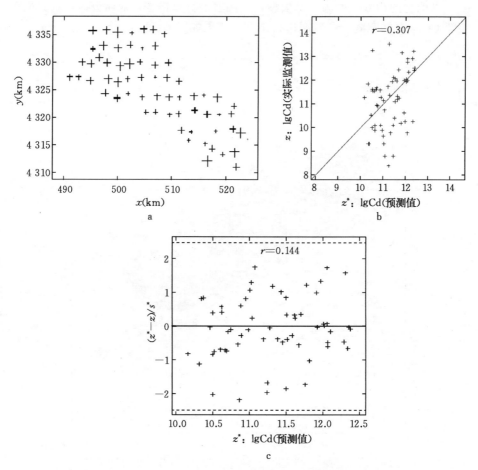

图 6-26 研究区土水界面污染流 Cd 含量预测结果交叉验证

明，研究区土水界面污染流 Cr 含量数据中不存在异常值。

制作研究区土水界面污染流 Cr 含量的全方位经验半变异函数图，如图 6-27 所示，Cr 含量经验半变异函数以各向同性为主，因此在半变异函数拟合时，采用各向同性的半变异函数。

利用球形模型拟合土水界面污染流 Cr 含量经验半变异函数图，如图 6-28 所示。模型相关参数为：步长 lag＝860 m，步长分组 Logs＝15，步长容限率＝0.5，变程 a＝7 221.35 m，拱高 C＝0.258，块金方差 C_0＝0.283。

从图 6-28 的拟合结果可以看出，当距离达到 7 221.35 m 的变程距离时，Cr 含量半变异函数值基本趋于平稳，表明研究区土水界面污染流 Cr 含量就不再具有空间相关性，而保持空间上的相互独立。Cr 块金值与基台值的比值 $C_0/(C_0＋C)$ 为 0.52，比值介于 0.25～0.75，为中等程度空间相关，说明研

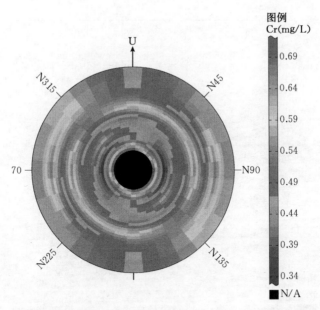

图 6-27（彩插） 研究区土水界面污染流 Cr 含量全方位经验半变异函数

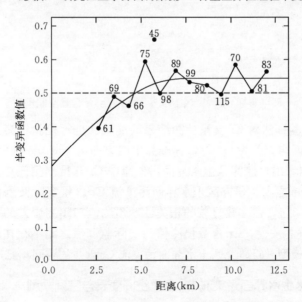

图 6-28 研究区土水界面污染流 Cr 含量半变异函数拟合结果

究区土水界面污染流 Cr 含量的空间分布是由结构性因素和随机性因素共同作用的结果。

以拟合的 Cr 含量球形模型为计算模型，采用普通克里格法，对研究区土水界面污染流 Cr 含量的空间分布状况进行预测，结果如图 6-29 所示。

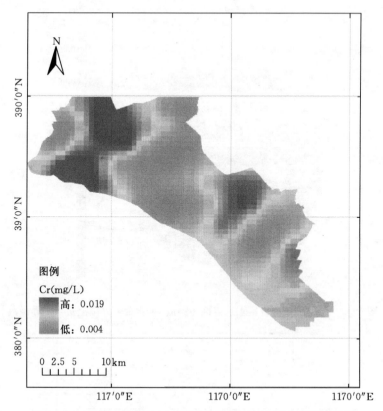

图 6-29（彩插） 研究区土水界面污染流 Cr 含量空间预测结果

采用交叉验证法对 Cr 含量预测结果的准确性进行检验，交叉验证的平均误差为 0.013，均方差为 0.021，标准克里格方差为 1.016。检验结果如图 6-30 所示。可以看出，研究区土水界面污染流中 Cr 含量预测值与真实值的差异均在可接受范围之内。研究区土水界面污染流 Cr 含量实际监测值与预测值相关系数 r 为 0.376，存在较显著的相关性，预测值与预测误差的相关系数 r 为 0.107，不存在相关性，Cr 含量预测值与实际监测值之间不存在较大的系统误差，利用球形模型进行研究区土水界面污染流 Cr 含量的空间预测是可以接受的。

6.5.6 研究区土水界面污染流 Pb 含量空间变异与空间预测

研究区土水界面污染流 Pb 含量为偏态分布，经对数变换后符合正态分布，可以消除实验半变异函数计算时存在的比例效应。半变异函数云图分析结果表明，研究区土水界面污染流 Pb 含量数据中不存在异常值。制作研究区土水界面污染流 Pb 含量的趋势分析图，如图 6-31 所示，可以看出，研究区 Pb 含量具有明显的空间趋势，存在有明显的二次漂移，如图中蓝线所示，因此，

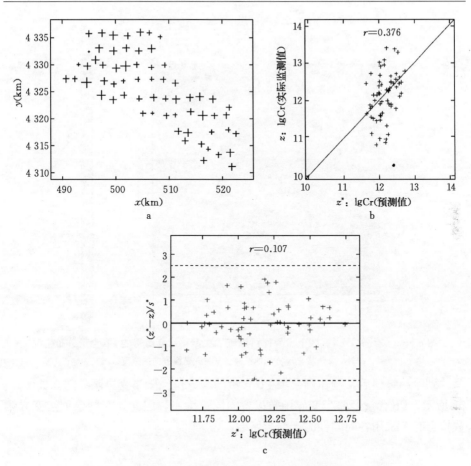

图 6-30　研究区土水界面污染流 Cr 含量预测结果交叉验证

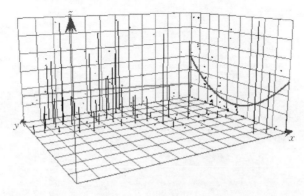

图 6-31（彩插）　研究区土水界面污染流 Pb 含量趋势分析

采用剩余克里格法，将趋势项和剩余项分开，然后再进行预测，趋势项的预测结果如图 6-32 所示。

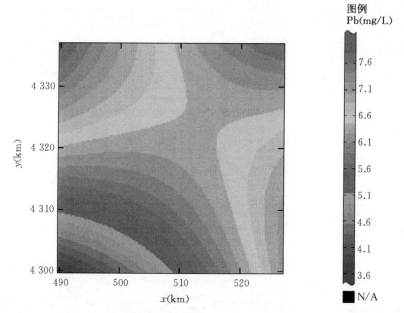

图 6-32（彩插）　研究区土水界面污染流二次漂移计算获得的 Pb 含量分布情况

注：x 为横坐标方向的距离，y 为纵坐标方向的距离。

剔除趋势项后，制作剩余项 Pb 含量的全方位经验半变异函数图，如图 6-33 所示，Pb 含量经验半变异函数以各向同性为主，因此，在剩余项半变异函数拟合时，采用各向同性的半变异函数。

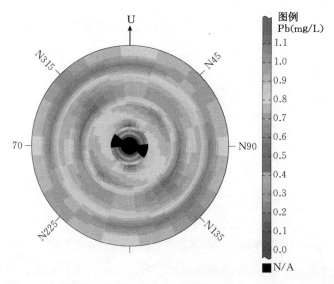

图 6-33（彩插）　剔除趋势项后研究区土水界面污染流 Pb 含量全方位经验半变异函数

剩余项的实验半变异函数及拟合模型如图 6-34 所示，模型相关参数为：步长 lag＝1 350 m，步长分组 Logs＝6，变程 a＝5 422.48 m，拱高 C＝0.276，块金方差 C_0＝0.626。

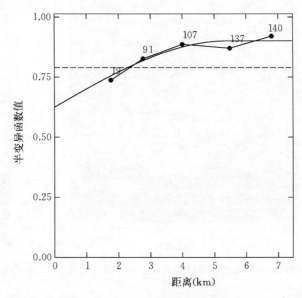

图 6-34　研究区土水界面污染流 Pb 含量剔除趋势项后的半变异函数拟合结果

从图 6-34 的拟合结果可以看出，当距离达到 5 422 m 的变程距离时，Pb 半变异函数值基本趋于平稳，表明研究区土水界面污染流 Pb 含量就不再具有空间相关性，而保持空间上的相互独立。Pb 块金值与基台值的比值 $C_0/(C_0+C)$ 为 0.69，比值介于 0.25～0.75，为中等程度空间相关，说明在剔除二次项的空间分布趋势后，统计结果显示研究区土水界面污染流 Pb 含量的空间分布是由结构性因素和随机性因素共同作用的结果。

以拟合的 Pb 含量半变异函数模型为基础，采用带有趋势的克里格法，对剔除趋势后的 Pb 含量的空间分布状况进行预测，结果如图 6-35 所示。

将利用二次漂移计算获取的研究区土水界面污染流 Pb 含量的分布结果与剔除趋势后获得的研究区土水界面污染流 Pb 含量的空间预测结果进行叠加，叠加后的结果如图 6-36 所示。

基于两次计算的叠加结果，制作研究区土水界面污染流 Pb 含量空间预测结果图，如图 6-37 所示。

采用交叉验证法对 Pb 含量预测结果的准确性进行检验，交叉验证的平均误差为－0.006 7，均方差为－0.003 1，标准克里格方差为 0.999。检验结果如图 6-38 所示。可以看出，研究区土水界面污染流中 Pb 含量预测值与真实

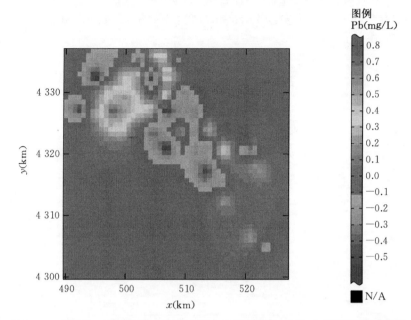

图 6-35（彩插） 剔除趋势项后研究区土水界面污染流 Pb 含量空间预测结果

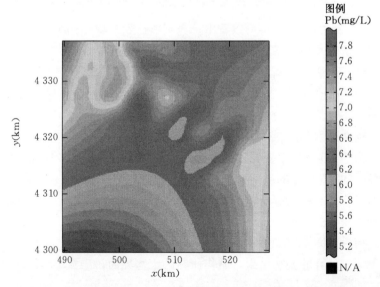

图 6-36（彩插） 两次计算后获得的研究区土水界面污染流 Pb 含量空间预测叠加结果

值的差异均在可接受范围之内。研究区土水界面污染流 Pb 含量实际监测值与预测值相关系数 r 为 0.372，存在较显著的相关性，预测值与预测误差的相关

系数 r 为 0.169，不存在相关性，Pb 含量预测值与实际监测值之间不存在较大的系统误差，说明进行研究区土水界面污染流 Pb 含量的空间预测是可以接受的。

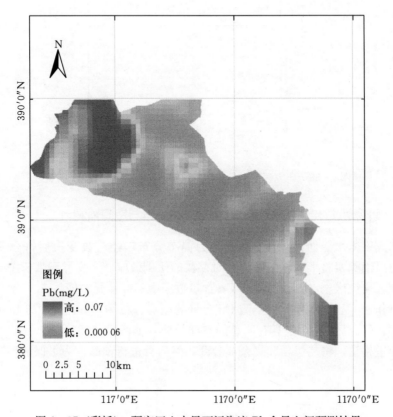

图 6-37（彩插） 研究区土水界面污染流 Pb 含量空间预测结果

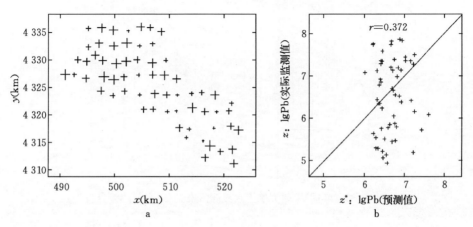

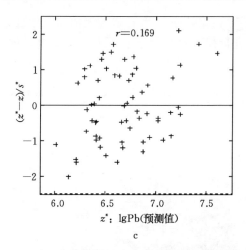

图 6-38　研究区土水界面污染流 Pb 含量预测结果交叉验证

6.5.7　研究区土水界面污染流 Cu 含量空间变异与空间预测

　　研究区土水界面污染流 Cu 含量为偏态分布，经对数变换后符合正态分布，可以消除实验半变异函数计算时存在的比例效应。半变异函数云图分析结果表明，研究区土水界面污染流 Cu 含量数据中不存在异常值。

　　制作研究区土水界面污染流 Cu 含量的趋势分析图，如图 6-39 所示，可以看出，研究区 Cu 含量具有明显的空间趋势，如图中蓝线所示，因此，采用剩余克里格法，将趋势项和剩余项分开，然后再进行预测。为了保证预测结果

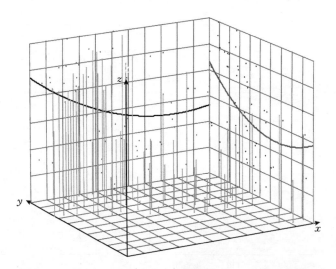

图 6-39（彩插）　研究区土水界面污染流 Cu 含量趋势分析

的准确性，在预测之前，将 Cu 含量数据进行一定变换，利用变换后的数据进行趋势项的空间预测，结果如图 6-40 所示。

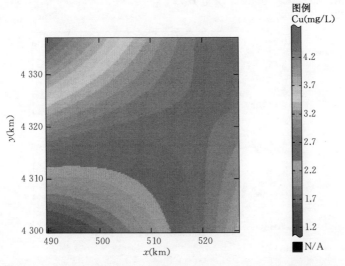

图 6-40（彩插） 研究区土水界面污染流 Cu 含量趋势项预测结果

剔除趋势项后，制作剩余项 Cu 含量的全方位经验半变异函数图，如图 6-41 所示，Cu 含量经验半变异函数以各向同性为主，因此，在剩余项半变异函数拟合时，采用各向同性的半变异函数。

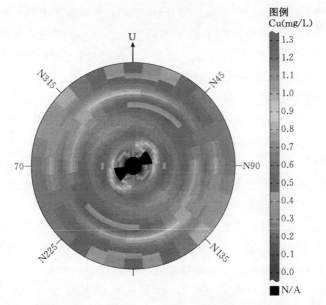

图 6-41（彩插） 剔除趋势项后研究区土水界面污染流 Cu 含量全方位经验半变异函数

利用球形模型拟合剩余项的实验半变异函数如图 6-42 所示，模型相关参数为：步长 lag＝660 m，步长分组 Logs＝20，步长容限率＝0.5，变程 $a=$ 6 339.12 m，拱高 $C=0.60$，块金方差 $C_0=0.11$。

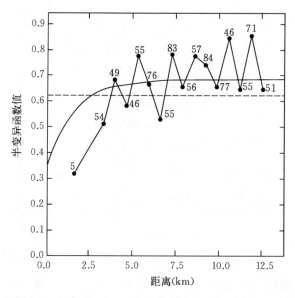

图 6-42　研究区土水界面污染 Cu 含量剔除趋势项后的半变异函数拟合结果

从图 6-42 的拟合结果可以看出，当距离达到 6 339 m 的变程距离时，Cu 含量半变异函数值基本趋于平稳，表明研究区土水界面污染流 Cu 含量就不再具有空间相关性，而保持空间上的相互独立。Cu 块金值与基台值的比值 $C_0/(C_0+C)$ 为 0.15，比值小于 0.25，表明 Cu 含量具有强烈的空间相关性。说明在剔除 Cu 含量所具有的空间趋势项后，其剩余项 Cu 含量的空间分布主要是由结构性因素引起的。

以拟合的 Cu 含量球形半变异函数模型为基础，采用带有趋势的克里格法，按变换后的 Cu 含量数据，对剔除趋势后的 Cu 含量空间分布状况进行预测，结果如图 6-43 所示。

将研究区土水界面污染流 Cu 含量趋势项预测结果和剔除趋势项后的 Cu 含量的预测结果进行叠加，叠加后的结果如图 6-44 所示。

基于叠加结果，并对变换的数据进行逆变换，对 Cu 含量数据进行还原，制作研究区土水界面污染流 Cu 含量空间预测结果图，如图 6-45 所示。

采用交叉验证法对 Cu 含量预测结果的准确性进行检验，交叉验证的平均误差为 0.002 1，均方差为 0.001 2，标准克里格方差为 1.06。检验结果如图 6-46 所示。可以看出，研究区土水界面污染流中 Cu 含量预测值与真实值

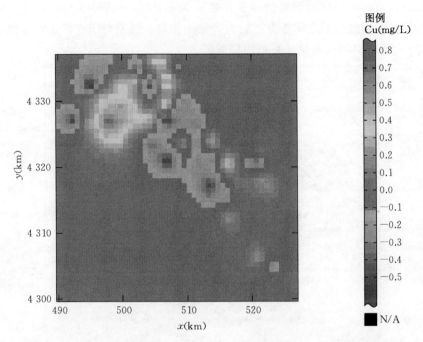

图 6-43（彩插）　剔除趋势项后研究区土水界面污染流 Cu 含量空间预测结果

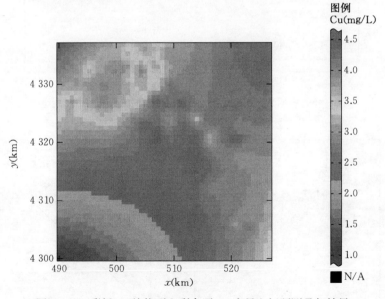

图 6-44（彩插）　趋势项和剩余项 Cu 含量空间预测叠加结果

的差异均在可接受范围之内。研究区土水界面污染流 Cu 含量实际监测值与预测值相关系数 r 为 0.269，存在一定的相关性（$P < 0.05$ 的相关临界值为

0.232)，预测值与预测误差的相关系数 r 为 0.212，不存在相关性，Cu 含量预测值与实际监测值之间不存在较大的系统误差，说明对研究区土水界面污染流 Cu 含量的空间预测结果是可以接受的。

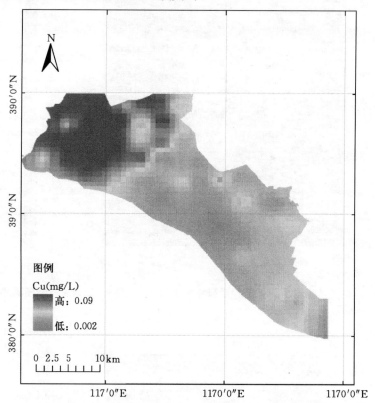

图 6-45（彩插） 研究区土水界面污染流 Cu 含量空间预测结果

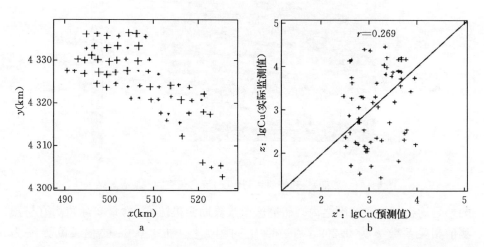

a

b

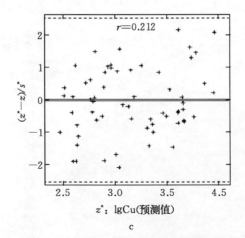

c

图 6-46 研究区土水界面污染流 Cu 含量预测结果交叉验证

6.6 土水界面污染流不同组分多环芳烃含量空间变异与空间预测

6.6.1 土水界面污染流低环多环芳烃含量的空间变异与空间预测

研究区土水界面污染流低环多环芳烃含量为偏态分布，经对数变换后符合正态分布，可以消除实验半变异函数计算时存在的比例效应。半变异函数云图分析结果表明，研究区土水界面污染流低环多环芳烃含量监测数据中不存在显著异常值。

制作研究区土水界面污染流低环多环芳烃含量的全方位经验半变异函数图，如图 6-47 所示，低环多环芳烃含量经验半变异函数以各向同性为主，因此，在半变异函数拟合时，采用各向同性的半变异函数。

利用球形模型拟合低环多环芳烃含量的实验半变异函数，如图 6-48 所示，模型相关参数为：步长 lag=1 950 m，步长分组 Logs=13，步长容限率=0.5，变程 a=8 660 m，拱高 C=0.11，块金方差 C_0=0.35。

从图 6-48 的拟合结果可以看出，当距离达到 8 660 m 的变程距离时，低环多环芳烃含量半变异函数值基本趋于平稳，表明研究区土水界面污染流低环多环芳烃含量就不再具有空间相关性，而保持空间上的相互独立。低环多环芳烃块金值与基台值的比值 $C_0/(C_0+C)$ 为 0.76，比值大于 0.75，表明低环多环芳烃含量空间相关性较弱。

以拟合的低环多环芳烃含量球形半变异函数模型为基础，普通克里格法，对研究区低环多环芳烃含量的空间分布状况进行预测，结果如图 6-49 所示。

采用交叉验证法对低环多环芳烃含量预测结果的准确性进行检验，交叉验证的平均误差为 0.001 2，均方差为 0.000 86，标准克里格方差为 1.02。检验

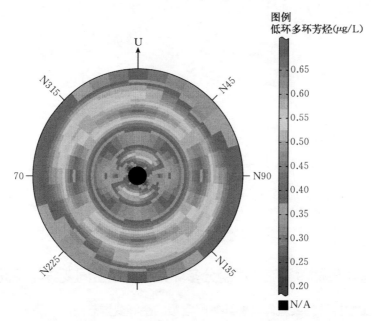

图 6 - 47 (彩插)　研究区土水界面污染流低环多环芳烃含量全方位经验半变异函数

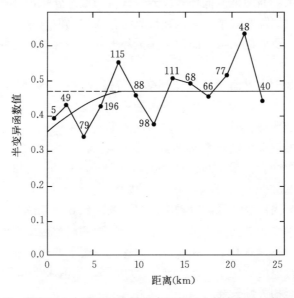

图 6 - 48　研究区土水界面污染低环多环芳烃含量半变异函数拟合结果

结果如图 6 - 50 所示。可以看出，研究区土水界面污染流中低环多环芳烃含量预测值与真实值的差异均在可接受范围之内，监测值与预测值相关系数 r 为 0.472，存在一定的相关性，预测值与预测误差的相关系数 r 为 0.162，不存在相关性，低环多环芳烃含量预测值与实际监测值之间不存在较大的系统误差，说明对研究区土水界面污染流低环多环芳烃含量的空间预测结果是可以接受的。

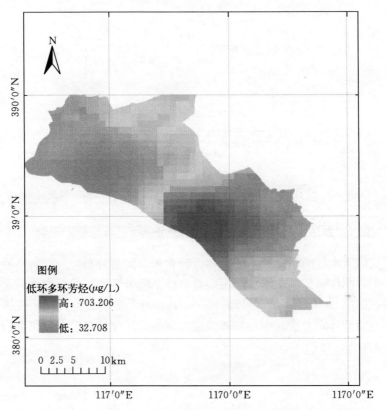

图 6-49（彩插） 研究区土水界面污染流低环多环芳烃含量空间预测结果

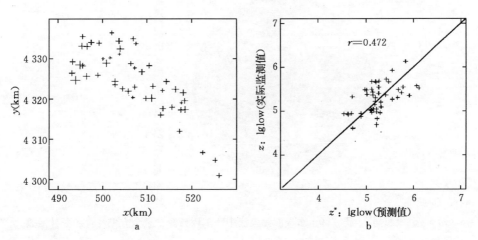

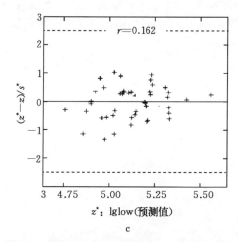

c

图 6-50　研究区土水界面污染流低环多环芳烃含量预测结果交叉验证

6.6.2　土水界面污染流中环多环芳烃含量的空间变异与空间预测

　　研究区土水界面污染流中环多环芳烃含量为偏态分布，经对数变换后符合正态分布，制作研究区土水界面污染流中环多环芳烃含量的全方位经验半变异函数图，如图 6-51 所示。可以看出，中环多环芳烃含量空间相关性极弱，无法使用地质统计学方法对中环多环芳烃含量的空间变异和分布规律进行研究和预测。

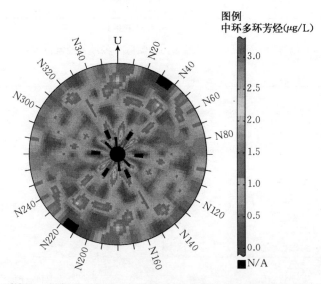

图 6-51（彩插）　研究区土水界面污染流中环多环芳烃含量全方位经验半变异函数

因此，本研究利用反距离插值技术获取研究区土水界面污染流中环多环芳烃含量的空间预测结果，如图 6-52 所示。

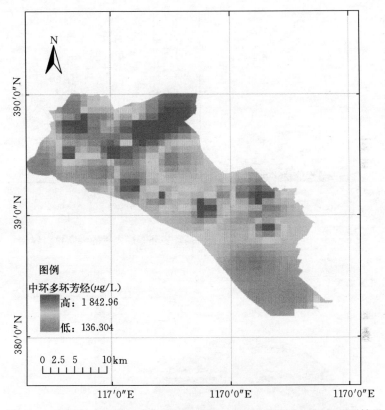

图 6-52（彩插） 研究区土水界面污染流中环多环芳烃含量空间预测结果

6.6.3 土水界面污染流高环多环芳烃含量的空间变异与空间预测

研究区土水界面污染流高环多环芳烃含量为偏态分布，经对数变换后近似为正态分布，Crubbs 法剔除异常值后，基本符合对数正态分布，可以消除实验半变异函数计算时存在的比例效应。

利用半变异函数云图分析研究区土水界面污染流高环多环芳烃含量数据中存在的异常值，结果如图 6-53 所示。可以看出，高环多环芳烃含量存在有局部异常数据，在进行空间结构分析时，采用暂时掩膜的方法予以处理，以保证空间结构分析模型的最优化，进行空间预测时候，再将局部异常结果添加到空间预测结果中，使预测结果最大限度地与实际结果保持一致。

制作研究区土水界面污染流高环多环芳烃含量的全方位经验半变异函数图，如图 6-54 所示，可见研究区土水界面污染流高环多环芳烃含量的经验半变异函数以各向同性为主，因此，在半变异函数拟合时，采用各向同性的半变异函数。

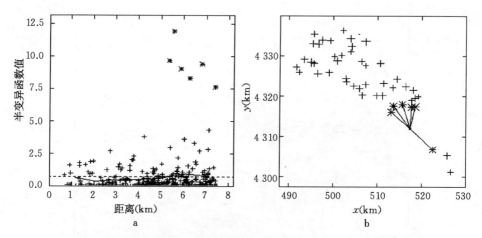

图6-53　研究区土水界面污染流高环多环芳烃含量的半变异函数云

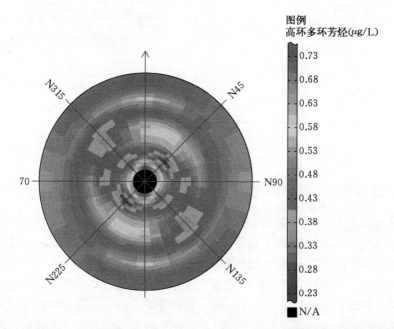

图6-54（彩插）　研究区土水界面污染流高环多环芳烃含量全方位经验半变异函数

利用球形模型拟合土水界面污染流高环多环芳烃含量的经验半变异函数图，如图6-55所示。模型相关参数为：步长lag=1 000 m，步长分组Logs=8，步长容限率=0.5，变程a=4 440 m，拱高C=0.28，块金方差C_0=0.21。

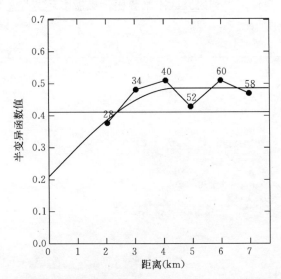

图 6-55 研究区土水界面污染高环多环芳烃含量半变异函数拟合结果

从图 6-55 高环多环芳烃含量的拟合结果可以看出，当距离达到 4 440 m 的变程距离时，高环多环芳烃含量的半变异函数值基本趋于稳定，表明研究区土水界面污染流高环多环芳烃含量就不再具有空间相关性，而保持空间上的相互独立。高环多环芳烃块金值与基台值的比值 $C_0/(C_0+C)$ 为 0.43，比值介于 0.25～0.75，为中等程度空间相关，说明研究区土水界面污染流高环多环芳烃含量的空间分布是由由结构性因素和随机性因素共同作用的结果。

以拟合的高环多环芳烃含量球形模型为计算模型，采用普通克里格法，对高环多环芳烃含量的空间分布状况进行预测，结果如图 6-56 所示。

采用交叉验证法对高环多环芳烃含量预测结果的准确性进行检验，交叉验证的平均误差为 -0.015，均方差为 -0.023，标准克里格方差为 1.04。检验结果如图 6-57 所示。可以看出，研究区土水界面污染流中高环多环芳烃含量预测值与真实值的差异均在可接受范围之内，高环多环芳烃含量实际监测值与预测值相关系数 r 为 0.581，存在较显著的相关性，预测值与预测误差的相关系数 r 为 0.185，不存在相关性，高环多环芳烃含量预测值与实际监测值之间不存在较大的系统误差，说明进行研究区土水界面污染流高环多环芳烃含量的空间预测是可以接受的。

6.6.4 土水界面污染流环多环芳烃总量的空间预测

利用 GIS 的空间叠置分析技术，对预测所得到的低环、中环和高环的多环芳烃含量进行叠置，得到研究区土水界面污染流多环芳烃总量的空间预测结果，如图 6-58 所示。

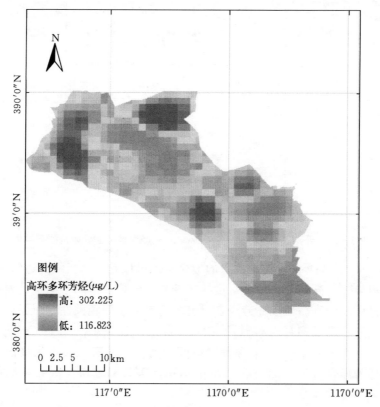

图 6-56（彩插） 研究区土水界面污染流高环多环芳烃含量空间预测结果

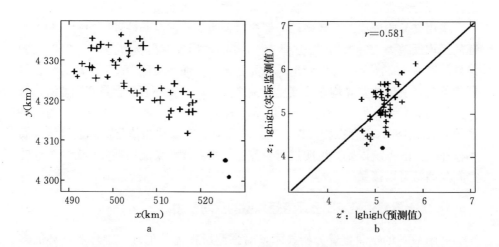

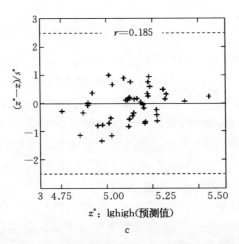

c

图 6-57　研究区土水界面污染流高环多环芳烃含量预测结果交叉验证

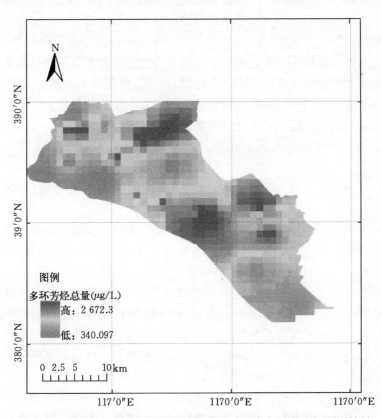

图 6-58（彩插）　研究区土水界面污染流多环芳烃总量空间预测结果

6.7 本章小结

(1) 利用地质统计技术对研究区土水界面污染流 Cu、Zn、As、Cd、Cr、Pb 和 Ni 7 种重金属的空间变异和空间预测进行了深入系统的研究。研究结果表明，研究区土水界面污染流各重金属元素的经验半变异函数均为各向同性，其中 As、Zn、Cr、Pb 和 Cu 等采用球形模型拟合半变异函数，Ni 和 Cd 采用指数模型拟合半变异函数。7 种重金属半变异函数的变化趋势都大致为随着步长的增加而逐渐上升，并逐渐达到基台值，拟合出的变程较小，在 4 040～7 404 m，Cd 最小为 4 040 m，Ni 最大为 7 404 m。除 As 外，6 种重金属在原点处均表现出明显的块金效应，Zn、Cr 和 Pb 的块金值 (C_0) 甚至高于拱高 (C)。As、Cd 和 Cu 块金值与基台值的比值小于 0.25，表明空间相关性很强，Zn、Ni、Cr 和 Pb 块金值与基台值的比值在 0.25～0.75，具有中等程度的空间相关性，Pb 的空间相关性最弱，其比值达到 0.69。Cu 和 Pb 具有明显的空间趋势，采用具有趋势的克里格法进行插值，其他重金属元素采用普通克里格法进行插值。

从交叉检验的结果来看，研究区土水界面污染流各重金属含量预测值与真实值的差异均在可接受范围之内，As、Zn 和 Ni 存在有个别超过 95% 置信区间的点位。各重金属实际监测值与预测值均存在一定的相关性，预测值与预测误差没有明显的相关性，各重金属预测值与实际监测值之间不存在较大的系统误差，表明对研究区土水界面污染流重金属含量的空间预测结果是可以接受的。

(2) 将多环芳烃分为低环、中环、高环进行空间变异与空间预测的研究，研究结果如下。

低环和高环的多环芳烃含量经验半变异函数为各向同性，均采用球形模型拟合其经验半变异函数，其中低环多环芳烃变程较大，为 8 660 m，高环多环芳烃变程较小为 4 440 m。低环和高环多环芳烃，在原点处均表现出明显的块金效应，低环多环芳烃块金值远大于拱高为 0.35，块金值与基台值的比值大于 0.75，表现出弱空间相关性；高环多环芳烃块金值与基台值的比值在 0.25～0.75，具有中等程度的空间相关性。采用普通克里格法对低环和高环多环芳烃含量进行空间预测，获取研究区土水界面污染流低环和高环多环芳烃含量的空间分布结果。

研究区中环多环芳烃含量空间相关性极弱，无法使用地统计学方法对中环多环芳烃含量的空间变异和分布规律进行研究和预测。利用反距离插值技术获取研究区土水界面污染流中环多环芳烃含量的空间预测结果。

　　根据低环、中环和高环多环芳烃含量的空间预测结果，利用叠置分析技术获取研究区土水界面污染流多环芳烃总量的空间分布结果。

　　从低环和高环多环芳烃含量的交叉验证结果来看，低环和高环多环芳烃含量实际监测值与预测值均存在一定的相关性，预测值与预测误差没有明显的相关性，预测值与实际监测值之间也不存在较大的系统误差，表明基于球形模型的普通克里格法用于研究区土水界面污染流低环和高环多环芳烃含量的空间预测结果是可以接受的。

7　土水界面污染流的生态风险研究

7.1　土水界面污染流的生态毒理效应

　　降雨条件下，水土强烈作用产生的土水界面污染流与土壤的水土侵蚀是密不可分的，尤其是农业非点源污染中土壤侵蚀是其主要的发生形式，因此，土水界面污染流在形成过程中往往含有由于土壤侵蚀而带来的大量泥沙和悬浮颗粒物等。土水界面污染流中携带的泥沙及其细颗粒悬浮物具有十分丰富的比表面积，就成为重金属、有机污染物、铵离子、磷酸盐、农药、N、P等营养元素以及其他有毒有害物质的主要携带者。携带着大量重金属和多环芳烃等污染物的土水界面污染流，一旦在降雨条件下随地表或田间径流沿水力路径进入受纳水体，并分布于水生生态系统的各组分后，就必然会对水生生物及受纳水体的生态系统造成危害。

7.1.1　土水界面污染流重金属的生态毒理效应

　　进入水体后的重金属被水体颗粒物吸附、络合、絮凝和沉降，以沉积物形式存在。一方面，沉积物中的重金属能够通过再悬浮作用重新释放到环境中，造成二次污染（张伟等，2012）；另一方面，底栖生物能通过摄食、细胞转化等方式生物富集沉积物中的重金属，破坏水生生态系统，进一步影响陆生生物和人类健康（匡晓亮等，2016）。大量研究表明，重金属对水生生物的毒性效应主要表现在3个方面：一是重金属被吸附在水生生物的器官表面，影响水生生物器官的正常的生理功能；二是诱发水生生物细胞畸形，如导致淋巴、生殖和血细胞等发生畸变，从而影响水生生物的免疫、繁殖和血液循环等功能；三是影响水生生物DNA、酶、功能蛋白分子等，使其结构破坏或活性失活等，破坏水生生物的遗传和代谢功能等。重金属对水生生物的毒性效应因其浓度、形态的不同而不同。同时，重金属对水生生物的毒性效应也受温度、pH、游离离子浓度等环境条件和生物种类、大小、重量、生长期、耐受性等生物因素的影响。

　　对水生植物而言，重金属的毒害作用主要表现在改变细胞的细微结构，以致光合作用、呼吸作用和酶的活性，使核酸组成发生改变，细胞体积缩小和生长受到抑制等。如丘昌恩等（2006）指出，重金属能够影响藻类的生长代谢、抑制光合作用、减少细胞色素，导致细胞畸变，改变藻类在天然环境中的种类组成等。研究发现，Cd能破坏某些绿藻的叶绿素，引起光合作用下降，还可对斜生栅藻和蛋白核小球藻的呼吸作用产生影响（杨红玉等，2001）；随着Cd浓度的增加和暴露时间的延长，Cd对水花生的毒性效应明显增强，导致水花生根尖细胞中高尔基体消失，细胞核扭曲，核染色质凝集（周红卫等，2003）。Cu的浓度及其形态是影响Cu对水生生物的毒性的重要因素，随土水界面污染流进入水体环境中的Cu可破坏藻类的细胞膜，影响藻类细胞蛋白质内含硫的氨基酸，破坏光合作用，并导致藻类死亡（王振等，2014）。陈必链等（2004）利用投射电镜观察到Zn可以使水体中绿色巴夫藻细胞的叶绿体结构严重受损。

进入水体中的重金属，还会对水生动物的生长发育、生理代谢过程产生一系列的影响。对水生动物而言，重金属进入水体后，将对水生动物的生长发育、生理代谢过程产生一系列的影响。如Madoni（Madoni P. 2000）的研究表明，Ni对淡水纤毛虫会产生急性毒性作用，Al-Yousuf等（2000）的研究发现，Zn、Mn、Cu等重金属在水体中的积累会影响水生动物的遗传表达，对鱼的性别、身长等也都存在一定的影响。Cd可导致草鱼腮组织中SOD活性的显著降低（曹剑辉等，2004），对海洋毛蚶肌肉过氧化氢酶和SOD活性也有显著影响（赵元凤等，2005）。

7.1.2 土水界面污染流多环芳烃的生态毒理效应

多环芳烃是目前国际上最为关注的一类持久性有机污染物，是分子中含有两个或两个以上苯环按线形、角状或蔟状等稠环方式相连组成的有机化合物，其多来源于煤、石油、煤焦油等有机化合物的热解或不完全燃烧，生物毒性极强，是美国环境保护署（EPA）公布的优先监测污染物。多环芳烃大多是无色或淡黄色的晶体，个别颜色较深，具有熔沸点相对较高、蒸气压小、疏水性、辛醇-水分配系数较高的特点，性质稳定，极易附着在各种固体颗粒上。多环芳烃属于难降解污染物，一般而言，随着多环芳烃苯环数量和分子质量的增加，其溶解度、饱和蒸气压、亨利常数降低，挥发性和水溶性减弱，但辛醇-水分配系数则随着多环芳烃分子质量的增加而增加。此外，多环芳烃水溶性越小，脂溶性越强，在环境中储存时间也越长。自然环境中的多环芳烃可以通过呼吸、长时间的饮食和皮肤接触进入人体内，因此受到人们的高度重视。

环境中多环芳烃的毒性效应主要表现在以下几个方面：一是对环境中生物有机体的致癌、致畸和致突变性，多环芳烃是环境致癌化学物质中最大的一类

（Menzie et al.，1992）。二是多环芳烃有较强的抑制微生物生长的作用，可以通过对细胞的破坏作用来抑制普通微生物的生长。三是多环芳烃吸收紫外光能后会被激发成单线态氧，能够损坏生物膜，进而产生毒性。

存在于土水界面污染流中的多环芳烃被悬浮颗粒物吸附后，进入水体经沉淀作用后可成为水体沉积物的一部分，从而不断向周围水体和水生生物释放污染物，经食物链被水生生物不断积累、放大后又会对更高的营养级生物造成危害。多环芳烃对水生植物的毒性效应随植物种类、化合物和环境条件的不同而呈现出较大的差异性，并主要表现在叶绿素、含水量、脯氨酸含量、丙二醛含量、可溶性蛋白质和多糖的改变，以及 SOD、POD 和 PPO 等酶的活性变化。相关研究表明，多环芳烃可导致水生植物叶绿素的迅速降低及细胞和无机组成的变化，并导致其死亡率的增加（Hutchinson et al.2001）；Bopp 等（2007）从基因组学的角度研究了 3 种多环芳烃对海链藻的影响，发现多环芳烃能够影响其基因，并阻碍藻细胞的代谢；萘浓度的增加可导致水葫芦、水花生、浮萍、紫萍和细叶满江红等水生植物叶绿素含量的降低（刘建武等，2002）。王丽平等（2007）以长江口浮游植物群落中的常年优势种之一的中肋骨条藻为实验材料，研究了多环芳烃的光毒性效应。

水体中多环芳烃的出现和亚致死量的接触可降低生物种的生长率和生产率，并导致水生生物出现失去平稳、增加自发活动等行为异常现象，同时多环芳烃具有的致畸和致突变性还可引起鱼类的鳃细胞增生、脊柱侧弯等异常现象，如研究发现 Bap 能够引发鱼类染色体的异常和诱发鱼细胞自然突变物质的产生（Hose et al.，1982）。

可以看出，由于土水界面污染流中大量悬浮颗粒物的存在，其吸附的重金属和多环芳烃等大量有毒有害污染物，一旦在降雨条件下随地表或田间径流沿水力路径进入受纳水体后，就必然表现出极其不同的生态毒理效应，对受纳水体生态系统的危害也更强，其潜在的生态风险也就越大。

7.2　土水界面污染流重金属的生态风险评价方法

生态风险是生态系统及其组分所承受的风险，其是最主要的环境风险之一，是指在一定的区域内，具有不确定性的事故或灾害对生态系统及其组分可能产生的不利影响，包括对生态系统结构和功能的损害，从而危及生态系统的安全和健康（Lipton et al.，1993）。生态风险评价主要是评价人类活动对生态系统中生物可能构成的危害效应，是研究一种或多种压力形成或可能形成的不利生态效应的可能性的过程，其以化学、生态学、毒理学为理论基础，应用物理学、数学和计算机等科学技术，预测污染物对生态系统的有害影响

（朱琳等，2003）。生态风险评价可以确定风险源于生态效应之间的关系，判断有毒有害物质对生态系统产生显著危害的概率，为环境管理和决策提供依据。

目前，世界上多个国家、组织和相关研究机构都开展了有关生态风险评价的工作和研究，如美国 EPA、欧盟环境署、世界卫生组织等提出的生态风险评价方法已在全世界范围内进行了广泛的应用。用于生态风险分析的方法很多，既有简单的阈值比较或风险系数的计算（Staples et al.，2002），也有具有概率意义的风险分析（Duvall et al.，2000）。

目前，国内还没有统一的重金属生态风险评价的方法和标准。近年来，应用较多，具有代表性的评价方法主要有商值法、地质累积指数法、潜在生态风险评价指数法、富集因子法、沉积物质量基准法、污染负荷指数法等（陈明等，2016；李法松等，2017）。这些方法都有不同的特点和适用范围，并存在各自的应用局限性，其中商值法、地质累积指数法、潜在生态风险指数法以及概率风险评价方法等是近年来应用最为广泛的生态风险分析方法。

7.2.1　商值法

商值法适用于化学类事件引起的生态风险评价，是一种客观赋权法，其是将实际监测或模型估算出的暴露浓度与流行病学或研究确定的毒性数据进行比较，从而计算得出两者商值的方法。若比值大于 1 说明该类化学事件具有生态风险，且比值越大，生态风险越大；若比值小于 1 则说明安全，且比值越小生态风险越小。尽管商值法有很多不足，如不能估计间接的生态环境风险和重复暴露的影响，也无法包含更高水平上的生态效应，但其仍然是一种比较有效的方法，尤其适合进行低层次定性筛选水平的评价（周军英等，2009）。

7.2.2　地质累积指数法

地质累积指数（Geoaceumulation Index），通常又称为 Muller 指数，其是在 20 世纪 60 年代后期由德国海德堡大学沉积物研究所的科学家 G. Mulle 提出的一种研究水环境沉积物中重金属污染程度的定量指标，不仅考虑了沉岩作用等自然地质过程造成的背景值的影响，能够反映重金属分布的自然变化特征，也充分注意了人为活动对重金属污染的影响，是区分人为活动影响的重要参数。

地质累积指数 I_{geo} 的计算公式为：

$$I_{geo} = \log_2 (C_n / kB_n)$$

式中，C_n 为元素 n 在沉积物中的含量；B_n 为沉积岩中该元素的地球化学背景值测定含量；k 为常数，一般取值 1.5，主要是考虑各地岩石的岩性差异可能会引起的背景值的变动而取的系数。

根据 I_{geo} 值的大小，地质累积指数评价的污染物程度可分为 7 个等级，具体如表 7-1 所示。

表 7-1　地质累积指数分级

地质累积指数	分　　级	污染程度
$5 < I_{geo} \ll 10$	6	极严重污染
$4 < I_{geo} \ll 5$	5	强—极严重污染
$3 < I_{geo} \ll 4$	4	强污染
$2 < I_{geo} \ll 3$	3	中等—强污染
$1 < I_{geo} \ll 2$	2	中等污染
$0 < I_{geo} \ll 1$	1	轻度—中等污染
$I_{geo} \ll 0$	0	无污染

地质积累指数法已经被广泛应用于湖泊、河流等沉积物以及土壤中重金属的污染评价和生态风险分析，如王丽等（2015）采用地质累积指数法对东江淡水河流域重金属污染风险进行了分析；赵世民等（2014）对滇池及其入湖河口表层沉积物中 As、Pb、Cd、Cr、Cu、Zn 和 Hg 等重金属含量进行了分析，并采用地质累积指数法和潜在生态风险指数法评价了其污染程度和生态危害。

7.2.3　潜在生态风险指数法

潜在生态风险指数法（Hakanson）由瑞典科学家 Hakanson 于 1980 年提出，是根据重金属性质及其在环境中迁移转化和沉积等行为特点，从沉积学的角度对土壤或者沉积物中的重金属进行评价。作为国际上土壤和沉积物重金属研究的方法之一，该方法综合考虑了多种重金属的浓度、毒性水平、生态敏感性以及协同作用，不仅反映了某一特定环境下土壤和沉积物中各种污染对环境的影响，而且可定量地划分出重金属的潜在风险程度，具有相对快速、简便和标准的特点。

潜在生态风险指数法基于元素丰度和释放原则有以下 4 个条件：（1）含量条件，即潜在生态风险指数随着土壤或沉积物中重金属污染程度的增加而增加。（2）种类条件，即土壤或沉积物中重金属污染具有加和性。（3）毒性响应条件，即生物毒性的重金属对综合潜在生态风险指数具有较大的比重贡献。（4）灵敏度条件，即不同水质系统对不同的重金属具有不同的敏感性（徐清等，2008；方晓明，2005）。潜在生态风险指数法能同时评价多种污染物对环境的影响，已被大量引入用于土壤重金属污染风险评价（Protano et al.，2014；叶华香等，2014）。

潜在生态风险评价的计算公式如下：

单项污染系数：

$$C_f = C^i / C_n^i$$

潜在生态风险单项系数：

$$E_r^i = T_r^i / C_f$$

潜在生态风险指数：

$$RI = \sum_r^i$$

式中，C^i 为重金属的实际测定值；C_n^i 为计算所需要的参比值，可以使用区域的背景值或者研究阈值、标准值等；T_r^i 为单个污染物的毒性响应参数；E_r^i 为单项潜在生态风险系数。Hakanson 制定的标准化重金属毒性响应系数分别为 Zn（1）＜Cr（2）＜Cu（5）＝Ni（5）＝Pb（5）＜As（10）＜Cd（30）＜Hg（40）；徐争启等（2008）根据 Hakanson 和陈静生提出的计算原则和方法，制定了12种重金属的毒性响应系数 Ti＝Mn＝Zn（1）＜V＝Cr（2）＜Cu＝Ni＝Co＝Pb（5）＜As（10）＜Cd（30）＜Hg（40）。

重金属的潜在生态风险指标与分级关系如表 7-2 所示。

表 7-2 重金属的潜在生态风险分级标准

潜在生态风险 E_r^i	单因子生态风险污染程度	潜在生态风险指数 RI	总的潜在生态风险程度
$E_r^i < 40$	轻度	RI＜150	轻度
$40 \leqslant E_r^i < 80$	中等	150≤RI＜300	中等
$80 \leqslant E_r^i < 160$	较强	300≤RI＜600	较强
$160 \leqslant E_r^i < 320$	很强	RI≥600	很强
$E_r^i \geqslant 320$	极强		

潜在风险指数法已在全世界广泛应用于重金属潜在生态风险评价（毛志刚等，2014），如彭士涛等（2009）基于渤海湾22个监测点3年的监测数据，应用 Hakanson 潜在生态风险指数法，对渤海湾天津段表层沉积物中 Cd、Hg、Pb、Cu 和 Zn 5 种重金属的生态风险评价的结果表明，渤海湾已为轻微生态危害，其中 Cd 的污染风险最大。吕书丛等（2013）对海河流域主要河口区沉积物中重金属的生态风险评价表明，海河流域河口区整体为轻微生态风险等级，

Cd 为主要污染元素，在多数河口 Cd 均达到中等风险等级。

本研究选用 Rapant 生态风险指数法和生态风险商值法评价土水界面污染流重金属的生态风险。在此基础上使用空间插值方法，与上述两种风险评价结果相结和，以反映大区域中存在的小尺度空间分异，也使得研究区土水界面污染流生态风险的评价工作更加深入细致。

7.2.4　概率风险分析

由于风险评价中经常有许多不确定性的因素，传统的运用确定性风险商值来预测环境中污染物风险的方法是无法进行定量表征的，而概率风险分析则可运用统计学的方法，一方面表征风险评价变量的自然变异规律，另一方面又可以对不确定性进行定量分析，从而对环境管理决策提供支持（Oberg et al.，2005）。概率法也适用于化学类事件的生态风险评价，其将化学物质的暴露浓度和其毒性数据作为两个相互独立的值，然后根据两个值的概率及统计意义进行化学物质的生态风险评价（徐建玲等，2017）。概率风险分析在环境领域的研究和使用开始于 20 世纪 90 年代初，美国 EPA 制定了详细的概率风险分析方法（章海波等，2007）。

目前，生态风险评价中常用的概率方法主要有联合概率曲线法和蒙特卡罗技术分析。

7.2.4.1　蒙特卡罗技术

蒙特卡罗（Monte-Carlo）技术是将生态风险评价模型中的一些变异和不确定性的参数用它们的概率密度函数替代，然后从概率密度函数出发进行随机抽样，并将这些抽样结果代入模型中得到模拟结果，最后对模拟结果的概率分布进行统计分析的一种方法。该方法能最大限度地减少风险评价中的不确定性，是当前风险评价中的热点之一（Marcello et al.，2005）。不同于确定性数值方法，蒙特卡罗技术以随机模拟和统计实验为手段，是一种从随机变量的概率分布中，通过随机选择数字的方法产生一种符合该随机变量概率分布特性的随机数值序列，作为输入变量序列进行特定的模拟实验、求解的方法，运用蒙特卡罗技术所获得问题的解更接近于实验结果，而非经典的数值统计计算结果。

Monte-Carlo 技术起源于早期的用概率近似概率的数学思想，在应用 Monte-Carlo 技术分析健康风险时，要求产生的随机数序列应符合各风险因子特定的概率分布而产生各种特定的、不均匀的概率分布的随机数序列，通常采用的方法是先产生一种均匀分布的随机数序列，再设法转换成特定要求的概率分布的随机数序列，以此作为数字模拟实验的输入变量序列进行模拟求解。

　　Monte-Carlo 技术的应用有两种途径：仿真和取样。仿真是指提供实际随机现象的数学上的模仿的方法。取样是指通过研究少量的随机的子集来演绎大量元素特性的方法。例如，通过采集少量的样本来演义总体的分布趋势。因此，采用 Monte-Carlo 技术模拟风险评价模型中的不确定性因素，通过采集有限的样本来预测总体的情况，在理念上是完全行得通的。

　　利用 Monte-Carlo 技术进行生态风险分析的具体步骤如下：

　　（1）建立概率模型，即对各健康因子构造一个符合其特点的概率模型（随机事件、随机变量），包括对确定性问题，需把其变为概率问题，建立概率模型。

　　（2）产生随机数序列，作为健康风险评价的抽样输入进行数字模拟实验，得到大量的模拟实验值。

　　（3）对风险评价结果进行统计处理（计算频率、均恒等特征值），得出结论和相应的准确度估计。

　　Monte-Carlo 技术进行风险评价，尤其是在一些暴露评价中，是通过模拟一系列随机选择的条件而评价每一个风险参数，这一评价方法比传统的评价方法更有优势。在实际应用中，美国 EPA 趋向于应用 Monte-Carlo 的概率技术，研究不同概率情况下的事故发生后果，给环境风险管理者提供更为广泛的参考。

　　随着现代计算机信息技术的飞速发展，Monte-Carlo 技术已成为基于分布的商（DBQ）的重要评价方法，在生态风险评价、健康风险控制和不确定性研究方面发挥着越来越重要的作用（Miguel，1998）。如 Thomas（1994）利用 Monte-Carlo 技术对农民食用产自污染土壤农产品的健康风险进行了研究，并分析了模型中各个参数的不确定性问题对预测结果的影响，并指出，由于模型中许多参数存在不确定性，因此，在对具体场地进行风险评价时，必须根据场地的实际用途计算个体的暴露情况，并预测总体的情况；Teresa（1994）采用 Monte-Carlo 技术模型并结合其他模型对土壤 Pb 元素风险评价 8 阈值的确定方法进行了研究；Paul s. Price 等（1996）采用 Monte-Carlo 技术对人体间接暴露于 TCDD（2，3，7，8-四氯二苯并二噁英）对人体健康影响的风险进行了评价。师荣光等（2008）利用 Monte-Carlo 技术对天津市郊蔬菜地土壤—蔬菜系统中 Cd 的积累导致的人体健康风险进行了研究，刘志全等（2006）利用 Monte-Carlo 技术对某个石油化工污染土壤中萘的生态风险进行了评价。

7.2.4.2　联合概率曲线法

　　联合概率曲线法在化学物质引起的生态风险评价中有相当广泛的应用，其是将表征化合物暴露浓度和毒性参数的概率密度曲线置于同一坐标系下，以暴露浓度超过相应效应的概率作为纵轴，以毒性效应的累积概率作为横轴作图而得到的，通过计算其重叠部分面积，据此表征生物受不利影响的概率（石璇等，2004）。

7.3　土水界面污染流重金属生态风险评价限值

由于目前还缺乏针对降雨径流污染而制定的水环境标准，参考国内外文献研究，常应用本国的地表水及相关渔业或海洋水环境标准加以界定和研究，以对径流水体污染物水平及其生态风险进行分析。本研究采用我国《地表水环境质量标准》（GB 3838）和《渔业水质标准》（GB 11607）中对重金属含量限值规定的相关研究成果，确定土水界面污染流各重金属的生态风险评价限值。

7.3.1　铜生态风险限值

铜是生命体所必需的微量元素之一，但铜过多地摄入会对人体、动物和植物造成危害，由于铜离子会被水中的阴离子络合而影响毒性，所以铜对水生生物的毒性取决于水体的酸度，水体酸度较高时，铜对水生生物的毒性较大，而在酸度低或有机物含量高，或两者均高的水体中，许多种类将能耐受更高的环境铜浓度。英国相关研究人员研究表明，在英国铜对水生生物有机体的潜在危害风险程度在各种金属中处于首位（Rachel et al.，2014）；张旭等（2015）的研究结果表明，在低剂量 Cu 长期暴露的情况下，我国部分水体中的 Cu 会对水生生物产生潜在的生态风险。

根据我国《地表水环境质量标准》（GB 3838）的制定原则，铜对水生生物的毒理影响较大，尤其在软水中比硬水中的毒性更大，对小鱼和鱼产卵期更为敏感，将铜限制在 0.01 mg/L 以下，对水生生物的正常生长、繁殖能起到保护作用。我国《农田灌溉水质标准》（GB 5084）中，一类标准限制水中铜浓度为 1.0 mg/L 以下，不会对植物产生明显影响，《地表水环境质量标准》中，Ⅳ、Ⅴ类水质标准参考了对水生生物的急性中毒试验和国内外标准定为 1.0 mg/L。综上所述，考虑土水界面污染流悬浮颗粒物对铜造成的吸附效应，土水界面污染流中铜生态风险限值为 0.01 mg/L。

7.3.2　锌生态风险限值

水体中锌对水生生物的毒性受到多种因素的影响，特别是硬度、溶解度和温度等，而温度升高和溶解氧下降会增加锌的毒性。锌对水生生物的毒性影响较大，水体中的锌会引起鱼类等水生动物的慢性中毒，导致其器官的衰弱和组织变化，延缓鱼类的生长和成熟。不同的作物对锌的敏感性差别很大，估计把锌的浓度控制在 2 mg/L 以下，对大多数作物是不会产生危害的，美国灌溉水水质标准允许浓度为 5.0 mg/L，连续灌溉为 2.0 mg/L，日本为 0.04 mg/L；我国《渔业水质标准》为 0.1 mg/L，《农田灌溉水质标准》中一类水质控制标准为 2.0 mg/L。鉴于锌对水生生物较大的毒性影响，我国《地表水环境质量标准》中 Ⅱ、Ⅲ 类水域中的渔业用水区根据水生生物基础资料和参考国内外标准定为 0.1 mg/L，Ⅴ 类水域考虑到对作物的影响及参考国内外标准定为 2.0 mg/L。综上所述，考虑土水界面污染流悬浮颗粒物对锌造成的吸附效应，确定土水界面污染流中锌生态风险限值为 0.1 mg/L。

7.3.3 砷生态风险限值

水环境中的砷多以三价和五价态存在，三价无机砷化合物对水生生物的毒性较大，联合国粮农组织推荐灌溉水中 As 的最大限值为 0.1 mg/L，美国科罗拉多州、内华达州和新墨西哥州规定为 0.1 mg/L，美国得克萨斯州规定长期灌溉为 0.1 mg/L，短期灌溉为 2.0 mg/L；日本农业灌溉用水标准规定砷的浓度为 0.05 mg/L，我国城镇污水处理厂出水和我国污水综合排放标准规定为 0.1 mg/L，我国《地表水环境质量标准》（GB 3838）和《地下水质量标准》（GB/T 14848）规定农业区为 0.1 mg/L，我国《农田灌溉水质标准》规定为旱作灌溉 0.1 mg/L，水作和蔬菜灌溉 0.05 mg/L。考虑到砷对身体健康的危害，特别是其有致癌作用，以致对水生生物的毒理影响，且砷在水中较难降解，GB 3838 中 Ⅰ～Ⅴ 类水域依据保护人体健康基准和对水生生物的安全，定为 0.05 mg/L，依据该值，确定土水界面污染流中砷生态风险限值为 0.05 mg/L。

7.3.4 镉生态风险限值

镉是水迁移元素，其化合物除 CdS 外，均能溶于水，在水体中以二价离子存在，镉的基本化学特征是多价态变化，对水生生物的毒性极大，且镉在水生生物中有一定的富集作用。闫振广等（2009）通过收集 43 种生物的急性毒性数据和 14 种生物的慢性毒性数据，研究了 Cd 对我国淡水水生生物的毒性效应，参照美国 EPA 颁布的水质基准计算方法，得出我国淡水生物 Cd 基准的 CMC（氨氮基准最大浓度）和 CCC（基准连续浓度）数值分别为 0.002 1 和 0.000 23 mg/L。联合国粮农组织推荐灌溉水中 Cd 的最大限值为 0.01 mg/L，美国灌溉水标准规定长期灌溉为 0.01 mg/L，短期灌溉为 0.05 mg/L，我国农田灌溉水质标准规定为 0.01 mg/L，渔业水质标准中规定为 0.005 mg/L。为防止镉在人体内、鱼体中、作物中累积，应严格加以控制，我国地表水 Ⅱ～Ⅳ

类水域定为 0.005 mg/L，Ⅴ 类水域定为 0.01 mg/L。综上所述，考虑土水界面污染流悬浮颗粒物的吸附效应及镉的富集、累积作用，确定土水界面污染流中镉生态风险限值为 0.005 mg/L。

7.3.5 铬生态风险限值

铬广泛存在于自然环境中，是地壳中含有的元素之一，美国 EPA 保护水生生物基准和实验数据分析认为铬定为 0.10 mg/L 以下，可以充分保护水生生物；美国无限期使用各种土壤中的农田灌溉水水质标准铬限值为 0.10 mg/L，其认为，低于该值则水稻、小麦种子中残留的铬及土壤中积累的铬与对照比，均无明显差异；日本渔业用水铬限值为 1.0 mg/L；我国《农田灌溉水质标准》一类标准定为 0.1 mg/L，渔业水质标准中规定铬限值也为 0.1 mg/L。综上所述，鉴于六价铬是致癌物质，对水生生物有较大毒理影响，应严格控制，确定土水界面污染流铬生态风险限值为 0.1 mg/L。

7.3.6 铅生态风险限值

铅及其化合物是对人体有蓄积危害作用的有毒元素，是水环境中对人类威胁很大的有毒物质之一，对水生生物也有较大毒性，其在水中的毒性受 pH、硬度、有机质及其他重金属含量的影响，对鱼类较为敏感。我国 GB 3838 中Ⅱ～Ⅵ 类水域定为 0.05 mg/L，渔业水质标准中规定的铅限值也为 0.05 mg/L，我国农灌水质标准一类水域限值为 0.5 mg/L；美国农田灌溉水水质标准铅限值为 5.0 mg/L。综上所述，考虑到铅在水域中难以降解，生态毒性较大，确定土水界面污染流铅生态风险限值为 0.05 mg/L。

7.3.7 镍生态风险限值

我国 GB 3838 中，没有对镍做出详细规定，渔业水质标准镍的限值标准为 0.05 mg/L，参照该标准，确定土水界面污染流镍生态风险限值为 0.05 mg/L。

7.4 研究区土水界面污染流各重金属的生态风险评价

7.4.1 研究区土水界面污染流重金属风险污染物的筛选

采用商值法筛选土水界面污染流具有潜在风险的重金属污染物质，计算方法如下：

$$HQ = EC_i/SS$$

式中，EC_i 为第 i 种重金属的暴露浓度，即土水界面污染流重金属的实际测定值；SS 指重金属毒性参考值，本研究采用所确定的土水界面污染流重金属的生态风险限值。监测点位中，商值大于1的化合物被认为具有潜在的生态风险。通过点位商值的计算，可对研究区土水界面污染流中具有潜在生态风险的监测点位和重金属进行初步筛选。

研究区土水界面污染流各监测点重金属的风险商值统计结果如表7-3所示，可以看出，研究区土水界面污染流各重金属中，Cr、Ni、Zn和As 4种重金属潜在的生态风险较小，Cr生态风险最小，其风险商值最大值仅为0.45，研究区所有监测点位中，Cr含量均未超过土水界面污染流中Cr的生态风险限值；Ni最大风险商值为2.05，90％风险商值分位点为0.36，仅有1个监测点位Ni含量超过土水界面污染流中Ni的生态风险限值，有风险监测点位的百分比仅为2％；Zn和As两种重金属风险商值的平均值分别为0.24和0.31，有风险监测点位的百分比均为5％。研究区土水界面污染流中Cu、Cd和Pb 3种重金属的生态风险较大，其中Cu和Cd风险商值的平均值大于1，分别为3.34和1.82，Pb风险商值的均值小于1为0.48，监测点中Cu有风险监测点位百分比为70％，Cd和Pb分别占到44％和19％。

表7-3　研究区土水界面污染流各监测点重金属风险商值统计结果

元素	最小值	最大值	中值	平均值	5％ 分位点	25％ 分位点	75％ 分位点	90％ 分位点	有风险监测 点位百分比 （％）
Cr	0.03	0.45	0.089	0.11	0.026	0.056	0.13	0.20	0
Ni	0.043	2.05	0.18	0.23	0.062	0.13	0.22	0.36	2
Cu	0.07	11.58	2.74	3.34	0.20	0.84	4.98	6.70	70
Zn	0.013	2.10	0.15	0.24	0.027	0.059	0.29	0.45	5
As	0.000 26	2.17	0.16	0.31	0.000 3	0.011	0.49	0.70	5
Cd	0.04	12.04	0.80	1.82	0.10	0.25	1.63	5.00	44
Pb	0.000 2	2.15	0.19	0.48	0.001	0.014	0.62	1.38	19

根据表7-3各重金属风险商值的统计分析结果，筛选出Cu、Cd和Pb为研究区土水界面污染流中需要进一步开展风险评价的潜在风险物质。

7.4.2　基于Monte-Carlo技术的重金属生态风险评价

商值法计算简便、快速，单商值法的结果只有两种可能的回答，即有潜在的风险或没有风险，这样的结果往往会使人误认为生态风险仅是简单的有或无的问题，因而有必要进一步用概率法来定量表征风险（Verdonck et al.，2003）。

生态风险可表示为暴露浓度（EC）超过某一特定阈值的概率，本研究中的生物敏感浓度即国家《地表水环境质量标准》和《渔业水质标准》中规定的重金属对水生生物不致造成危害的生态毒理学数据，即无明显效应数据（NOEC）。因此，土水界面污染流各重金属的风险亦可表示为：

$$Risk = P（EC>SS）$$

式中，P 为概率。此外，EC/SS 可以表示为风险商 RQ。

从概率的角度来说，EC 和 SS 均可以看出是具有概率分布的随机变量而不是一个值，因此，RQ 也可以看作是具有概率分布的变量，EC 超过 SS 的概率可认为是土水界面污染流中的污染物对水生生物带来的负效应概率，即 EC/SS>1 的概率，其可以表示为：

$$Risk = P（EC>SS）= P（EC/SS=RQ>1）$$

研究区土水界面污染流重金属 Cd 为对数正态分布，Cu、Pb 为偏态分布，但接近于对数正态分布，在生态风险的概率分析中，可将其归入对数正态分布中。

对土水界面污染流重金属浓度取对数，则：

$$Risk = P［lg（EC>SS）>0］= P［lg（EC/SS）>1］$$
$$= P［lg（EC）-lg（SS）=RQ>1］$$

即当 EC 为对数正态分布时，则其分布的均值为 $\mu_{lg(EC)}$，标准差为 $\delta_{lg(EC)}$，而 EC 与 SS 之差仍为对数正态分布，因此，lg（RQ）为正态分布，其分布参数均值 $\mu_{lg(RQ)}$ 和标准差 $\delta_{lg(RQ)}$ 分别为：

$$\mu_{lg(RQ)} = \mu_{[lg(EC)-lg(SS)]} = \mu_{lg(EC)} - \mu_{lg(SS)}$$
$$\delta_{lg(RQ)} = \delta_{[lg(EC)-lg(SS)]} = [\delta^2_{lg(EC)} + \delta^2_{lg(SS)}]^{1/2}$$

其概率密度函数可表示为：

$$f（R）= \frac{1}{\sqrt{2\pi}\delta} \exp\left[-\frac{(lgx-\mu)^2}{2\delta^2}\right]$$

由于在本研究中已将 SS 作为生态风险限值予以固定化，因此，只考虑基于 EC 的 RQ 的概率分布。

在概率风险评价中，环境中污染物所造成的风险以超出预先选定的危害商的概率来表示，Monte-Carlo 技术被用来从暴露分布及毒性分布中随机取值，并产生商的概率分布，由商的概率分布就可以得到超出预先选定商的概率即风险。因此，本研究中结合研究区土水界面污染流所建立的描述土水界面污染流重金属含量的概率密度函数，利用 Crystal Ball 软件，即采用 Monte-Carlo 技术对初步筛选的土水界面污染流 Cu、Cd 和 Pb 的生态风险做进一步的分析。因为在计算过程中使用平均值，置信区间或分位数等方法都有不同程度的局限性，而概率分析法充分地将概率的思想运用于风险分析中，使得评价的结果更准确，更具有实际的指导意义。此外，运用水晶球软件得出的生态风险的不同概率值，输出风险分布图，简单直观，而且可以得出任何生态风险的概率大小；在进行敏感性分析时，估计模型中各变量对不确定性所起作用的相对大小可通过输出敏感性分析图来表达，各变量对风险概率作用的相对大小一目了然。

7.4.3 土水界面污染流重金属生态风险分析的异常值分析

数据异常值的存在使风险评价结果缺乏稳健性，甚至导致分析结果的错误，格网化信息采集的研究区土水界面污染流重金属含量有少数高峰值的存在，会使监测数据具有一定的偏斜度，由于这些高峰数据对研究区土水界面污染流重金属含量的描述并不具有典型代表性，对其检验和合理剔除可以降低数据的偏斜度，使数据符合正态分布或对数正态分布。在利用概率分析法对研究区土水界面污染流重金属进行生态风险评价时，合理剔除研究重金属含量数据中的高峰值，可以使求出的概率密度函数和蒙特卡罗技术风险评价结果实际更为接近。因此，在进行风险分析之前，必须对研究区监测数据中可能存在的极端异常值进行剔除。

采用箱形图法进行重金属异常值分析，其具有简单、直观，信息容纳量丰富，对异常值筛选灵敏度高且不受数据分布假设的影响等特点。箱形图的制作主要分 5 个步骤：

第一，画数轴，度量单位大小和数据的单位一致，起点比最小值稍小，长度比该数据的全距稍长。第二，画一个矩形盒，两端边的位置分别对应数据的上下四分位数（Q_1 和 Q_3）。在矩形盒内部中位数（x_m）位置画一条线段为中位线。第三，在 $Q_3+1.55IQR$（四分位距）和 $Q_1-1.5IQR$ 处画两条与中位线一样的线段，这两条线段为异常值截断点，称其为内限；在 Q_3+3IQR 和 Q_1-3IQR 处画两条线段，称其为外限。处于内限以外位置的点表示的数据都是异常值，其中在内限与外限之间的异常值为温和的异常值（mild outliers），在外限以外的为极端的异常值（extreme outliers）。第四，从矩形盒两端边向外各画一条线段直到不是异常值的最远点，表示该批数据正常值的分布区间。第五，用"○"标出温和的异常值，用"＊"标出极端的异常值。相同值的数据点并列标在同一数据线位置上，不同值的数据点标在不同数据线位置上。

制作研究区土水界面污染流 Cu、Cd 和 Pb 含量的箱形图，如图 7-1 所示。从图中可以看出，Cu、Pb 监测数据中仅有温和的异常值，均没有极端异常值，不用剔除数据；Cd 监测数据中有 5 个标记"＊"的极端值，在利用蒙特卡罗技术进行生态风险分析时，需将其剔除。

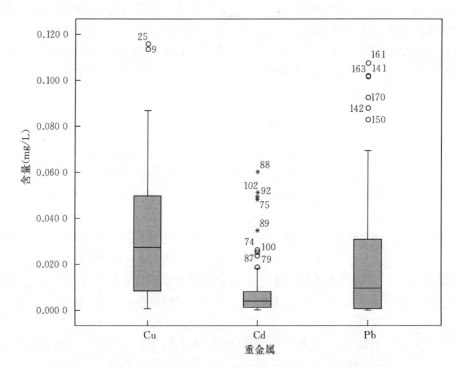

图 7-1　研究区土水界面污染流重金属含量箱形（未剔除极值）

7.4.4　土水界面污染流重金属生态风险评价

7.4.4.1　土水界面污染流重金属 Cu 生态风险评价

根据研究区土水界面污染流重金属 Cu 的监测数据的统计分析结果，Cu 为近似对数正态分布，按对数正态分布构建其概率密度函数，函数表达式为：

$$f(\mathrm{EC_{Cu}})=0.53\exp\left[-\frac{(\lg\mathrm{EC_{Cu}}+1.72)^2}{0.63}\right]$$

参考构建的 Cu 的概率密度函数及相关参数，在水晶球软件中，利用 Monte-Carlo 技术分析研究区土水界面污染流 Cu 的生态风险。

研究区土水界面污染流 Cu 的总生态风险商值图如图 7-2 所示，Cu 造成总生态危害的确定性概率较高，总生态危害的确定性概率为 80.74%，风险商值平均值为 3.93，中值为 3.56，最大值为 13.62。

研究区农用地土水界面污染流 Cu 的生态风险商值图见图 7-3，其造成生态危害的确定性概率为 61.79%，比 Cu 的总生态危害的概率低，风险商值平均值为 1.48，中值为 1.25，最大值为 5.61。

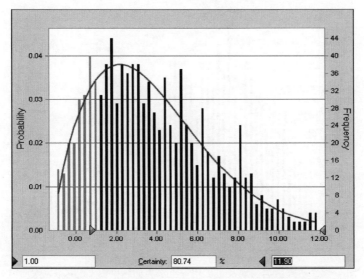

图7-2（彩插）　研究区土水界面污染流 Cu 总生态风险商值

注：Probability、Certainty、Frequency 分别表示概率、确定性概率和频率。

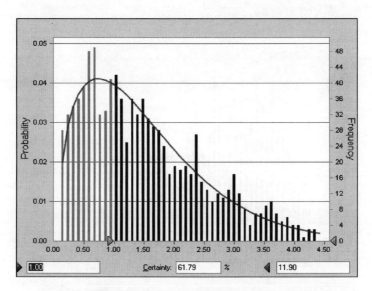

图7-3　研究区农用地土水界面污染流 Cu 生态风险商值

研究区居民地及工矿用地土水界面污染流 Cu 的生态危害较大，其风险商值平均值为4.85，中值为4.75，最大值为11.55，造成生态危害的确定性概率达到了93.89%，如图7-4所示。

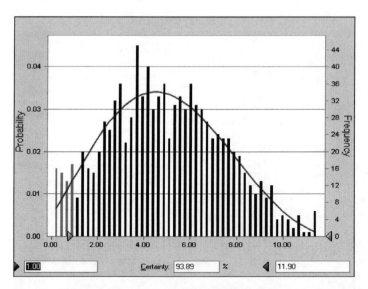

图7-4　研究区居民地及工矿用地土水界面污染流Cu生态风险商值

　　林地及园地土水界面污染流Cu的生态风险介于居民地及工矿用地和农用地之间,其造成生态危害的确定性概率为74.27%,风险商值平均值为2.4,中值为2.2,最大值为6.04,如图7-5所示。

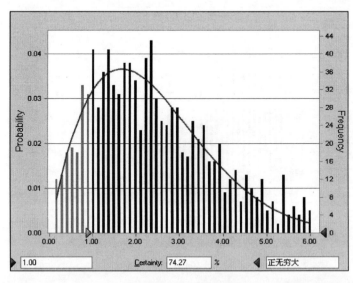

图7-5　研究区林地及园地土水界面污染流Cu生态风险商值

　　从研究区土水界面污染流Cu的总生态风险商值图和农用地,居民地及工矿用地,林地及园地3种土地利用类型下土水界面污染流Cu的生态风险商值图可以看出，Cu 造成生态危害的确定性概率极高，尤其是居民地及工矿用地土水界面污染流 Cu 的生态风险最大。由于 Cu 是对水生生物极为敏感的有害元素之一，对水生生物的危害极大，因此，应对研究区土水界面污染流 Cu 的生态风险应引起高度重视，并采取相应措施减缓其潜在的生态危害。

将风险商值评价结果与研究区土水界面污染流 Cu 空间分布相结合，结果见图 7-6 所示。

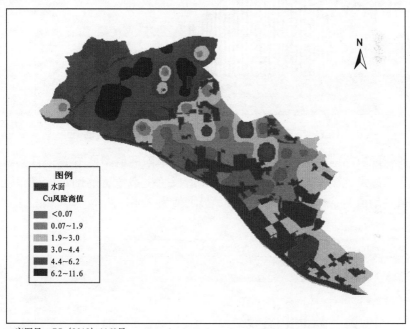

审图号：GS（2018）1169号。

图 7-6（彩插）　研究区土水界面污染流 Cu 生态风险空间分布

7.4.4.2　土水界面污染流重金属 Cd 生态风险评价

根据研究区土水界面污染流重金属 Cd 的监测数据的统计分析结果，Cd 为对数正态分布，剔除异常值后，按对数正态分布构建其概率密度函数，函数表达式为：

$$f(\mathrm{EC_{Cd}})=0.55\exp\left[-\frac{(\lg\mathrm{EC_{Cd}}+2.51)^2}{0.56}\right]$$

参考所构建的 Cd 的概率密度函数及相关参数，在水晶球软件中，利用 Monte-Carlo 技术分析研究区土水界面污染流 Cd 的生态风险。研究区土水界面污染流 Cd 的总生态风险商值图如图 7-7 所示，Cd 造成总生态危害的确定性概率为 43.09%，风险商值平均值为 1.05，中值为 0.91，最大值为 3.9。

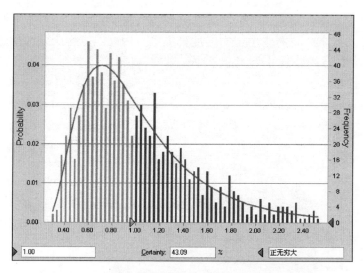

图 7-7　研究区土水界面污染流 Cd 总生态风险商值

研究区农用地土水界面污染流 Cd 的生态风险商值图见图 7-8，其造成生态危害的确定性概率为 29.84%，比 Cd 造成总生态危害的确定性概率低，风险商值平均值为 0.85，中值为 0.74，最大值为 2.4。

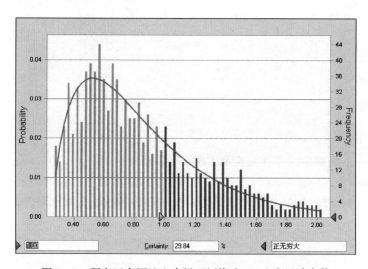

图 7-8　研究区农用地土水界面污染流 Cd 生态风险商值

研究区居民地及工矿用地土水界面污染流 Cd 的生态危害较大，高于 Cd 造成总生态危害的确定性概率，风险商值平均值为 1.25，中值为 1.02，最大值为 5.46，造成生态危害的确定性概率达到了 49.99%，如图 7-9 所示。

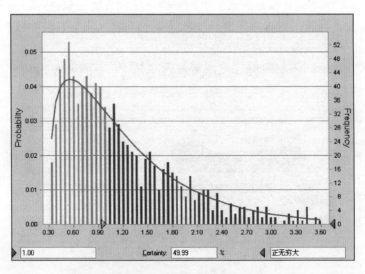

图 7-9　研究区居民地及工矿用地土水界面污染流 Cd 生态风险商值

研究区林地及园地土水界面污染流 Cd 的生态风险最低，其造成生态危害的确定性概率为 17.80%，如图 7-10 所示。

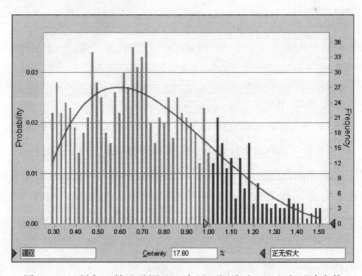

图 7-10　研究区林地及园地土水界面污染流 Cd 生态风险商值

从研究区土水界面污染流 Cd 的总生态风险商值图和农用地，居民地及工矿用地，林地及园地 3 种土地利用类型下土水界面污染流 Cd 的生态风险商值图可以看出，Cd 造成生态危害的确定性概率较高。研究区居民地及工矿用地土水界面污染流 Cd 的生态风险最大，农用地次之，林地及园地污染流 Cd 生态风险最小。由于 Cd 也是对水生生物极为敏感的有害元素之一，对水生生物的危害极大，因此，应重视研究区土水界面污染流 Cd 生态风险较高的区域，并采取相应措施减缓其潜在的生态危害。

将风险评价结果与研究区土水界面污染流 Cd 空间分布相结合，结果见图 7-11 所示。

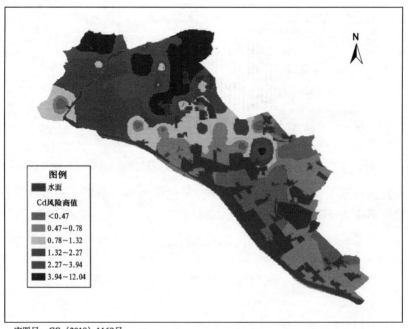

图例
■ 水面
Cd风险商值
■ <0.47
■ 0.47~0.78
□ 0.78~1.32
■ 1.32~2.27
■ 2.27~3.94
■ 3.94~12.04

审图号：GS（2018）1169号。

图 7-11（彩插） 研究区土水界面污染流 Cd 生态风险空间分布

7.4.4.3 土水界面污染流重金属 Pb 生态风险评价

根据研究区土水界面污染流重金属 Pb 的监测数据的统计分析结果，Pb 为近似对数正态分布，按对数正态分布构建其概率密度函数，函数表达式为：

$$f(\mathrm{EC}_{\mathrm{Pb}}) = 0.38\exp\left[-\frac{(\lg\mathrm{EC}_{\mathrm{Pb}} + 2.32)^2}{2.33}\right]$$

参考构建的 Pb 的概率密度函数及相关参数，在水晶球软件中，利用 Monte-Carlo 技术分析研究区土水界面污染流 Pb 的生态风险。与研究区土水界面污染流中 Cu 和 Cd 两种元素相比，研究区 Pb 生态风险较低，研究区土水界面污染流 Pb 的总生态风险商值图如图 7-12 所示。可以看出，Pb 造成总生态危害的确定性概率为 16.49%，风险商值平均值为 0.61，中值为 0.39，最大值为 6.76。

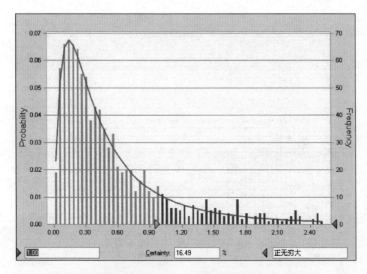

图 7-12 研究区土水界面污染流 Pb 总生态风险商值

研究区农用地土水界面污染流 Pb 的生态风险商值图见图 7-13。农用地土水界面污染流 Pb 造成生态危害的确定性概率为 14.9%，低于 Pb 造成总生态危害的确定性概率，风险商值平均值为 0.55，中值为 0.43，最大值为 2.5。

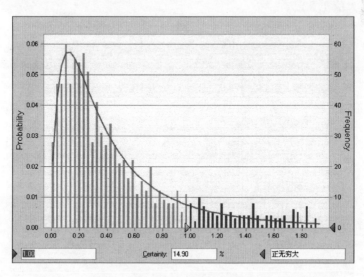

图 7-13 研究区农用地土水界面污染流 Pb 生态风险商值

研究区居民地及工矿用地土水界面污染流 Pb 造成生态危害的确定性概率为 14.13%，低于研究区 Pb 造成总生态危害的确定性概率，也低于农用地 Pb 造成生态危害的确定性概率，如图 7-14 所示。其风险商值平均值为 0.58，中值为 0.43，最大值为 6.90。

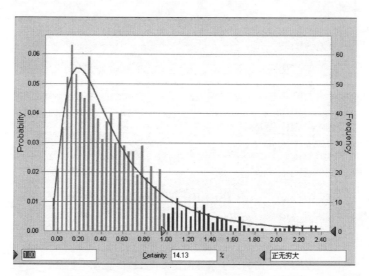

图 7 - 14　研究区居民地及工矿用地土水界面污染流 Pb 生态风险商值

研究区林地及园地土水界面污染流 Pb 的生态风险最低，其造成生态危害的确定性概率仅为 1.68%（图 7 - 15），风险商值平均值为 0.38，中值为 0.33，最大值 1.22。

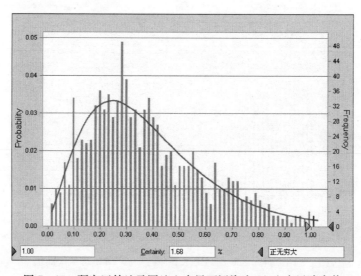

图 7 - 15　研究区林地及园地土水界面污染流 Pb 生态风险商值

与 Cu 和 Cd 两种元素比，研究区土水界面污染流 Pb 的生态风险较低，从研究区土水界面污染流 Pb 总生态风险商值图和农用地，居民地及工矿用地，林地及园地 3 种土地利用类型下土水界面污染流 Pb 的生态风险商值图可以看出,农用地和居民地及工矿用地两种土地利用类型下土水界面污染流 Pb 的生态风险较为接近,林地及园地污染流 Pb 生态风险最低。

将风险评价结果与研究区土水界面污染流 Pb 空间分布相结合,结果见图 7-16 所示。

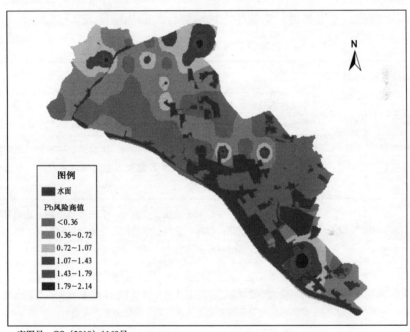

审图号:GS（2018）1169号。

图 7-16（彩插） 研究区土水界面污染流 Pb 生态风险空间分布

7.4.5 基于 Rapant 指数的土水界面污染流生态风险评价

Rapant 生态风险指数 I_{ER} 由 Rapant 等（2003）提出,常用于土壤及沉积物中重金属的生态风险评价。

本研究借鉴 Rapant 指数的计算和生态风险等级划分方法,利用国家《地表水环境质量标准》及《渔业水质标准》中关于重金属对水生生物的生态毒理效应的限值规定,对土水界面污染流一旦进入地表水体后,其所含重金属可能产生的潜在生态风险进行评价。Rapant 生态风险指数的计算公式为:

$$I_{ER} = \sum_{i=1}^{n} I_{ERi} = \sum_{i=1}^{n} (C_{Ai}/C_{Ri} - 1)$$

式中，I_{ER}表示待评价样点所采集样品的生态风险指数；I_{ERi}表示超过临界限量的第 i 种重金属生态风险指数；C_{Ai}表示研究区土水界面污染流中第 i 种重金属的实测含量（mg/L）；C_{Ri}表示第 i 种重金属的临界限量。本研究中采用国家《地表水环境质量标准》及《渔业水质标准》中对重金属不致造成水生生物危害的限值规定。

Rapan 等给出了相应生态风险划分标准，本研究参考相关研究提出的生态风险程度描述，土水界面污染流生态风险综合判断标准见表 7-4 所示。

表 7-4　土水界面污染流生态风险综合判断标准

生态风险指数	风险等级	风险程度描述
$I_{ER} \leqslant 0$	1	无生态风险，生态系统服务功能基本完整，生态系统结构完整，功能性强，系统恢复再生能力强，生态问题不显著，生态灾害少
$0 < I_{ER} \leqslant 1.0$	2	低生态风险，生态系统服务功能较完善，生态环境受到破坏，生态系统完整，功能尚好，一般干扰下可恢复，生态问题不显著，生态灾害不大
$1.0 < I_{ER} \leqslant 3.0$	3	中等生态风险，生态服务功能已有退化，生态环境受到一定破坏，生态系统结构有变化，但尚可维持基本功能，受干扰后易恶化，生态问题显现，生态灾害时有发生
$3.0 < I_{ER} \leqslant 5.0$	4	高生态风险，生态系统服务功能几乎崩溃，生态过程很难逆转，生态环境受到严重破坏，生态系统结构残缺不全，功能丧失，生态恢复与重建困难，生态环境问题很大，并经常演变为生态灾害
$I_{ER} > 5.0$	5	极高生态风险，生态服务功能严重退化，生态环境受到较大破坏，生态系统结构破坏加大，功能退化且不全，受外界干扰后恢复困难，生态问题较大，生态灾害较多

本研究中采用《地表水环境质量标准》和《渔业水质标准》中关于重金属 As、Cd、Pb、Cu、Zn、Ni 和 Cr 的临界限值规定，即保护水生生物的正常生长、繁殖，不致对水生生物造成明显伤害，为相应重金属的风险临界值，定量地测度研究区土水界面污染流重金属导致的生态风险。7 种重金属的临界生态风险限值见表 7-5 所示。

表 7-5　7 种重金属临界生态风险限值

元素	As	Cd	Pb	Ni	Cr	Cu	Zn
临界限值（mg/L）	0.05	0.005	0.05	0.05	0.1	0.01	0.1

根据 Rapant 指数法计算出研究区每一监测点重金属的生态风险指数，研究区 I_{ER} 在 0～18.97，平均值为 2.0，标准差为 4.05。按表 7-4 对评价结果予以分级，各监测点风险分级评价结果如图 7-17 所示。

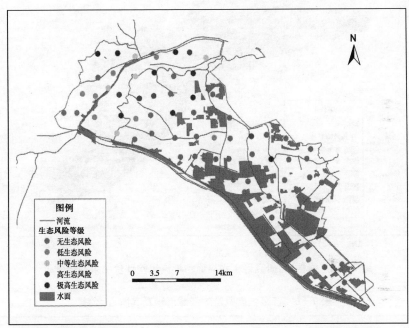

审图号：GS（2018）1169号。

图 7-17（彩插） 研究区土水界面污染流监测点位风险评价结果等级

从图 7-17 中可以看出，研究区土水界面污染流的监测样点中，中等生态风险、高生态风险和极高生态风险的监测样点主要分布在西青区西北部的辛口镇、中北镇、大柳滩村及天津市第三电厂等，这些地区临近天津市区，是西青区开发区和工业企业的主要集中区。研究区污染流重金属含量较低，属无生态风险的监测点位主要分布在西青区的中部及东南部地区。

基于研究区各监测点 Rapant 生态风险指数的计算结果，利用反距离加权插值法对研究区各监测点各种重金属的生态风险进行空间插值，并对其潜在生态危害程度进行了分级，得出研究区土水界面污染流重金属潜在生态危害级别见图 7-18 所示。

通过对图 7-18 的分类统计，在研究区 545 km² 的总面积内，水面面积约为 121.81 km²，占研究区总面积的 22.4%。而由土水界面污染流重金属导致的各级生态风险的区域面积及其占研究区总面积的比例见表 7-6 所示。

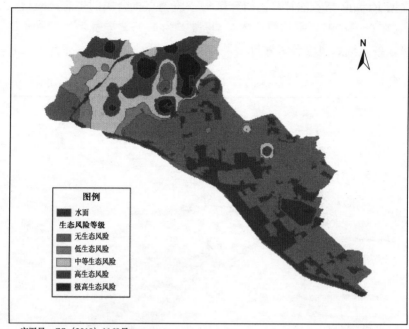

审图号：GS（2018）1169号。

图 7-18（彩插）　研究区土水界面污染流风险评价结果等级分布

表 7-6　各级生态风险的区域面积及其所占比例

生态风险级别	面积（km²）	所占比例（%）
无生态风险	241.20	44.26
低生态风险	32.90	6.04
中生态风险	74.93	13.75
高生态风险	48.82	8.96
极高生态风险	25.33	4.65

　　可以看出，研究区 50.30% 的区域为无生态风险和低生态风险，其他分别有 13.75%、8.96% 和 4.65% 的区域为中等生态风险、高生态风险和极高生态风险。虽然研究区大部分区域为无生态风险和低生态风险，但临近天津市区，工业企业比较集中的研究区西北部地区土水界面污染流重金属造成的生态风险则相对比较严重，尤其是高生态风险和极高生态风险的区域几乎都集中在这一地区，如不采取相应措施予以控制，则重金属污染对该区域内的生态危害将进一步加剧。

7.5 土水界面污染流多环芳烃的生态风险评价

7.5.1 多环芳烃生态风险评价限值

近年来，在多环芳烃的风险评价中，运用最多的是 Long Edward 等（1995）提出的风险评价标准，该标准的两个重要指标分别是毒性效应低值 ERL（生物有害效应概率<10%）和毒性效应区间中值 ERM（生物有害效应概率>50%）。借助 ERL 和 ERM 这两个指标可评价多环芳烃的生态风险效应，若污染物浓度小于 ERL，则极少产生负效应，其生物有害效应概率小于 10%；若污染物浓度大于 ERM，则经常产生负效应，其生物有害效应概率大于 50%；若污染物浓度介于两者之间，则表示可能产生负效应，其生物有害效应概率在 10%~50%。Chapman 等（1999）在此基础上提出了基于 ISQVL（风险评价低值）和 ISQVH（风险评价高值）指标的多环芳烃的风险评价，当环境中的多环芳烃化合物低于 ISQVL 时，不可能发生对生物的不利影响；而高于 ISQVH 时，则可能具有严重的生物危害影响。

多环芳烃 ERL-ERM 和 ISQVL-ISQVH 生态风险标准值见表 7-7 所示。

表 7-7　多环芳烃及基于生物影响试验的标准值对比　（ng/g）

多环芳烃	ERL	ERM	ISQVL	ISQVH
Nap	160	2 100	160	2 100
Acy	44	640	44	640
Ace	16	500	16	500
Fl	19	540	19	540
Phe	240	1 500	240	1 500
Ant	85	1 100	85	1 100
Flu	600	5 100	600	5 100
Pyr	665	2 600	665	2 600
BaA	261	1 600	261	1 600
Chr	384	2 800	384	2 800
BbF	320	1 880		
BkF	280	1 620		
Bap	430	1 600	430	1 600
Inp				
DbA			63.4	260
Bghip			430	1 600
合计	4 022	44 792	4 022	44 792

本研究采用表 7-7 所列出的多环芳烃风险评价的标准值对土水界面污染流多环芳烃的生态风险进行评价。

7.5.2　研究区土水界面污染流悬浮颗粒物多环芳烃的含量

多环芳烃属于憎水性物质，水中的溶解度很低，在水体中会被强烈分配到非水相中，环境中的多环芳烃一旦进入水体后，就极易被水中的颗粒物所吸附，经过一系列理化反应，如分配、物理吸附和化学吸附等而转移到固相中，因此，颗粒物或沉积物是水体中多环芳烃的最终环境归宿。研究发现，水体中的悬浮颗粒物对多环芳烃等有机污染物有强烈的吸附作用，且由于不同粒径悬浮颗粒物具有不同的生物地球化学行为，不同来源和组成的颗粒物对多环芳烃的吸附作用也就呈现出不同的吸附特征（Ochoa-Loza et al.，2007）。

由于土水界面污染流中往往携带着大量的经由降雨冲刷土壤形成的悬浮颗粒物，其就成为研究区土水界面污染流多环芳烃的主要载体。不考虑土水界面污染流水相中所溶解的微量多环芳烃，本研究所测定的土水界面污染流多环芳烃含量，即为吸附在污染流悬浮颗粒物上的多环芳烃含量。由于不同土地利用类型下，不同降雨强度、降雨历时、不同地表坡度、土壤类型等条件下产生的土水界面污染流携带的悬浮颗粒物差异性很大。研究区野外实际采集的土水界面污染流悬浮颗粒物的含量就具有很强的随机性和不确定性，这种随机性和不确定性除了受土地利用类型、降雨条件、土壤属性等因素影响外，还与样品采集的时间、水样采集时悬浮颗粒物的受干扰程度等人为因素密切相关。因此，也就导致了研究区土水界面污染流悬浮颗粒物含量的极大的变异性。为了消除人为采样过程中对悬浮颗粒物含量的干扰，本研究利用特制的非扰动土壤采样器，在尽量保持样点土块密实程度和物理性状不变的状态下采集 20 cm×20 cm×20 cm 见方的表层土块，进行不同降雨强度、不同地表坡度下的模拟降雨喷淋实验。根据获得的模拟降雨喷淋得实验数据，参考部分实际样品采集时的悬浮颗粒物含量，并对相关数据进行模拟，获得研究区土水界面污染流悬浮颗粒物含量的概率密度函数及相关参数。

7.5.3　研究区土水界面污染流悬浮颗粒物的概率密度函数构建

国内外相关研究表明，降雨冲刷过程中悬浮颗粒物等污染物都呈现出极为明显的初始冲刷效应，因而污染物往往呈现出很明显的偏态分布，即降雨初期浓度大，随后逐渐减少。一场降雨的径流负荷可表示为：

$$L = p_0 \ (1 - e^{-KV})$$

式中，L 为降雨的径流负荷；V 为降雨的总径流量，p_0 为最大径流负荷，K 为污染物累积系数。

对美国得克萨斯州休斯敦的 Hart Lane 流域地表径流测试数据采用最小二乘法回归分析悬浮固体浓度与累积径流量的相关关系（Millar，1999），得到径流过程污染物排放浓度的数学模型为：

$$C_t = 515\exp\left(-0.21R_t\right)$$

根据野外实际采集的土水界面污染流悬浮颗粒物含量和模拟降雨装置的实验测定结果，土水界面污染流悬浮颗粒物的含量呈偏态分布，如图 7-19 所示，经对数变换后符合对数正态分布，可以构建基于对数正态分布的概率密度函数。

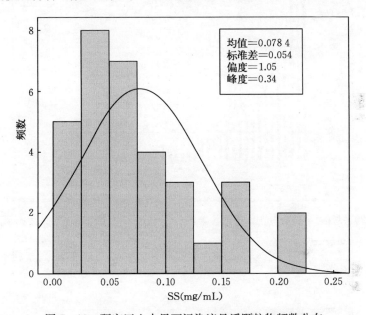

均值＝0.078 4
标准差＝0.054
偏度＝1.05
峰度＝0.34

图 7-19　研究区土水界面污染流悬浮颗粒物频数分布

构建基于对数分布的研究区土水界面污染流悬浮颗粒物概率密度函数为：

$$f\left(\mathrm{EC_{SS}}\right) = 1.72\exp\left[\frac{-\left(\lg x - 0.078\right)^2}{0.005\,8}\right]$$

7.5.4　研究区土水界面污染流多环芳烃的生态风险评价

根据构建的土水界面污染流悬浮颗粒物的概率密度函数，并设定多环芳烃主要来自于土水界面污染流的悬浮颗粒物上，则研究区土水界面污染流悬浮颗粒物上多环芳烃的概率密度函数可由所测得的土水界面污染流多环芳烃的含量得出：

$$f_{\mathrm{SS}}\left(\mathrm{EC_{PAHs}}\right) = \frac{f\left(\mathrm{EC_{PAHs}}\right)}{f\left(\mathrm{EC_{SS}}\right)}$$

根据所得到的悬浮颗粒物多环芳烃的概率密度函数，参照多环芳烃的生态风险评价限值，在水晶球软件中，利用 Monte-Carlo 技术获得多环芳烃的生态风险评价结果。

7.5.4.1　研究区土水界面污染流 Nap 的生态风险评价

根据表 7-7 所列的 Nap 基于生物影响实验的 ERL 和 ERM，ESQVL 和

ISQVH 的生态风险标准值，在水晶球软件中，利用 Monte-Carlo 技术进行 Nap 的生态风险评价，结果如图 7-20 和图 7-21 所示。

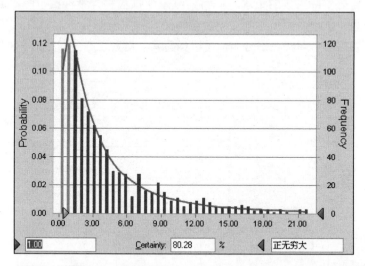

图 7-20（彩插） 研究区土水界面污染流 Nap 超过 ERL 或 ESQVL 的生态风险商值

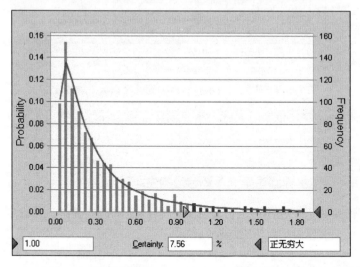

图 7-21 研究区土水界面污染流 Nap 超过 ERM 或 ISQVH 的生态风险商值

研究区土水界面污染流 Nap 高于 ERL 或 ESQVL 的风险概率为 80.28%，风险商值平均值为 4.73，中值为 2.87，最大值为 50.27；Nap 高于 ERM 或 ISQVH 的风险概率为 7.56%，风险商值平均值为 0.41，中值为 0.23，最大值为 6.71。从分析结果中可以看出，研究区土水界面污染流 Nap 使生态系统产生负效应的概率比较高，但使生态系统经常产生负效应，并具有严重生物危

害影响的概率较低。总体来看，研究区土水界面污染流 Nap 已经具有一定的
生态风险，但还不足以产生严重的生态风险。

7.5.4.2　研究区土水界面污染流 Acy 的生态风险评价

根据表 7-7 所列的 Acy 基于生物影响实验的 ERL 和 ERM，ESQVL 和
ISQVH 的生态风险标准值，在水晶球软件中，利用 Monte-Carlo 技术进行
Acy 的生态风险评价，结果如图 7-22 和图 7-23 所示。

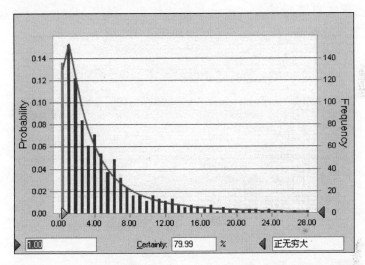

图 7-22　研究区土水界面污染流 Acy 超过 ERL 或 ESQVL 的生态风险商值

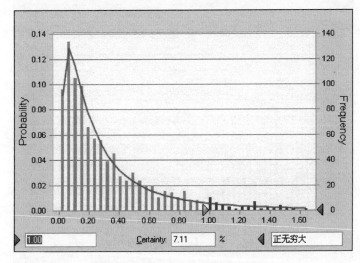

图 7-23　研究区土水界面污染流 Acy 超过 ERM 或 ISQVH 的生态风险商值

Acy 高于 ERL 或 ESQVL 的风险概率为 79.99%，风险商值平均值为
5.27，中值为 2.96，最大值为 136.5；Acy 高于 ERM 或 ISQVH 的风险概率

为 7.11%，风险商值平均值为 0.38，中值为 0.22，最大值为 3.86。从分析结果中可以看出，Acy 使生态系统产生负效应的概率比较高，但使生态系统经常产生负效应，并具有严重生物危害影响的概率较低。总体来看，研究区土水界面污染流 Acy 已经具有一定的生态风险，但还不足以产生严重的生态风险。

7.5.4.3　研究区土水界面污染流 Ace 的生态风险评价

根据表 7-7 所列的 Ace 基于生物影响实验的 ERL 和 ERM，ESQVL 和 ISQVH 的生态风险标准值，在水晶球软件中，利用 Monte-Carlo 技术进行 Ace 的生态风险评价，结果如图 7-24 和图 7-25 所示。

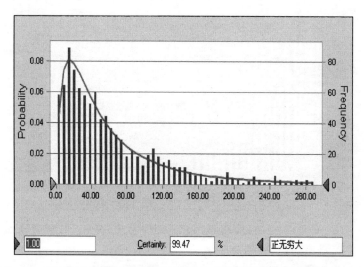

图 7-24　研究区土水界面污染流 Ace 超过 ERL 或 ESQVL 的生态风险商值

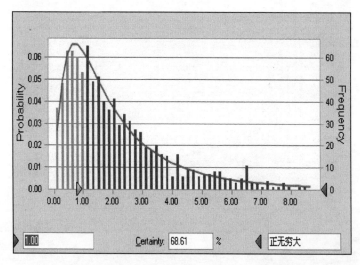

图 7-25　研究区土水界面污染流 Ace 超过 ERM 或 ISQVH 的生态风险商值

Ace 高于 ERL 或 ESQVL 的风险概率为 99.47％，风险商值平均值为 71.17，中值为 45.77，最大值为 576.61；Ace 高于 ERM 或 ISQVH 的风险概率为 68.61％，风险商值平均值为 2.33，中值为 1.66，最大值为 19.83。从分析结果中可以看出，Ace 对生态系统不产生负效应的概率几乎为 0，而使生态系统经常产生负效应，并具有严重生物危害影响的概率也非常高。总体来看，研究区土水界面污染流 Ace 已具有极为严重的生态风险，需要引起足够的重视。

7.5.4.4　研究区土水界面污染流 Fl 的生态风险评价

根据表 7-7 所列的 Fl 基于生物影响实验的 ERL 和 ERM，ESQVL 和 ISQVH 的生态风险标准值，在水晶球软件中，利用 Monte-Carlo 技术进行 Fl 的生态风险评价，结果如图 7-26 和图 7-27 所示。

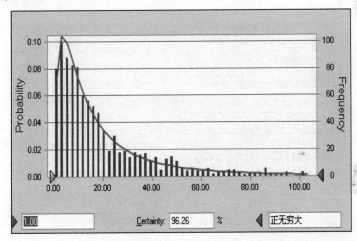

图 7-26　研究区土水界面污染流 Fl 超过 ERL 或 ESQVL 的生态风险商值

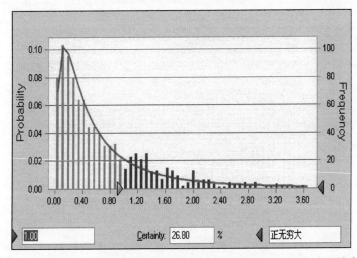

图 7-27　研究区土水界面污染流 Fl 超过 ERM 或 ISQVH 的生态风险商值

Fl 高于 ERL 或 ESQVL 的风险概率为 96.26%，风险商值平均值为 22.76，中值为 13.15，最大值为 251.48；Fl 高于 ERM 或 ISQVH 的风险概率为 26.80%，风险商值平均值为 0.81，中值为 0.48，最大值为 10.54。从分析结果中可以看出，研究区土水界面污染流 Fl 对生态系统产生负效应的概率极高，接近 100%，但使生态系统经常产生负效应，并具有严重生物危害影响的概率为 25% 左右。总体来看，研究区土水界面污染流 Fl 的生态风险已经相当严重。

7.5.4.5 研究区土水界面污染流 Phe 的生态风险评价

根据表 7-7 所列的 Phe 基于生物影响实验的 ERL 和 ERM，ESQVL 和 ISQVH 的生态风险标准值，在水晶球软件中，利用 Monte-Carlo 技术进行 Phe 的生态风险评价，结果如图 7-28 和图 7-29 所示。

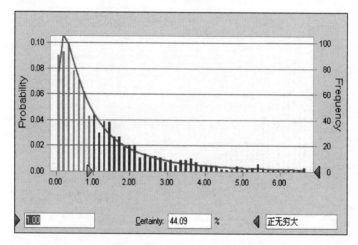

图 7-28　研究区土水界面污染流 Phe 超过 ERL 或 ESQVL 的生态风险商值

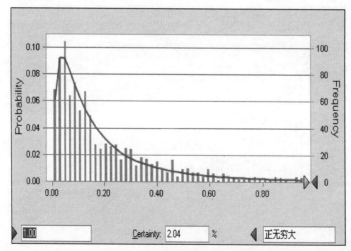

图 7-29　研究区土水界面污染流 Phe 超过 ERM 或 ISQVH 的生态风险商值

Phe 高于 ERL 或 ESQVL 的风险概率为 44.09%, 风险商值平均值为
1.49, 中值为 0.84, 最大值为 17.19; Phe 高于 ERM 或 ISQVH 的风险概率
为 2.04%, 风险商值平均值为 0.22, 中值为 0.13, 最大值为 2.47。从分析结
果中可以看出, Phe 对生态系统产生负效应的概率较高, 使生态系统经常产生
负效应, 并具有严重生物危害影响的概率仅为 2% 左右。总体来看, 研究区土
水界面污染流 Phe 的生态风险较低, 对生态系统的危害不大。

7.5.4.6 研究区土水界面污染流 Ant 的生态风险评价

根据表 7-7 所列的 Ant 基于生物影响实验的 ERL 和 ERM, ESQVL 和
ISQVH 的生态风险标准值, 在水晶球软件中, 利用 Monte-Carlo 技术进行
Ant 的生态风险评价, 结果如图 7-30 和图 7-31 所示。Ant 高于 ERL 或
ESQVL 的风险概率为 44.87%, 风险商值平均值为 1.48, 中值为 0.87, 最大
值为 13.55; Ant 高于 ERM 或 ISQVH 的风险概率为 0.34%, 风险商值平均
值为 0.12, 中值为 0.06, 最大值为 1.53。可以看出, Ant 虽然对生态系统产
生负效应的概率较高, 但使生态系统经常产生负效应, 并具有严重生物危害影
响的概率仅为 0.34% 左右。总体来看, 研究区土水界面污染流 Ant 的生态风
险较低, 对生态系统的危害不大。

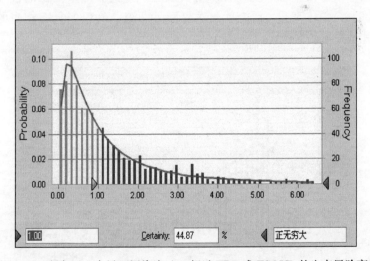

图 7-30 研究区土水界面污染流 Ant 超过 ERL 或 ESQVL 的生态风险商值

7.5.4.7 研究区土水界面污染流 Flu 的生态风险评价

根据表 7-7 所列的 Flu 基于生物影响实验的 ERL 和 ERM, ESQVL 和
ISQVH 的生态风险标准值, 利用 Monte-Carlo 技术进行 Flu 的生态风险评价,
如图 7-32 和图 7-33 所示。Flu 高于 ERL 或 ESQVL 的风险概率为 87.97%,
风险商值平均值为 5.76, 中值为 4.15, 最大值为 45.89; Flu 高于 ERM 或

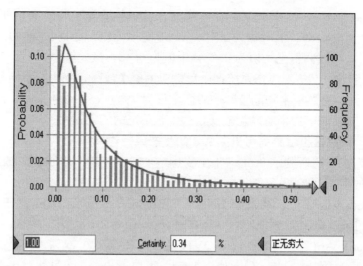

图 7-31　研究区土水界面污染流 Ant 超过 ERM 或 ISQVH 的生态风险商值

ISQVH 的风险概率为 22.08%，风险商值平均值为 0.61，中值为 0.47，最大值为 4.91。从分析结果中可以看出，Flu 使生态系统产生负效应的概率较高，达到 80% 以上，使生态系统经常产生负效应，并具有严重生物危害影响的概率高于 20%。总体来看，研究区土水界面污染流 Ant 已经具有相当的生态风险，应引起关注和重视。

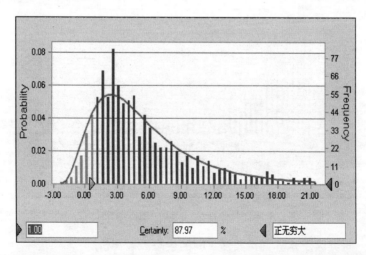

图 7-32　研究区土水界面污染流 Flu 超过 ERL 或 ESQVL 的生态风险商值

7.5.4.8　研究区土水界面污染流 Pyr 的生态风险评价

根据表 7-7 所列的 Pyr 基于生物影响实验的 ERL 和 ERM，ESQVL 和 ISQVH 的生态风险标准值，在水晶球软件中，利用 Monte-Carlo 技术进行

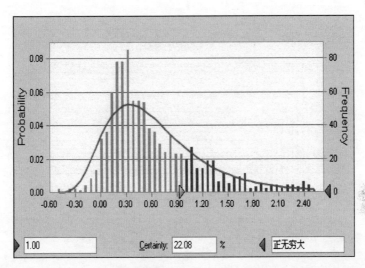

图 7-33　研究区土水界面污染流 Flu 超过 ERM 或 ISQVH 的生态风险商值

Pyr 的生态风险评价，结果如图 7-34 和图 7-35 所示。Pyr 高于 ERL 或 ESQVL 的风险概率为 7.2%，风险商值平均值为 0.35，中值为 0.2，最大值为 3.73；Pyr 高于 ERM 或 ISQVH 的风险概率为 0.06%，风险商值平均值为 0.09，中值为 0.06，最大值为 1.17。从分析结果中可以看出，研究区土水界面污染流 Pyr 对生态系统产生负效应的概率较低，在 10% 以下，而使生态系统经常产生负效应，并具有严重生物危害影响的概率不到 1%。总体来看，研究区土水界面污染流 Pyr 的生态风险很低，对生态系统的危害很小。

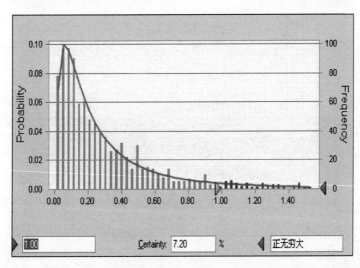

图 7-34　研究区土水界面污染流 Pyr 超过 ERL 或 ESQVL 的生态风险商值

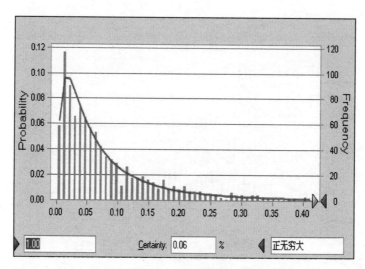

图 7-35　研究区土水界面污染流 Pyr 超过 ERM 或 ISQVH 的生态风险商值

7.5.4.9　研究区土水界面污染流 BaA 的生态风险评价

　　根据表 7-7 所列的 BaA 基于生物影响实验的 ERL 和 ERM，ESQVL 和 ISQVH 的生态风险标准值，在水晶球软件中，利用 Monte-Carlo 技术进行 BaA 的生态风险评价，结果如图 7-36 和图 7-37 所示。

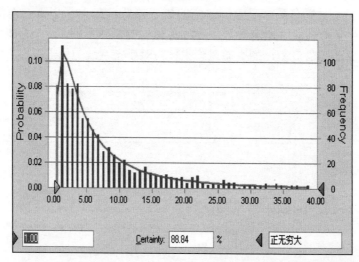

图 7-36　研究区土水界面污染流 BaA 超过 ERL 或 ESQVL 的生态风险商值

　　研究区土水界面污染流 BaA 高于 ERL 或 ESQVL 的风险概率为 88.84％，风险商值平均值为 8.69，中值为 4.91，最大值为 122.06；BaA 高于 ERM 或 ISQVH 的风险概率为 44.05％，风险商值平均值为 1.40，中值为 0.85，最大

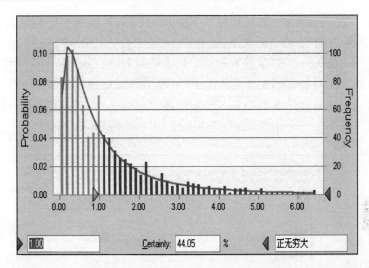

图 7 - 37 研究区土水界面污染流 BaA 超过 ERM 或 ISQVH 的生态风险商值

值为 19.97。从分析结果中可以看出,研究区土水界面污染流 BaA 对生态系统产生负效应的概率较高,使生态系统经常产生负效应,并具有严重生物危害影响的概率约为 44%。总体来看,研究区土水界面污染流 BaA 的具有相当大的生态风险,对生态系统的危害较大。

7.5.4.10 研究区土水界面污染流 Chr 的生态风险评价

根据表 7 - 7 所列的 Chr 基于生物影响实验的 ERL 和 ERM,ESQVL 和 ISQVH 的生态风险标准值,在水晶球软件中,利用 Monte-Carlo 技术进行 BaA 的生态风险评价,结果如图 7 - 38 和图 7 - 39 所示。研究区土水界面污染

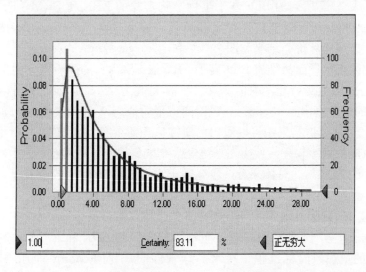

图 7 - 38 研究区土水界面污染流 Chr 超过 ERL 或 ESQVL 的生态风险商值

流 Chr 高于 ERL 或 ESQVL 的风险概率为 83.11%，风险商值平均值为 6.8，中值为 4.1，最大值为 73.38；Chr 高于 ERM 或 ISQVH 的风险概率为 32.01%，风险商值平均值为 0.97，中值为 0.59，最大值为 9.28。从分析结果中可以看出，研究区土水界面污染流 Chr 对生态系统产生负效应的概率较高，使生态系统经常产生负效应，并具有严重生物危害影响的概率约为 32%。总体来看，研究区土水界面污染流 Chr 具有相当大的生态风险，对生态系统的危害较大。

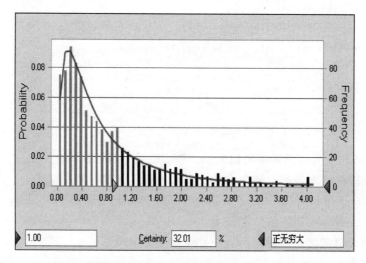

图 7-39   研究区土水界面污染流 Chr 超过 ERM 或 ISQVH 的生态风险商值

7.5.4.11   研究区土水界面污染流 BbF 的生态风险评价

根据表 7-7 所列的 BbF 基于生物影响实验的 ERL 和 ERM，ESQVL 和 ISQVH 的生态风险标准值，在水晶球软件中，利用 Monte-Carlo 技术进行 BbF 的生态风险评价，结果如图 7-40 和图 7-41 所示。

研究区土水界面污染流 BbF 高于 ERL 或 ESQVL 的风险概率为 78.89%，风险商值平均值为 3.7，中值为 2.2，最大值为 25.53；BbF 高于 ERM 或 ISQVH 的风险概率为 15.56%，风险商值平均值为 0.56，中值为 0.38，最大值为 3.92。从分析结果中可以看出，研究区土水界面污染流 BbF 对生态系统产生负效应的概率较高，使生态系统经常产生负效应，并具有严重生物危害影响的概率约为 15%。总体来看，研究区土水界面污染流 BbF 具有一定的生态风险。

7.5.4.12   研究区土水界面污染流 BkF 的生态风险评价

根据表 7-7 所列的 BkF 基于生物影响实验的 ERL 和 ERM，ESQVL 和 ISQVH 的生态风险标准值，在水晶球软件中，利用 Monte-Carlo 技术进行 BkF 的生态风险评价，结果如图 7-42 和图 7-43 所示。

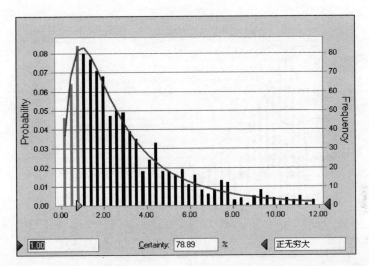

图 7-40　研究区土水界面污染流 BbF 超过 ERL 或 ESQVL 的生态风险商值

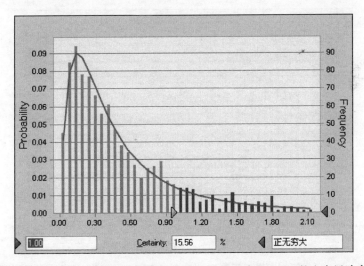

图 7-41　研究区土水界面污染流 BbF 超过 ERM 或 ISQVH 的生态风险商值

　　研究区土水界面污染流 BkF 高于 ERL 或 ESQVL 的风险概率为 57.10%，风险商值平均值为 1.61，中值为 1.2，最大值为 12.28；BkF 高于 ERM 或 ISQVH 的风险概率为 1.91%，风险商值平均值为 0.27，中值为 0.2，最大值为 1.97。从分析结果中可以看出，研究区土水界面污染流 BkF 对生态系统产生负效应的概率较高，而使生态系统经常产生负效应，并具有严重生物危害影响的概率较低（不到 2%）。总体来看，研究区土水界面污染流 BbF 生态风险较小，对生态系统的危害不大。

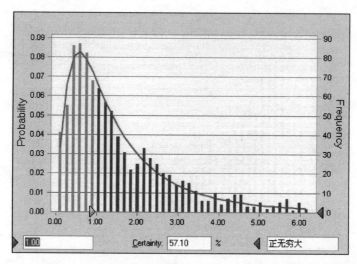

图 7-42 研究区土水界面污染流 BkF 超过 ERL 或 ESQVL 的生态风险商值

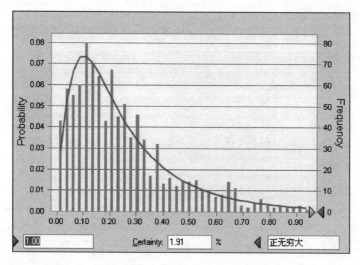

图 7-43 研究区土水界面污染流 BkF 超过 ERM 或 ISQVH 的生态风险商值

7.5.4.13 研究区土水界面污染流 Bap 的生态风险评价

根据表 7-7 所列的 Bap 基于生物影响实验的 ERL 和 ERM，ESQVL 和 ISQVH 的生态风险标准值，在水晶球软件中，利用 Monte-Carlo 技术进行 Bap 的生态风险评价，结果如图 7-44 和图 7-45 所示。

从图中可以看出，Bap 高于 ERL 或 ESQVL 的风险概率为 68.51%，风险商值平均值为 2.09，中值为 1.57，最大值为 15.11；Bap 高于 ERM 或 ISQVH 的风险概率为 13.77%，风险商值平均值为 0.55，中值为 0.41，最大

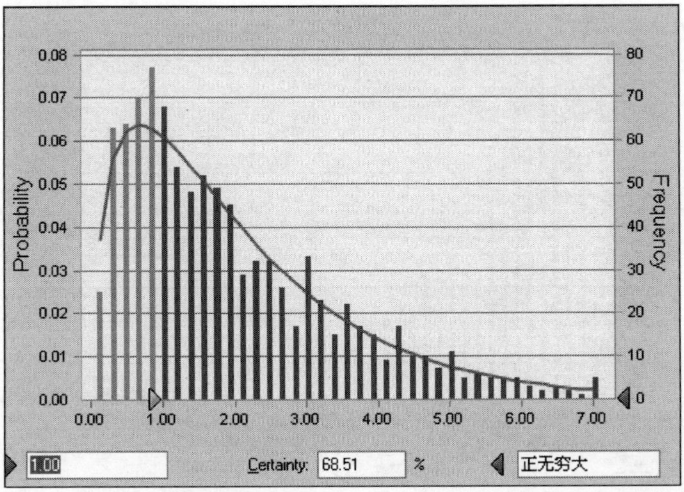

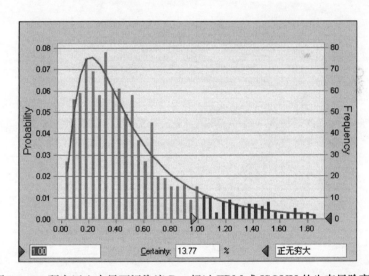

图 7-44　研究区土水界面污染流 Bap 超过 ERL 或 ESQVL 的生态风险商值

图 7-45　研究区土水界面污染流 Bap 超过 ERM 或 ISQVH 的生态风险商值

值为 3.09。从分析结果中可以看出，Bap 对生态系统产生负效应的概率较高，而使生态系统经常产生负效应，并具有严重生物危害影响的概率约为 14%。总体来看，研究区土水界面污染流 Bap 已具有一定的生态风险。

7.5.4.14　研究区土水界面污染流 DbA 的生态风险评价

根据表 7-7 所列的 DbA 基于生物影响实验的 ESQVL 和 ISQVH 的生态风险标准值，在水晶球软件中，利用 Monte-Carlo 技术进行 DbA 的生态风险评价，结果如图 7-46 和图 7-47 所示。

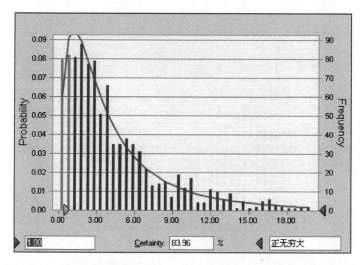

图 7-46　研究区土水界面污染流 DbA 超过 ESQVL 的生态风险商值

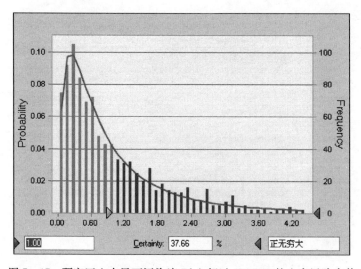

图 7-47　研究区土水界面污染流 DbA 超过 ISQVH 的生态风险商值

　　DbA 高于 ESQVL 的风险概率为 83.96%，风险商值平均值为 4.91，中值为 3.15，最大值为 43.13；DbA 高于 ISQVH 的风险概率为 37.66%，风险商值平均值为 1.10，中值为 0.7，最大值为 9.90。从分析结果中可以看出，DbA 发生对生物不利影响的概率较高，可能具有严重的生物危害影响的概率达到了 37.66%。总体来看，DbA 具有较高的生态风险。

7.5.4.15　研究区土水界面污染流 Bghip 的生态风险评价

　　根据 Bghip 基于生物影响实验的 ESQVL 和 ISQVH 的生态风险标准值，

在水晶球软件中，利用 Monte-Carlo 技术进行 Bghip 的生态风险评价，结果如图 7-48 和图 7-49 所示。

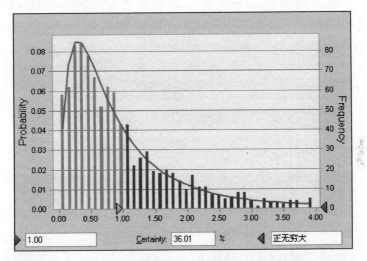

图 7-48　研究区土水界面污染流 Bghip 超过 ESQVL 的生态风险商值

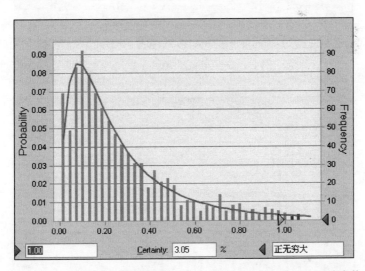

图 7-49　研究区土水界面污染流 Bghip 超过 ISQVH 的生态风险商值

Bghip 高于 ESQVL 的风险概率为 36.01%，风险商值平均值为 1.04，中值为 0.74，最大值为 7.57；Bghip 高于 ISQVH 的风险概率为 3.05%，风险商值平均值为 0.3，中值为 0.2，最大值为 2.28。可以看出，Bghip 发生对生物不利影响的概率较高，可能具有严重的生物危害影响的概率则较低，仅为 3.05%。总体来看，研究区土水界面污染流 Bghip 生态风险较小，不会造成对生态系统的严重危害。

7.5.4.16　研究区土水界面污染流多环芳烃总量的生态风险评价

根据多环芳烃总量基于生物影响实验的 ERL 和 ERM、ESQVL 和 ISQVH 的生态风险标准值，利用 Monte-Carlo 技术进行多环芳烃总量的生态风险评价，结果如图 7-50 和图 7-51 所示。

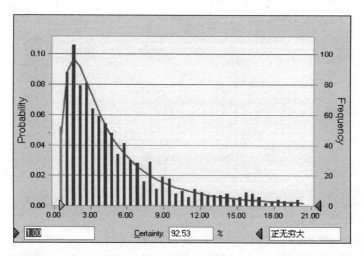

图 7-50　研究区土水界面污染流多环芳烃总量超过 ERL 或 ESQVL 的生态风险商值

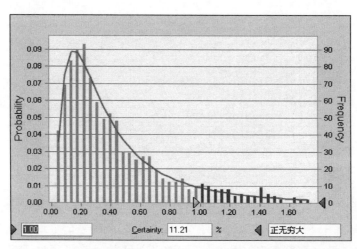

图 7-51　研究区土水界面污染流多环芳烃总量超过 ERM 或 ISQVH 的生态风险商值

多环芳烃总量高于 ERL 或 ESQVL 的风险概率极高（92.53%），风险商值平均值为 5.42，中值为 3.76，最大值为 49.34；多环芳烃总量高于 ERM 或

ISQVH 的风险概率较低（11.21%），风险商值平均值为 0.47，中值为 0.32，最大值为 3.56。从分析结果中可以看出，研究区土水界面污染流多环芳烃总量对生态系统产生负效应的概率较高，而使生态系统经常产生负效应，并具有严重生物危害影响的概率较低。总体来看，研究区土水界面污染流多环芳烃总量已经具有一定的生态风险，应引起足够的关注和重视。

7.6 本章小结

（1）利用商值法筛选出研究区土水界面污染流中生态风险较大的 Cu、Cd 和 Pb 3 种重金属元素。在构建土水界面污染流重金属概率密度函数的基础上，利用 Monte-Carlo 技术对筛选出的 3 种重金属元素的生态风险进行了分析，评价结果显示，研究区土水界面污染流中 Cu 生态风险最高，Cd 和 Pb 次之。

（2）基于 Rapant 指数的重金属生态风险评价结果显示，研究区 50.3% 的区域为无生态风险和低生态风险，13.75% 的区域为中等生态风险，13.61% 的区域为高生态风险。

（3）构建了研究区土水界面污染流悬浮颗粒物的概率密度函数，利用 Monte-Carlo 技术进行了研究区土水界面污染流多环芳烃的生态风险评价，结果表明：Phe、Ant、Pyr、BkF、Bghip 等多环芳烃组分生态风险较低，对生态系统的危害较小；Nap、Acy、BbF、Bap 等多环芳烃组分具有一定的生态风险，对生态系统有一定危害，但尚不足以产生严重的生态风险；Ace、Fl、Flu、BaA、Chr、DbA 等多环芳烃组分，造成严重生物危害影响的概率非常高，已具有极为严重的生态风险。从研究区多环芳烃总量风险评价的结果来看，多环芳烃总量已经具有一定的生态风险。

8 结论与展望

8.1 主要结论

本书以我国北方典型城市天津市郊西青区土水界面污染流为研究对象，通过资料收集、大规模野外定点采样和试验分析，将常规数据统计与数据挖掘技术相结合，深入系统地分析了研究区土水界面污染流重金属和多环芳烃等污染物污染特征、分布规律及其污染来源。运用地质统计学和多元统计学的理论与方法，以 GIS 技术为工具，对研究区土水界面污染流重金属和多环芳烃的空间变异和空间预测进行了分析和探讨。利用商值法筛选出研究区土水界面污染流中生态风险较大的污染物，在建立这些污染物概率密度函数的基础上，构建了基于 Monte-Carlo 技术的土水界面污染流的生态风险评价方法，进行了研究区土水界面污染流生态风险的定量评价。研究得出以下主要结论：

（1）通过对研究区土水界面污染流 7 种重金属数据的基本统计发现，Cr 含量服从对数正态分布，含量 0.001 3～0.045 mg/L，平均值 0.011 mg/kg，为中等变异性；Ni 含量服从对数正态分布，含量 0.002 2～0.1 mg/L，平均值 0.008 9 mg/L，为强变异性；Cd 含量服从对数正态分布，含量 0.000 2～0.06 mg/L，平均值 0.009 1 mg/L，为强变异性；Pb 含量服从偏态分布，含量 0.000 01～0.11 mg/L，平均值 0.024 mg/L，为强变异性；Cu 含量服从偏态分布，含量 0.000 7～0.11 mg/L，平均值 0.024 mg/L，为中等变异性；Zn 含量服从对数正态分布，含量 0.013～0.21 mg/L，平均值 0.024 mg/L，为强变异性；As 含量服从偏态分布，含量 0.000 013～0.11 mg/L，平均值 0.016 mg/L，为强变异性。除 As 外，大多数重金属之间具有显著的相关性。主成分分析结果显示，研究区土水界面污染流重金属可提取 3 个主成分，第一主成分包含 Cr、Ni 和 Zn，第二主成分包含 Cu、Cd 和 Pb，第三主成分则集中反映了 As 的作用。

（2）研究区土水界面污染流重金属含量与土地利用类型存在一定关系，居民地及工矿用地土水界面污染流重金属含量普遍较高，林地及园地土水界面污染流重金属含量普遍较低。不同土地利用类型对土水界面污染流 Cr、Cu 和 Cd 含量有显著影响，而对 Ni、As、Zn 和 Pb 4 种重金属含量的影响不显著。

（3）通过对研究区土水界面污染流 16 种多环芳烃数据的基本统计发现，

多环芳烃以 3、4 和 5 环多环芳烃为主，分别占多环芳烃总量的 36.49%、26.34%和27.85%，2 和 6 环的多环芳烃则相对较低，分别占总量的 4.02% 和 5.85%。其中多环芳烃总量服从对数正态分布，含量145.6~7 495.08 $\mu g/L$，平均值1 220.48 $\mu g/L$，为中等变异性；低环（2+3 环）多环芳烃含量服从正态分布，含量 32.9~1 220.22 $\mu g/L$，平均值 407.857 $\mu g/L$，为中等变异性；中环（4 环）多环芳烃含量服从正态分布，含量 17.72~2 377.46 $\mu g/L$，为强变异性；高环（5+6 环）多环芳烃含量为偏态分布，含量 2.64~885.03 $\mu g/ L$，平均值211.29 $\mu g/ L$，为中等变异性。除 Bghip 和 Inp 外，其他 14 种多环芳烃组分与总量之间存在显著的相关性（$P < 0.01$），其中 4 环的 Flu、Pyr、BaA 和 Chr 与总量的相关性最强，在 0.01 的置信水平上，相关系数分别达到了 0.90、0.84、0.87 和 0.89，而低环的 Nap、Acy、Ace 和 Phe 与总量的相关性相对较弱；各多环芳烃组分之间相关性较为复杂，部分多环芳烃组分之间存在显著相关性，也有部分多环芳烃组分之间的相关性较弱，甚至不存在相关性。

（4）利用主成分分析技术、比值法和典型源三角图判别法对研究区土水界面污染流多环芳烃来源进行了解析。主成分分析结果显示，可以提取 5 个主成分，第一主成分主要由高环多环芳烃组成，包括 4 环的 BaA 和 Chr，5 环的 BbF、BkF 和 Bap 及 6 环的 Bghip 组成，是交通源和燃煤源共同作用的综合体现；第二主成分主要由低环多环芳烃组成，包括 2 环的 Nap 及 3 环的 Fl 和 Ant，主要代表气态多环芳烃的沉降过程；第三主成分集中反映了 Flu、Phe 和 Pyr 多环芳烃的作用，具有典型焚烧源的特征；第四主成分集中反映了 Acy 和 Inp 多环芳烃的作用，集中代表了秸秆燃烧和油燃烧源的多环芳烃来源；第五主成分则反映了 DbA 的作用。

利用比值法对研究区土水污染流多环芳烃来源的分析结果表明，研究区大部分样点 Phe/Ant 的比值在 0~10，表示其主要来源于不完全燃烧，部分样点 Phe/Ant 的比值大于 10，表明其为石油类来源；研究区所有样点 Flu/Pyr 的比值均大于 1，表明多环芳烃主要来源于煤炭、生物质的不完全燃烧等；研究区部分样点 BaA/Chr 的比值大于 0.5，表明这部分样点的多环芳烃主要来源于燃烧源；部分样点 BaA/Chr 的比值在 0.25~0.35，表明其多环芳烃来源于石油和燃烧的混合源；极少部分样点 Bar/Chr 的比值小于 0.25，主要指示石油源。

典型源三角图判别法的分析结果表明，多环芳烃主要来自燃烧过程，但不同区域燃烧源的类型不尽相同，除煤炭燃烧外，还存在木质材料如秸秆焚烧、发动机高温燃烧、油燃烧以及生物质燃烧等；低、中、高环多环芳烃各组分在多环芳烃总量中都没有占绝对多数，表明研究区各污染流监测样点多环芳烃不是来自于同一个污染源，而可能是多个污染源共同复合累加的结果。

（5）研究区土水界面污染流多环芳烃的含量与土地利用类型的关系不显著，除 BaA 和 Chr 外，各土地利用类型下土水界面污染流多环芳烃含量不存在显著性差异，表明多环芳烃的大气迁移和沉降过程极大削弱了土地利用对土水界面污染流多环芳烃含量的影响。

（6）利用地质统计技术对研究区土水界面污染流重金属和多环芳烃的空间变异和空间分布进行了研究，结果表明：

7 种重金属元素均表现为各向同性，其中 As、Zn、Cr、Pb 和 Cu 采用球形模型拟合半变异函数，Ni 和 Cd 采用指数模型拟合半变异函数。As 块金值 0，拱高 0.67，变程 4 210 m，在小区域范围内表现出极强的空间相关性；Zn 块金值 0.68，拱高 0.51，变程 4 792 m，块金值与基台值比值 0.57，为中等程度空间相关；Ni 块金值 0.10，拱高 0.22，变程 7 404 m，块金值与基台值比值 0.31，为中等程度空间相关；Cd 块金值 0.27，拱高 1.52，变程 4 040 m，块金值与基台值比值 0.15，在小区域范围内表现出极强的空间相关性；Cr 块金值 0.28，拱高 0.26，块金值与基台值比值 0.52，为中等程度空间相关；Pb 具有明显的空间趋势，存在有明显的二次漂移，剔除趋势项后，块金值 0.63，拱高 0.28，变程 5 422 m，块金值与基台值比值 0.69，为中等程度空间相关；Cu 具有明显的空间趋势，剔除趋势项后，块金值 0.11，拱高 0.60，变程 6 339 m，块金值与基台值比值 0.15，为强空间相关性。As、Zn、Cr、Ni 和 Cd 采用普通克里格法预测空间分布，Cu 和 Pb 采用具有趋势的克里格法进行插值。

低环和高环多环芳烃表现为各向同性，均采用球形模型拟合其经验半变异函数。低环多环芳烃块金值 0.35，拱高 0.11，变程 8 660 m，块金值与基台值比值 0.76，为弱空间相关性；高环多环芳烃块金值 0.21，拱高 0.28，变程 4 440 m，块金值与基台值比值 0.43，为中等程度空间相关；研究区中环多环芳烃含量空间相关性极弱，无法使用地质统计学方法对中环多环芳烃含量的空间变异进行分析。采用普通克里格法对低环和高环多环芳烃的空间分布进行预测，采用反距离插值对中环多环芳烃的空间分布进行预测，利用叠置分析技术获取多环芳烃总量的空间预测结果。

（7）利用商值法筛选出研究区土水界面污染流中生态风险较大的 Cu、Cd 和 Pb 3 种元素。在构建土水界面污染流重金属概率密度函数的基础上，利用 Monte-Carlo 技术对筛选出的 3 种重金属元素的生态风险进行了分析。评价结果显示，Cu 造成生态风险的概率较高，生态风险的概率为 80.74%，Cd 造成生态风险的概率为 43.09%，而 Pb 造成生态风险的概率为 16.49%。

基于 Rapant 指数的重金属生态风险评价结果显示，研究区 Rapant 风险指数在 0～18.97，平均值 2.0；研究区 50.3％的区域为无生态风险和低生态风险，13.75％的区域为中等生态风险，13.61％的区域为高生态风险。

（8）在构建研究区土水界面污染流悬浮颗粒物的概率密度函数的基础上，利用 Monte-Carlo 技术分析了研究区土水界面污染流多环芳烃的生态风险，结果表明：

研究区土水界面污染流多环芳烃各组分 Nap、Acy、Ace、Fl、Phe、Ant、Flu、Pyr、BaA、Chr、BbF、BkF、Bap、DbA、Bghip 高于 ERL 或 ESQVL 的风险概率分别为 80.28％、79.99％、99.47％、96.26％、44.09％、44.87％、87.97％、7.2％、88.84％、83.11％、78.89％、57.10％、68.51％、83.96％ 和 36.01％；Nap、Acy、Ace、Fl、Phe、Ant、Flu、Pyr、BaA、Chr、BbF、BkF、Bap、DbA、Bghip 高于 ERM 或 ISQVH 的风险概率分别为 7.56％、7.11％、68.61％、26.8％、2.04％、0.34％、22.08％、0.06％、44.05％、32.01％、15.56％、1.91％、13.77％、37.66％ 和 3.05％。多环芳烃总量高于 ERL 或 ESQVL 的风险概率极高为 92.53％，而高于 ERM 或 ISQVH 的风险概率较低为 11.21％。

Phe、Ant、Pyr、BkF、Bghip 等多环芳烃组分生态风险较低，对生态系统的危害较小；Nap、Acy、BbF、Bap 等多环芳烃组分具有一定的生态风险，对生态系统有一定危害，但尚不足以产生严重的生态风险；Ace、Fl、Flu、BaA、Chr、DbA 等多环芳烃组分，造成严重生物危害影响的概率也非常高，已具有极为严重的生态风险。从研究区多环芳烃总量风险评价的结果来看，多环芳烃总量已经具有一定的生态风险。

8.2 研究展望

（1）本书仅是从宏观角度探讨了土水界面污染流污染物空间分布的变化规律，并对其产生的潜在生风险和影响这一分布规律的相关因素进行了初步分析。但是城郊土水界面污染流污染物来源复杂，影响因素千变万化，不仅涉及污染源、人类活动、土地利用类型、农作物种植，还与土壤属性、降雨条件等密切相关，因此，进一步阐述影响土水界面污染流污染物的空间分布规律和影响因素，还需要建立土水界面污染流污染物的迁移、转化规律模型，研究影响其迁移转化的主要影响因素和规律，才能得出更为符合实际情况的结论。

（2）悬浮颗粒物对土水界面污染流污染物的赋存形态、迁移转化及生态毒性起着关键作用。土水界面污染流中大量不同粒径悬浮颗粒物的存在及其所具有的不同的生物地球化学行为，使得土水界面污染流污染物就必然表现出不同的生态毒理效应。以往水生生态毒理学主要研究清水条件下化学污染物的生态毒性，其得出的水质、生物毒素评价，以及制定的各种水质标准、相关毒理参数和数据，与浑水或含有一系列土—水微观界面条件下化学污染物的生态毒性并不完全一致。在缺乏针对携有大量悬浮颗粒物的径流污染而制定的水环境基准和毒性数据的情况下，尽管本书设法合理地选取了用于生态风险评价的生态毒理参数，然而所确定的参数并不能完全代表研究区土水界面污染流对生态环境尤其是对水生生物物种真正的生态毒理效应，因而可以认为是一种初步的定量评价，如果需要更加合理的精确定量风险评价，需要针对土水界面污染流这一特殊的污染流体，开展实际的生态毒理学实验，在此基础上才能获得更加真实的毒理数据和生态风险评价结果。

（3）生态环境风险的评价方法，尤其是针对野外实际调查和取样过程中存在大量不确定信息的情况下，更为合理、精确地开展污染物生态风险评价的技术方法仍需不断地改进，以期生态风险评价工作能够更加合理和完善，生态风险的评价结果也更接近于实际状况。

参 考 文 献

卜庆伟，张枝焕，夏星辉，2008. 分子标志物参数在识别土壤多环芳烃（PAHs）来源中的应用 [J]. 土壤通报，39（5）：1204 - 1209.

蔡崇法，丁树文，2000. 应用 USLE 模型与地理信息系统 IDRISI 预测小流域土壤侵蚀量研究 [J]. 水土保持学报，14（2）：19 - 24.

曹剑辉，马广智，方展强，2004. 镉对草鱼鳃和肝组织超氧化物歧化酶活性的影响 [J]. 水利渔业，24（1）：9 - 11.

曹仁林，2000. 关于我国农业环境和农产品污染问题的思考 [C]//香山会议第 162 次学术讨论会筹备组（编）. 经济快速发展地区环境质量演变及持续发展. 北京香山：44 - 46.

曹仁林，贾晓葵，2001. 关于我国土壤重金属污染对农产品安全性影响的思考 [C]//第七次全国土壤与环境学术讨论会论文集. 厦门：2 - 5.

曹云者，柳晓娟，谢云峰，等，2012. 我国主要地区表层土壤中多环芳烃组成及含量特征分析 [J]. 环境科学学报，32（1）：197 - 203.

曹志洪，林先贵，等，2006. 太湖流域土—水间的物质交换与水环境质量 [M]. 北京：科学出版社.

曾曙才，吴启堂，侯焕英，等，2007. 模拟酸雨对施肥条件下赤红壤氮磷淋失特征的影响 [J]. 水土保持学报，21（6）：16 - 20.

曾希柏，李莲芳，梅旭荣，2007. 中国蔬菜土壤重金属含量及来源分析 [J]. 中国农业科学，40（11）：2507 - 2517.

柴世伟，温琰茂，韦献革，等，2004. 珠江三角洲主要城市郊区农业土壤的重金属含量特征 [J]. 中山大学学报（自然科学版），43（4）：90 - 94.

陈必链，黄勤，庄惠如，等，2004. 从绿色巴夫藻超微结构观察硒对锌毒性的保护效应 [J]. 应用与环境生物学报，10（1）：60 - 63.

陈怀满，1996. 土壤—植物系统中的重金属污染 [M]. 北京：科学出版社.

陈怀生，许振成，陈铣成，等，1990. 概念性非点源污染动态模型（CNPDM）及其应用研究 [J]. 环境科学研究（6）：29 - 35.

陈煌，郑袁明，陈同斌，2003. 面向应用的土壤重金属信息系统（SHMIS）——以北京为例 [J]. 地理研究，22（3）：272 - 280.

陈佳佳，2010. 基于 GIS 的贵屿地区农田土壤重金属的空间分布以及生态风险评价 [D]. 广州：暨南大学.

陈建芬，戎秋涛，刘建明，等，1996. 模拟酸雨对不同层次的红壤元素迁移作用的影响 [J]. 农业环境保护，15（4）：150 - 154.

陈丽萍，蒋军成，韩冬梅，2009. 挥发性毒物水气耦合扩散模型 [J]. 水科学进展，20

（4）：549－553.

陈明，蔡青云，徐慧，等，2015. 水体沉积物重金属污染风险评价研究进展［J］. 生态环境学报，24（6）：1069－1074.

陈文亮，唐克丽，2000. SR 型野外人工模拟降雨装置［J］. 水土保持研究，7（4）：106－110.

陈西平，黄时达，1991. 涪陵地区农田径流污染输出负荷定量化研究［J］. 环境科学，12（3）：6－11.

成杰民，胡光鲁，潘根兴，2004. 用酸碱滴定曲线拟合参数表征土壤对酸缓冲能力的新方法［J］. 农业环境科学学报，23（3）：569－573.

单保庆，尹澄清，白颖，等，2000. 小流域磷污染物面源输出的人工降雨模拟研究［J］. 环境科学学报，20（1）：33－37.

党秀丽，陈彬，虞娜，等，2007. 温度对外源性重金属镉在土水界面间形态转化的影响［J］. 生态环境，16（3）：794－798.

董亮，2001. GIS 支持下西湖流域水环境非点源污染研究［D］. 杭州：浙江大学.

段永红，2005. 天津表土中多环芳烃的分布与源汇关系［D］. 北京：北京大学.

段永红，陶澍，王学军，等，2005. 天津表土中多环芳烃含量的空间分布特征与来源［J］. 土壤学报，42（6）：942－947.

方晓明，刘暂皙，刘中志，等，2005. 沈阳市丁香地区土壤重金属污染及生态风险评价［J］. 环境与生态，130（31）：45－47.

付在毅，许学工，2001. 区域生态风险评价［J］. 地球科学进展，16（2）：267－271.

高海鹰，黄丽江，张奇，等，2008. 不同降雨强度对农田土壤氮素淋失的影响及 LEACHM 模型验证［J］. 农业环境科学学报，27（4）：1346－1352.

高鹏，穆兴民，2005. 黄土丘陵区不同土地利用方式下土壤水分入渗的对比试验［J］. 中国水土保持科学，3（4）：27－31.

葛冬梅，2002. 太湖地区有机氯农药在土水界界面中的迁移特点研究［M］. 扬州：扬州大学.

辜来章，郝淑英，1996. 农田径流污染特征及模型化研究［J］. 中国农村水利水电（9）：32－56.

郭朝晖，黄昌勇，廖柏寒，2003. 模拟酸雨对污染土壤中 Cd、Cu 和 Zn 释放及其形态转化的影响［J］. 应用生态学报，14（9）：1547－1550.

郭平，2005. 长春市土壤重金属污染机理与防治对策研究［D］. 长春：吉林大学.

郭仁忠，2001. 空间分析［M］. 北京：高等教育出版社.

郭旭东，陈利顶，傅伯杰，1999. 土地利用/土地覆盖变化对区域生态环境的影响［J］. 环境科学进展，7（6）：66－75.

国家环境保护总局，1999. 中国环境状况公报［N］. 中国环境报，1999－06－17（2）.

韩景超，毕春娟，陈振楼，等，2013. 城市不同下垫面径流中 PAHs 污染特征及源解析［J］. 环境科学学报，33（2）：503－510.

何艳，2006. 五氯酚的土水界面行为及其在毫米级根际微域中的消减行为［D］. 杭州：浙江大学.

何振立，周启星，谢正苗，1998. 污染及有益元素的土壤化学平衡［M］. 北京：中国环境科学出版社．

贺宝根，周乃晟，胡雪峰，等，2001. 农田降雨径流污染模型探讨——以上海郊区农田氮素污染模型为例 [J]. 长江流域资源与环境，10 (3)：159-165.

胡世雄，靳长兴，1999. 坡面土壤侵蚀临界坡度问题的理论与试验研究 [J]. 地理学报，54 (4)：347-356.

胡雪涛，陈吉宁，张天柱，2002. 非点源污染模型研究 [J]. 环境科学，23 (3)：124-128.

华珞，李俊波，蔡典雄，等，2004. 不同地表状况、降雨强度与坡度对径流水中 K、Na、Ca、Mg 流失量的影响 [J]. 土水保持学报，18 (6)：11-20.

环境保护部，国土资源部，2014. 全国土壤污染状况调查公报 [Z]. 北京：环境保护部，国土资源部．

黄东风，王果，李卫华，等，2009. 不同施肥模式对小白菜生长、营养累积及菜地氮、磷流失的影响 [J]. 中国生态农业学报，17 (4)：619-624.

黄鸿翔，李书田，李向林，等，2006. 我国有机肥的现状与发展前景分析 [J]. 土壤肥料 (1)：3-8.

黄华伟，朱崇岭，任源，2015. 龙塘镇电子垃圾拆解区土壤和河流底泥重金属赋存形态及生态风险 [J]. 环境化学，34 (2)：254-261.

黄俊，张旭，彭炯，等，2004. 暴雨径流污染负荷的时空分布与输移特性研究 [J]. 农业环境科学学报，23 (2)：255-258.

黄丽，张光远，丁树文，1999. 侵蚀紫色土壤颗粒流失研究 [J]. 水土保持学报，5 (1)：35-39.

黄满湘，章申，张国梁，等，2003. 北京地区农田氮素养分随地表径流流失机理 [J]. 地理学报，58 (1)：147-154.

黄毅，曹忠杰，1997. 单喷头变雨强模拟侵蚀降雨装置研究初报 [J]. 水土保持研究，4 (4)：105-110.

江忠善，刘志，1989. 降雨因素和坡度对溅蚀影响的研究 [J]. 水土保持学报，3 (2)：29-35.

姜军，徐仁扣，赵安珍，2006. 用酸碱滴定法测定酸性红壤的 pH 缓冲容量 [J]. 土壤通报，37 (6)：1247-1248.

蒋建清，吴燕玉，1995. 模拟酸雨对草甸棕壤中重金属迁移的影响 [J]. 中国科学院研究生院学报，12 (2)：185-190.

焦荔，1991. USLE 模型及营养物流失方程在西湖非点源污染调查中的应用 [J]. 环境污染与防治，13 (6)：5-8.

解文艳，樊贵盛，周怀平，等，2011. 太原市污灌区土壤重金属污染现状评价 [J]. 农业环境科学学报，30 (8)：1553-1560.

金彩霞，2006..Cd-豆磺隆复合污染黑土多介质界面过程及化学动力学 [D]. 北京：中国科学院研究生院．

金彩霞，周启星，2007. pH 对水土界面镉迁移特征的影响 [J]. 沈阳建筑大学学报，22 (4)：626-652.

金相灿，2001. 湖泊富营养化控制和管理技术 [M]. 北京：化学工业出版社．

孔文杰，倪吾钟，2006. 有机无机肥配合施用对土壤—油菜系统重金属平衡的影响 [J]. 水土保持学报，20 (3)：32-35.

匡晓亮，彭渤，张坤，等，2016. 湘江下游沉积物重金属污染模糊评价 [J]. 环境化学，35 (4)：800-809.

李爱峰，张玉龙，宋佩茹，等，2002. 城市水土流失特点及防治对策 [J]. 水土保持科技情报 (2)：35-36.

李定强，王继增，万洪复，等，1998. 广东省东江流域典型小流域非点源污染物流失规律研究 [J]. 土壤侵蚀与水土保持学报，4 (3)：12-18.

李法松，韩钺，林大松，等，2017. 安庆沿江湖泊及长江安庆段沉积物重金属污染特征及生态风险评价 [J]. 农业环境科学学报，36 (3)：574-582.

李恒鹏，杨桂山，李燕，2006. 太湖流域土地利用变化的营养盐输出响应模拟 [J]. 水土保持学报，20 (4)：179-182.

李恒鹏，金洋，李燕，2008. 模拟降雨条件下农田地表径流与壤中流氮素流失比较 [J]. 水土保持学报，22 (2)：6-9，46.

李怀恩，沈冰，1997. 流域暴雨产沙产污量过程的计算 [J]. 土壤侵蚀与水土保持学报，3 (2)：58-61.

李怀恩，沈晋，1996. 非点源污染数学模型 [M]. 西安：西北工业大学出版社：32.

李慧卿，1998. 城郊水土保持探讨 [J]. 水土保持通报，18 (7)：97-98.

李俊波，华珞，蔡典雄，等，2005a. 降雨强度与坡度对径流中七种阳离子流失量的影响 [J]. 土壤，37 (4)：426-432.

李俊波，华珞，付鑫，等，2005b. 地表径流中 K、Na 流失量分析及其影响因素研究 [J]. 中国水土保持 (2)：5-7.

李庆康，1987. 茶园土壤酸化研究的现状与展望 [J]. 土壤通报，18 (2)：69-71.

李文华，赵景柱，韩士杰，2004. 生态学研究回顾与展望——界面生态学 [M]. 北京：气象出版社.

李彦文，莫测辉，赵娜，2009. 菜地土壤中磺胺类和四环素类抗生素污染特征研究 [J]. 环境科学，30 (6)：1762-1766.

李永康，蒋高明，2004. 矿山废弃地生态重建研究进展 [J]. 生态学报，24 (1)：95-100.

李玉，俞志明，宋秀贤，2006. 运用主成分分析（PCA）评价海洋沉积物中重金属污染来源 [J]. 环境科学，27 (1)：137-141.

李裕元，邵明安，2002. 模拟降雨条件下施肥方法对坡面磷素流失的影响 [J]. 应用生态学报，13 (11)：1421-1424.

李兆富，杨桂山，李恒鹏，2006. 西苕溪流域土地利用对氮素输出影响研究 [J]. 环境科学，27 (3)：498-502.

梁涛，王红萍，张秀梅，等，2005. 官厅水库周边不同土地利用方式下氮、磷非点源污染模拟研究 [J]. 环境科学学报，25 (4)：483-489.

梁天刚，张胜雷，戴若兰，等，1998. 基于 GIS 栅格系统的集水农业地表产流模拟分析 [J]. 水利学报 (7)：26-29.

廖金凤，2001. 城市化对土壤环境的影响 [J]. 生态科学，20 (1)：91 - 95.

廖敏，黄昌勇，谢正苗，1999. pH 对镉在土水系统中的迁移和形态的影响 [J]. 环境科学学报，19 (1)：81 - 86.

林文杰，吴荣华，郑泽纯，等，2011. 贵屿电子垃圾处理对河流底泥及土壤重金属污染 [J]. 生态环境学报，20 (1)：160 - 163.

林玉锁，2004. 农产品产地环境安全与污染控制 [J]. 科技与经济，100 (17)：41 - 44.

凌大炯，章家恩，黄倩春，等，2007. 模拟酸雨对砖红壤盐基离子迁移和释放的影响 [J]. 土壤学报，44 (3)：444 - 450.

刘爱明，杨柳，2011. 大气重金属离子的来源分析和毒性效应 [J]. 环境与健康杂志，28 (9)：839 - 842.

刘昌明，洪宝鑫，增明煊，等，1965. 黄土高原暴雨径流预报关系初步实验研究 [J]. 科学通报 (2)：158 - 161.

刘春早，黄益宗，雷鸣，等，2012. 湘江流域土壤重金属污染及其生态环境风险评价 [J]. 环境科学，33 (1)：260 - 265.

刘建武，林逢凯，王郁，等，2002. 多环芳烃（萘）污染对水生植物生理指标的影响 [J]. 华东理工大学学报 (5)：520 - 524.

刘瑞民，王学军，郑一，等，2005. 天津地区表层土壤多环芳烃的分区特征研究 [J]. 农业环境科学学报，24 (4)：630 - 633.

刘素媛，韩奇志，聂振刚，等，1998. SB-YZCP 人工降雨模拟装置特性及应用研究 [J]. 土壤侵蚀与水土保持学报，4 (2)：47 - 53.

刘维屏，许惠庆，1990. 丁草胺在水稻田植株—水体—表土系统的迁移降解规律 [J]. 浙江大学学报，24 (1)：83 - 92.

刘伟常，1999. 深圳市水土保持生态环境建设调查 [J]. 水土保持通报，19 (5)：49 - 53.

刘霞，刘树庆，王胜爱，2002. 河北重要土壤中重金属镉、铅形态与土壤酶活性的关系 [J]. 河北农业大学学报，25 (1)：33 - 37，60.

刘永兵，岳德鹏，李海龙，等，2006. 基于 GIS 技术的县域尺度土地利用生态风险评价研究 [J]. 应用基础与工程科学学报，14 (S)：291 - 297.

卢宏玮，曾光明，谢更新，等，2003. 洞庭湖流域区域生态风险评价 [J]. 生态学报，23 (12)：2520 - 2530.

鲁如坤，谢建昌，蔡贵信，等，1998. 土壤—植物营养学 [J]. 北京：化工工业出版社：139 - 140.

陆奇苗，吴慧芳，陈丽萍，等，2013. 挥发性有机物在水气交界面传质过程中的影响因素 [J]. 工业安全与环保，39 (1)：71 - 73.

路青，马友华，胡善宝，等，2015. 安徽省沿淮大豆种植区氮磷流失特征研究 [J]. 中国农学通报，31 (12)：230 - 235.

罗凯，李文，章海波，等，2014. 南京典型设施蔬菜地有机肥和土壤中四环素类抗生素的污染特征调查 [J]. 土壤，46 (2)：330 - 338.

吕晓男，孟赐福，麻万诸，等，2005. 农用化学品及废弃物对土壤环境及食物安全的影响

［J］. 中国生态农业学报，13（4）：150－153.

马琨，王兆骞，陈欣，等，2002. 模拟降雨条件下施肥方法对坡面磷素流失的影响 ［J］. 水土保持学报，16（3）：16－19.

毛志刚，谷孝鸿，陆小明，等，2014. 太湖东部不同类型湖区疏浚后沉积物重金属污染及潜在生态风险评价 ［J］. 环境科学，35（1）：186－193.

孟丽红，夏星辉，余晖，等，2006. 多环芳烃在黄河水体颗粒物上的表明吸附和分配作用特征 ［J］. 环境科学，27（5）：892－897.

倪际梁，何进，李洪文，等，2012. 便携式人工模拟降雨装置的设计与率定 ［J］. 农业工程学报，28（24）：78－84.

农业部环境监测总站，2002. 2002 年"五市三区"蔬菜生产基地环境质量监测报告 ［Z］. 天津：农业部环境监测总站.

潘虹梅，李凤全，叶玮，等，2007. 电子废弃物拆解业对周边土壤环境的影响——以台州路桥下台岙村为例 ［J］. 浙江师范大学学报（自然科学版），30（1）：103－108.

彭士涛，胡焱弟，白志鹏，2009. 渤海湾底质重金属污染及其潜在生态风险评价 ［J］. 水道港口，30（1）：57－60.

钱晓莉，王定勇，2005. 不同施肥条件下酸雨对土壤硝态氮淋失的影响 ［J］. 贵州工业大学学报，34（1）：99－102.

邱杨，傅伯杰，2004. 异质景观中水土流失的空间变异与尺度变异 ［J］. 生态学报，24（2）：330－337.

曲健，宋云横，苏娜，2006. 沈抚灌区上游土壤中多环芳烃的含量分析 ［J］. 中国环境监测，22（3）：29－31.

权胜祥，2015. 电子垃圾酸洗区土壤重金属污染特征及其热处理研究 ［D］. 北京：中国科学院研究生院.

沈晓东，王腊春，谢顺平，1995. 基于栅格数据的流域降雨径流模型 ［J］. 地理学报，50（3）：264－271.

师荣光，刘凤枝，王跃华，等，2007. 农产品产地禁产区划分中存在的问题与对策研究 ［J］. 农业环境科学学报，26（2）：425－429.

师荣光，吕俊岗，张霖琳，2012. 天津城郊土壤中 PAHs 含量特征及来源解析 ［J］. 中国环境监测，28（4）：1－5.

石生新，1996. 高强度人工降雨条件下地面坡度、植被对坡面产沙过程的影响 ［J］. 山西水利科，8（3）：77－80.

石璇，杨宇，徐福留，等，2004. 天津地区地表水中多环芳烃的生态风险 ［J］. 环境科学学报，24（4）：619－624.

司友斌，王慎强，陈怀满，2000. 农田氮、磷的流失与水体富营养化 ［J］. 土壤（4）：188－193.

宋秀杰，陈博，2001. 北京市农药化肥非点源污染防治的技术措施 ［J］. 环境保护（9）：30－32.

隋倩雯，张俊亚，魏源送，等，2016. 畜禽养殖废水生物处理与农田利用过程抗生素抗性基因的转归特征研究进展 ［J］. 环境科学学报，36（1）：16－26.

孙飞达，王立，龙瑞军，等，2007. 黄土丘陵区不同降雨强度对农地土壤侵蚀的影响 ［J］.

土水保持学报，14（2）：16-18.

孙恺，张季如，2013. 针管式人工降雨装置的研究与应用 [J]. 武汉理工大学学报，35（12）：125-129.

孙雷，赵烨，李强，等，2008. 北京东郊污水与清水灌区土壤中重金属含量的比较研究 [J]. 安全与环境学报，8（3）：29-33.

孙韧，朱坦，2000. 天津局部大气颗粒物上多环芳烃分布状态 [J]. 环境科学研究，13（4）：14-17.

孙心亮，方创琳，2006. 干旱区城市化过程中的生态风险评价模型及应用 [J]. 干旱区地理，29（5）：668-674.

田娟，刘凌，丁海山，等，2008. 淹水土壤土水界面磷素迁移转化研究 [J]. 环境科学，29（7）：1818-1823.

王春梅，蒋治国，赵言文，2011. 太湖流域典型蔬菜地地表径流氮磷流失 [J]. 水土保持学报，25（4）：36-40.

王浩，章明奎，2009. 有机质积累和酸化对污染土壤重金属释放潜力的影响 [J]. 土壤通报，40（3）：538-541.

王宏，杨为瑞，1995. 中小流域综合水质模型系列的建立 [J]. 重庆环境科学（1）：45-50.

王家嘉，2008. 废旧电子产品拆解对农田土壤复合污染特征及其调控修复研究 [D]. 贵阳：贵州大学.

王劲峰，2006. 空间分析 [M]. 北京：科学出版社.

王敬华，张效年，于天仁，1994. 华南红壤对酸雨敏感性的研究 [J]. 土壤学报，31（4）：348-354

王静，刘明丽，张士超，等，2017. 沈抚新城不同土地利用类型多环芳烃含量、来源及人体健康风险评价 [J]. 环境科学，38（2）：703-710.

王丽，陈凡，马千里，等，2015. 东江淡水河流域地表水和沉积物重金属污染特征及风险评价 [J]. 环境化学，34（9）：1671-1684.

王宁，朱颜明，2000. 松花湖水源地重金属非点源污染调查 [J]. 中国环境科学，20（5）：419-421.

王婷，张倩，杨海雪，等，2014. 农田土壤中铜的来源分析及控制阈值研究 [J]. 生态毒理学报，9（14）：774-784.

王文华，刘俊华，彭安，2001. 降水引起的地表径流中汞来源的研究 [J]. 农业环境保护，20（5）：297-301.

王文全，孙龙仁，土尔逊·土尔洪，等，2012. 乌鲁木齐市大气 PM 2.5 中重金属元素含量和富集特征 [J]. 环境监测管理与技术，24（5）：23-27.

王文兴，童莉，海热提，2005. 土壤污染物来源及前沿问题 [J]. 生态环境，14（1）：1-5.

王瑄，李占斌，李雯，等，2006. 土壤剥蚀率与水流功率关系室内模拟实验 [J]. 农业工程学报，22（2）：185-187.

王振，金小伟，王子健，2014. 铜对水生生物的毒性：类群特异性敏感度分析 [J]. 生态毒理学报，9（4）：640-646.

王政权，1999. 地质统计学及在生态学中的应用 [M]. 北京：科学出版社．

王祖伟，张辉，2005. 天津污灌区土壤重金属污染环境质量与环境效应 [J]. 生态环境，14（2）：211-213.

吴普特，高建恩，2006. 黄土高原水土保持新论：基于降雨地表径流调控利用的水土保持学 [M]. 郑州：黄河水利出版社．

武子澜，杨毅，刘敏，等，2014. 城市不同下垫面降雨径流多环芳烃（PAHs）分布及源解析 [J]. 环境科学，35（11）：4148-4156.

夏平，蒋建清，蔡晶垚，等，2015. 人工降雨模拟装置的研制与工程应用进展综述 [J]. 企业技术开发，34（34）：4-6.

肖慈英，阮宏华，刘登义，等．杉木林土壤对模拟酸雨缓冲性能的研究 [J]. 安徽师范大学学报，2000，23（4）：365-367.

谢花林，刘黎明，李振鹏，2003. 城市边缘区乡村景观评价方法研究 [J]. 地理与地理信息科学，19（3）：101-104.

徐冬梅，刘广深，许中坚，等，2003. 模拟酸雨对土壤酸性磷酸酶活性的影响及机理 [J]. 中国环境科学，23（2）：176-179.

徐建玲，王汉席，韩哲，等，2017. 湿地土壤中多环芳烃和重金属的分布特征及生态风险评价 [M]. 北京：科学出版社．

徐清，张立新，刘素红，等，2008. 表层土壤重金属污染及潜在生态风险评价——包头市不同功能区案例研究 [J]. 自然灾害学报，17（6）：6-12.

徐向舟，刘大庆，张红武，等，2006. 室内人工模拟降雨试验研究 [J]. 北京林业大学学报，28（5）：52-58.

徐争启，倪师军，庹先国，等，2008. 潜在生态危害指数法评价中重金属毒性系数计算 [J]. 环境科学与技术，31（2）：112-115.

许峰，蔡强国，吴淑安，2000. 坡地农林复合系统养分过程研究进展 [J]. 水土保持学报，14（1）：83-87.

许中坚，李方文，刘广深，等，2005. 模拟酸雨对红壤中铬释放的影响研究 [J]. 环境科学研究，18（2）：9-12.

闫振广，孟伟，刘征涛，等，2009. 我国淡水水生生物镉基准研究 [J]. 环境科学学报，29（11）：2393-2406.

严昌荣，梅旭荣，何文清，等，2006. 农用地膜残留污染的现状与防治 [J]. 农业工程学报，22（11）：269-271.

阳金希，张彦峰，祝凌燕，2017. 中国七大水系沉积物中典型重金属生态风险评估 [J]. 环境科学研究，30（3）：423-432.

杨定清，1996. 土壤—植物系统中镍研究进展述评 [J]. 西南农业学报，9（4）：109-115.

杨军，郑袁明，陈同斌，等，2005. 北京市凉凤灌区土壤重金属的积累及其变化趋势 [J]. 环境科学学报，25（9）：1175-1181.

杨丽霞，杨桂山，苑韶峰，等，2007. 不同雨强条件下太湖流域典型蔬菜地土壤磷素的径流特征 [J]. 环境科学，8：1763-1769.

叶华香，臧淑英，张丽娟，等，2014. 扎龙湿地沉积物重金属空间分布特征及其潜在生态风险评价 [J]. 环境科学，4 (34)：1133-1139.

叶兆贤，张干，邹世春，等，2005. 珠三角大气多环芳烃的干湿沉降 [J]. 中山大学学报（自然科学版），44 (1)：49-52.

殷浩文，1995. 水环境生态风险评价程序 [J]. 上海环境科学，14 (11)：11-14.

尹澄清，毛战坡，2002. 用生态工程技术控制控制农村非点源污染 [J]. 水土保持学报，13 (2)：229-232.

尹春艳，骆永明，腾应，等，2012. 典型设施菜地土壤抗生素污染特征与积累规律研究 [J]. 环境科学，33 (8)：2810-2816.

游松财，李文卿，1999. GIS 支持下的土壤侵蚀量估算 [J]. 自然资源学报，14 (2)：63-68.

余晓华，罗勇，杨中艺，等，2008. 电子废物不当处置的重金属污染及其环境风险评价Ⅴ. 电子废物焚烧迹地土壤金属污染对土壤微生物生物量和土壤呼吸的影响 [J]. 生态毒理学报，3 (5)：443-450.

余洋，高宏超，马俊花，等，2012. 密云县境内潮河流域土壤重金属分析评价 [J]. 环境科学，34 (9)：3572-3577.

袁冬海，王兆塞，陈欣，等，2002. 不同土地利用方式红壤坡耕地土壤氮素流失特征 [J]. 应用生态学报，13 (7)：863-866.

张朝阳，彭平安，刘承帅，等，2012. 华南电子垃圾回收区农田土壤重金属污染及其化学形态分布 [J]. 生态环境学报，21 (10)：1742-1748.

张华，杨永奎，谢德体，等，2007. 酸雨对紫色土氮磷淋失的影响 [J]. 土水保持学报，21 (1)：22-25.

张金莲，丁疆峰，卢桂宁，等，2015. 广东清远电子垃圾拆解区农田土壤重金属污染评价 [J]. 环境科学，36 (7)：2633-2640.

张俊会，2009. 电子废物拆解区水稻田的重金属污染、生态毒性及其微生物修复研究 [D]. 杭州：浙江大学.

张路，范成新，王建军，等，2006. 太湖水土界面氮磷交换通量的时空差异 [J]. 环境科学，27 (8)：1537-1543.

张乃明，2001. 大气沉降对土壤重金属累积的影响 [J]. 土壤与环境，10 (2)：91-93.

张仁铎，2005. 空间变异理念及应用 [M]. 北京：科学出版社.

张微，2013. 台州某废弃电子垃圾拆解区土壤中 PCBs 和重金属污染及生态风险评估 [D]. 杭州：浙江工业大学.

张伟，王进军，2007. 溶液 pH 值及模拟酸雨对两种磺酰脲类除草剂在土壤中行为的影响 [J]. 应用生态学报，18 (3)：613-619.

张伟，张洪，单保庆，2012. 北运河源头区沙河水库沉积物重金属污染特征研究 [J]. 环境科学，33 (12)：4284-4290.

张旭，付卫强，冯承莲，等，2015. 我国淡水中铜的水质基准及生态风险评估研究 [J]. 环境工程 (9)：156-160.

张学林，王金达，张博，等，2000. 区域农业景观生态风险评价初步构想 [J]. 地球科学进展, 15 (6): 712-716.

张永春, 2002. 有害废物生态风险评价 [M]. 北京: 中国环境科学出版社.

张勇, 2001. 沈阳郊区土壤及农产品重金属污染的现状评价 [J]. 土壤通报, 32 (4): 182-186.

章北平, 1996. 东湖农业区径流污染的黑箱模型 [J]. 武汉城市建设学院学报, 13 (3): 105.

章海波, 骆永明, 李志博, 等, 2007. 土壤环境质量指导值与标准研究Ⅲ. 污染土壤的生态风险评估 [J]. 土壤学报, 44 (2): 338-349.

赵剑强, 孙奇清, 2002. 城市道路路面径流水质特性及排污规律 [J]. 长安大学学报 (自然科学版), 22 (2): 1-23.

赵杰, 秦明周, 郑纯辉, 2001. 城乡结合部土壤环境质量及其动态研究——以开封为例 [J]. 资源科学, 23 (3): 42-46.

赵其国, 2004. 土壤资源大地母亲——必须高度重视我国土壤资源的保护、建设与可持续利用问题 [J]. 土壤, 36 (4): 337-339.

赵世民, 王道玮, 李晓铭, 等, 2014. 滇池及其河口沉积物中重金属污染评价 [J]. 环境化学, 33 (2): 276-285.

赵元凤, 吕景才, 宋晓阳, 等, 2002. 海洋污染对毛蚶过氧化氢酶影响研究 [J]. 环境科学学报, 22 (4): 534-536.

郑一, 王学军, 李本纲, 等, 2003. 天津地区表层土壤多环芳烃含量的中尺度空间结构特征 [J]. 环境科学学报, 23 (3): 311-316.

钟晓兰, 周生路, 赵其国, 2006. 城乡结合部土壤污染及其生态环境效应 [J]. 土壤, 38 (2): 122-129.

周红卫, 施国新, 徐勤宋, 2003. Cd^{2+} 污染水质对水花生根系抗氧化酶活性和超微结构的影响 [J]. 植物生理学通讯, 39 (3): 211-214.

周军英, 程燕, 2009. 农药生态风险评价研究进展 [J]. 生态与农村环境学报, 25 (4): 95-99.

周俊, 朱江, 蔡俊, 2000. 合肥近郊旱地土肥流失与降雨强度的关系 [J]. 水土保持学报, 14 (3): 92-95.

周启星, 程云, 张倩茹, 等, 2003. 复合污染生态毒理效应的定量关系分析 [J]. 中国科学 (C辑), 33 (6): 566-573.

周启星, 孔繁翔, 朱琳, 2004. 生态毒理学 [M]. 北京: 科学出版社.

周启星, 2005. 健康土壤学——土壤健康质量与农产品安全 [M]. 北京: 科学出版社.

朱崇岭, 2013. 珠三角主要电子垃圾拆解地底泥、土壤中重金属的分布及源解析 [D]. 广州: 华南理工大学.

朱利中, 陈宝梁, 葛渊数, 等, 2000. 对硝基苯酚在阴—阳离子有机膨润土/水间的界面行为研究 [J]. 环境化学, 19 (5): 319-425.

朱琳, 佟玉洁, 2003. 中国生态风险评价应用探讨 [J]. 安全与环境学报, 3 (3): 22-24.

朱先芳, 唐磊, 季宏兵, 等, 2010. 北京北部水系沉积物中重金属的研究 [J]. 环境科学学报，30（12）：2553 - 2562.

朱永官，欧阳纬莹，吴楠，等，2015. 抗生素耐药性的来源于控制对策［J］. 中国科学院院刊，30（4）：509 - 516.

朱媛媛，田靖，魏恩琪，等，2014. 天津市土壤多环芳烃污染特征、源解析和生态风险评价［J］. 环境化学，33（2）：248 - 255.

邹建美，孙江，戴伟，等，2013. 北京近郊耕作土壤重金属状况评价分析［J］. 北京林业大学学报，35（1）：132 - 138.

左谦，2007. 环渤海西部地区表土中 PAHs 污染［D］. 北京：北京大学.

Aitken R L, Moody P W, 1994. The effect of valence and ionic strength on the measurement of pH buffer capacity［J］. Australian Journal of Soil Research，32：975 - 984.

Andreu V, Giomeno G E, 1999. Evolution of heavy metal sin marsh areas under rice farming［J］. Envrionmental Pollution，104：271 - 282.

Arhonditsis G, Tsirtsis G, Angelidis M O, et al., 2000. Quantification of the effects of nonpoint nutrient sources to coastal marine eutrophication：applications to a semi-enclosed gulf in the Mediterranean Sea［J］. Ecological Modeling，129：209 - 227.

Atafar Z, Mesdaghinia A, Nouri J, et al., 2010. Effect of fertilizer application on soil heavy metal concentration［J］. Environmental Monitoring and Assessment，160（1）：83 - 89.

Atalay A, Bronick C, Pao S, et al., 2007. Nutrient and microbial dynamics in biosolids amended soils following rainfall simulation［J］. Soil & Sediment Contamination，16：209 - 219.

Baek S O, Field R A, Goldstone M E, 1991. A review of atmospheric polycyclic aromatic hydrocarbons：sources, fate and behavior［J］. Water, Air and Soil Pollution，60：279 - 300.

Barata C, Markich S J, Baird D J, et al., 2002. Genetic variability insublethal tolerance to mixtures of cadmium and zinc in clones of *Daphnia magna* Straus［J］. Aquatic Toxicology，60：85 - 99.

Bopp S K, Lettleri T, 2007. Gene relation in the marine diatom *Thalassiosira pseudonana* upon exposure to polycyclic aromatic hydrocarbons［J］. Gene，396（2）：293 - 302.

Bose S, Bhattacharyya A K, 2008. Heavy metal accumulation in wheat plant grown in soil amended with industrial sludge［J］. Chemosphere，70：1264 - 1272.

Bruemmer G, Gerth J, Tiller K G, 1988. Reaction kinetics of the adsorption and desorption of nickel, zinc, and cadmium by goethite. Ⅰ. Adsorption and diffusion of metals［J］. J. Soil Sci.，39：37 - 52.

Budhendra B, Jon H, Bernie E, et al., 2003. Assessing watershed-scale, long-term hydrologic impacts of land-use change using a GIS-NPS model［J］. Environmental Management，26（6）：643 - 658.

Charles A Menzie, Bonnie B Potocki, Joseph Santodonato, 1992. Exposure to carcinogenic PAHs in the environment［J］. Environmental Science and Technology，26（7）：1278 - 1284.

Chen Y J, Sheng G Y, Bi X H, et al., 2005. Emission factors for carbonaceous particles and polycyclic aromatic hydrocarbons from residential coal combustion in China［J］. Environmental Science and Technology (39): 1861 - 1867.

Chung M K, Hu R, Cheung K C, et al. , 2007. Pollutants in Hong Kong soils: polycyclic aromatioc hydrocarbons [J]. Chemosphere, 67 (3): 464 - 473.

Corwin D L, Vaughan P J, Loague K, 1997. Modelling non-point sources pollutants in the vadose zone with GIS [J]. Environ. Sci. Technol. , 31: 2157 - 2175.

Cousins I T, Beck A J, Jones K C, 1999. A review of the processes involved in the exchange of semi-volatile organic compounds (SVOC) across the air-soil interface [J]. Science of the Total Environment, 228 (1): 5 - 24.

Csathó P, Sisák I, Adimszky L, et al. , 2007. Agriculture as a source of phosphorus causing eutrophication in Central and Eastern Europe [J]. Soil Use and Management (23): 36 - 56.

Dai Shugui, 1994. Study on the environmental chemistry of the surface microplayer of water body [J]. Environmental Chemistry (in Chinese), 13 (4): 287 - 295.

Delietic A B, Maksimovic C T, 1998. Evaluation of water quality factors in storm runoff from paved areas [J]. J. of Environ. Eng. , ASCE, 124 (9): 869 - 879.

Elizabeth Neoye, John F Machiwa, 2004. The influence of land use patterns in the Ruvu river watershed on water quality in the river system [J]. Physics and Chemistry of the Earth, 29: 1161 - 1166.

Engel Bemard A, 1996. Methodologies for development hydrologic response units based on terrain, land cover, and soil data [C]//Goodchild M F, Steyaert L T, Park B O, eds. GIS and Environmental Modeling: Progress and Research Issues. USA: Fort Collins: 123 - 128.

Fahrenfeld N, Knowlton K, Krometis L A, et al. , 2014. Effect of manure application on abundance of antibiotic resistance genes and their attenuation rates in soil: field-scale mass balance approach [J]. Environmental Science & Technology, 48 (5): 2643 - 2650.

Fent K, 2004. Ecotoxicological effects at contaminated sites [J]. Toxicology, 205 (3): 223 - 240.

Fisher D S, Steiner J L, Endate D M, et al. , 2000. The relationship of land use practices to surface water quality in the Upper Oconee Watershed of Ceorgia [J]. Forest Ecology and Management, 128: 39 - 48.

Gao Q Z, Kang M Y, Xu H M, et al. , 2010. Optimization of land use structure and spatila pattern for the semi-arid loess hilly gully region in China [J]. Catena, 81 (3): 196 - 202.

Gayor J D, Van I J, 1993. Atrazine and metolachlor loss in surface and subsurface runoff from three tillage treatments in corn [J]. J. Environ. Qual. , 24: 246 - 256.

Goovaerts P, Journel A G, 1995. Integrating soil map information in modelling the spatial variation of continuous soil properties [J]. European Journal of Soil Science, 46: 397 - 414.

Gromaire M C, Gamaud S, 2001. Contribution of different sources to the pollution of wet weather flows in combined sewers [J]. Water Research, 35 (2): 521 - 533.

Gschwend Philip M, Hites Ronald A, 1981. Fluxes of polycyclic aromatic hydrocarbons to marine and lacustrine sediments in the northeastern United States [J]. Geochimica et Cosmochimica Acta, 45 (12): 2359 - 2367.

Guo H Y, Wang X R, Zhu J G, 2004. Quantification and index of non point sources pollution of Taihu Lake Region with GIS [J]. Environmental Geochemistry and Health, 26: 147 - 156.

Haderlein S B, Schwarzenbach R P, 1993. Adsorption of substituted nitroben-zenes and nitrophenols to mineral surfaces [J]. Environmental Science and Technology, 27 (2): 316 - 326.

Haining R, 1994. Spatial data analysis in the social and environmental science [M]. London: Cambridge University Press.

Harner T, Bidleman T F, 1998. Octanol-air partition coefficient for describing particle/gas partitioning of aromatic compounds in urban air [J]. Environmental Science & Technology, 32 (10): 1494 - 1502.

Hessling M, 1999. Hydrological modeling and a pair basin study of Mediterranean catchments [J]. Physics and Chemistry of the Earth, Part B: Hydrology, Oceans and Atmosphere, 24 (1/2): 59 - 63.

Hissler C, Probst J L, 2006. Impact of mercury atmospheric deposition on soils and streams in a mountainous catchment (Vosges, France) polluted by chlor-alkali industrial activity: the important trapping role of the organic matter [J]. Science of the Total Environment, 361: 163 - 178.

Hovmand M F, Kemp K, Kystol J, et al., 2008. Atmospheric heavy metal deposition accumulated in rural forest soils of southern Scandinavia [J]. Environmental Pollution, 155: 537 - 541.

Hu X G, Zhou Q X, Luo Y, 2010. Occurrence and source analysis of typical veterinary antibiotics in manure, soil, vegetables and groundwater from organic vegetable bases, Northern China [J]. Environmental Pollution, 158 (9): 2992 - 2998.

Huang W, Schlautman M A, Weber W J, 1996. A distributed reactivity model for sorption by soils and sediments. 5. The influence of near-sur-face characteristics in mineral domains [J]. Environmental Science Technology, 30 (10): 2993 - 3000.

Iwasa Y, Hakoyama H, Nakamaru M, et al., 2000. Estimate of population extinction risk and its application to ecological risk management [J]. Population Ecology, 42 (1): 73 - 80.

Joao E M, 1992. GIS implications for hydrologic modeling: simulation of nonpoint scenarios [J]. Comput Environ and Urban System, 16: 42 - 63.

Jury W A, Winer A M, Spencer W F, et al., 1987. Transport and transformations of organic-chemicals in the soil air water ecosystem [J]. Reviews of Environmental Contamination and Toxicology, 99: 119 - 164.

Kabra K, Chaudhary R, Sawhney R L, 2007. Effect of pH on solar photocatalytic reduction and deposition of Cu (Ⅱ), Ni (Ⅱ), Pb (Ⅱ) and Zn (Ⅱ): speciation modeling and reaction kinetics [J]. Journal of Hazardous Materials, 149 (3): 680 - 685.

Karman C C, Reeringk H G, 1998. Dynamic assessment of the ecological risk of the discharge of produced water from oil and gas producing platforms [J]. Journal of Hazardous Materials, 61 (1/3): 43-51.

Keeney D R, 1973. The nitrogen circle in sediment-water systems [J]. J. Environ. Qual. , 2 (1): 15-291.

Lammert K, Leuven R S, Nienhuis P H, et al. , 2001. A procedure for incorporating spatial variability in ecological risk assessment of Dutch river flood plains [J]. Envrionmental Management, 28 (3): 359-373.

Legret M, Colandimin V, 1999. Effects of a porous pavement with reservoir structure on runoff water: water quality and fate of heavy metals [J]. Wat. Sci. Technol. , 39 (2): 111-117.

Lei Jianhua, Schilling W, 1994. Parameter uncertainty propagation analysis for urban rainfall modeling [J]. Water Resources Planning and Management, 29 (1/2): 145-154.

Leung A, Cai Z W, Wong M H, 2006. Environmental contamination from electronic waste recycling at Guiyu, Southeast China [J]. Journal of Material Cycles and Waste Management, 8: 21-33.

Li H, Shen J, 1996. Mathematic model of nonpoint source pollution [M]. Xian: Northwestern Polytechnical University Press: 8-13.

Li Y W, Wu X L, Mo C H, et al. , 2011. Investigation of sulfonamide, tetracycline, and quinolone antibiotics in vegetable farmland soil in the Pearl River Delta area, Southern China [J]. Journal of Agricultural and Food Chemistry, 59 (13): 7268-7276.

Lipton J, Galbraith H, Burger J et al. , 1993. A paradigm for ecological risk assessment [J]. Environmentl Management (17): 125-135.

Liu D, Chang Q, 2015. Ecological security research progress in China [J]. Acta Ecologica Sinica, 35 (5): 111-121.

Lohmann R, Lammel G, 2004. Adsorptive and absorptive contributions to the gas-particle partitioning of polycyclic aromatic hydrocarbons: state of knowledge and recommended parametrization for modeling [J]. Environmental Science & Technology, 38 (14): 3793-3803.

Lv J S, Liu Y, Zhang Z L, et al. , 2013. Factorial kriging and stepwise regression approach to identify environmental factors influencing spatial multi-scale variability of heavy metals in soils [J]. Journal of Hazardous Materials, 26: 387-397.

Lv Jungang, Shi Rongguang, Cai Yanming, et al. , 2010. Assessment of polycyclic aromatic hydrocarbons (PAHs) pollution in soil of suburban areas in Tianjin, China [J]. Bull. Environ. Contam. Toxicol. , 85: 5-9.

Ma L L, Chu S G, Wang X T, et al. , 2005. Polycyclic aromatic hydrocarbons in the surface soils from outskirts of Beijing, China [J]. Chemosphere, 58 (10): 1355-1363.

Manoli E, Kouras A, Samara C, 2004. Profile analysis of ambient and source emitted particle-bound polycyclic aromatic hydrocarbons from three sites in northern Greece [J]. Chmosphere, 56 (9): 867-878.

Marti R, Scott A, Tien Y C, et al. , 2013. Impact of manure fertilization on the abundance of antibiotic-resistant bacteria and frequency of detection of antibiotic resistance genes in soil and on vegetables at harvest [J]. Applied and Environmental Microbiology, 79 (18): 5701 - 5709.

Martinez J L, 2009. Environmental pollution by antibiotics and by antibiotic resistance determinants [J]. Environmental Pollution, 157: 2893 - 2902.

Martinova M V, 1993. Nitrogen and phosphor compounds in bottom sediments-mechanisms of accumulation, transformation and release [J]. Hydrobiologia, 25 (1): 1 - 22.

Mehmood T, Chaudhry M M, Tufail M, et al. , 2009. Heavy metal pollution from phosphate rock used for production of fertilizer in Pakistan [J]. Microchemical Journal, 91 (1): 94 - 99.

Millar R G, 1999. Analytical deter mination of pollutant wash-off para-meters [J]. J. of Envir. Engrg. , ASCE, 125 (10): 989 - 992.

Mulder J Stein, 1994. The solubility of aluminum in acidic forest soils: long-term changes due to acid deposition [J]. Geochim Cosmochim Acta, 58 (1): 85 - 94.

Mulueen J, Rodgers M, Scally P, 2004. Phoshorus transfer from soil to surface waters [J]. Agricultural Water Management, 10: 1 - 15.

Munafò M, Cecchi G, Baiocco F, et al. , 2005. River pollution from non-point sources: a new simplified method of assessment [J]. Journal of Environmental Management, 77 (2): 93 - 98

Murdoch E C, Whelan M J, Crieve I C, 2005. Incorporating uncertainty into predictions of diffuse-source phosphorus transfers (using readily available data) [J]. Water Science and Technology, 51 (3/4): 339 - 346.

Mutehler C K, Hermsmeier L I, 1965. A review of rainfall simulators. [J] The Transaction of America Society of agricultural Engineers, 8 (1): 67 - 68.

Naito W, Bartell K I, 2002. Application of chemicals for a Japanese an Miyamoto, Junko Nakanishi, Shigeki Masunaga, Steven ecosystem model for aquatic ecological risk assessment lake [J]. Water Research, 36 (1): 1 - 14.

Ngabe B, Terry F B, Geoffrey I S, 2000. Polycyclic aromatic hydrocarbons in storm runoff from urban and coastal South Carolina [J]. Science Total Environment, 255: 1 - 9.

Nriagu J O, 1984. Changing metal cycles and human health [M]. Berlin: Springer-Verlag: 113 - 114.

Oberg T, Berback B. A review of probabilistic risk assessment of contaminated land [J]. J. Soils & Sediments, 2005, 5 (4): 213 - 224.

Parson S C, 1995. The impact of input parameter uncertainty on decision making with the agricultural nonpoint source pollution model [D]. University Park: The Pennsylvania State University.

Paton G I, Viventsova E, Kumpene J, et al. , 2006. An ecotoxicity assessment of contaminated forest soils from the Kola Peninsula [J]. Science of the Total Environment, 355 (1 - 3): 106 - 117.

Paul L Price, 1996. Uncertainty and variation in indirect exposure assessments: an analysis of exposure to tetrachlorodibenzo-p-dioxin from a beef consumption pathway [J]. Risk Analysis, 12 (2): 263 - 277.

Peter John M T, Correll D L, 1984. Nutrient dynamics in an agricultural watershed: observations on the role a riparian forest [J]. Ecology, 65 (5): 1466 - 1475.

Protano C, Zinnà L, Giampaoli S et al., 2014. Heavy metal pollution and potential ecological risks in rivers: a case study from southern Italy [J]. Bulletin of Environmental Contamination and Toxicology, 92: 75 - 80.

Pullar D, Springer Darren, 2000. Towards iterating GIS and catchment model [J]. Environmental Modelling & Software, 15: 451 - 459.

Rachel L R, Andrew C J, Claudia M, et al., 2014. Using risk-ranking of metals to identify which poses the greatest threat to freshwater organisms in the UK [J]. Environmental Pollution, 194: 17 - 23.

Romkens P, Hoendedoom G, Dolfing J, 1999. Copper solution geochemistry in arable soils. Field observations and model application [J]. Journal of Environmental Quality, 28: 776 - 783.

Rossi D, Beltrami M, 1998. Sediment ecological risk assessment: in situ and laboratory toxicity testing of lake Orta sediments [J]. Chemosphere, 37 (14/15): 2885 - 2894.

Schmitt H, Stoob K, Hamscher G, et al., 2006. Tetracycline and tetracycline resistance in agricultural soils: microcosm and field studies [J]. Microbiological Ecology, 51: 267 - 276.

Scholz M, Prepel M, 2004. Water quality characteristics of vegetated groundwatered ditches in a riparian peat land [J]. Science of the Total Environment, 332: 109 - 122.

Shen Xueyou, Sun Yanli, Ma Zhanyu, et al., 2007. Effects of mixed surfactants on the volatilization of naphthalene from aqueous solutions [J]. Journal of Hazardous Materials, 140: 187 - 193.

Smith M B, Vidamar A, 1994. Data set derivation for GIS-based hydrological modeling [J]. Photogrammetric Engineering and Remote Sensing, 60: 67 - 76.

Soclo H H, Garrigues P H, Ewald M, 2000. Origin of polycyclic aromatic hydrocarbons in coastal marine sediments: case studies in Cotonou (Benin) and Aquitaine (France) areas [J]. Marine Pollution Bulletin, 40: 387 - 396.

Srinivasan R, Amold J, et al., 1996. Hydrologic modeling of Texas gulf basing using GIS [C]//Goodchild M F, Steyaert L T, Park B O, eds. GIS and Environmental Modeling: Progress and Research Issues. USA: Fort Collins: 213 - 217.

Stephane Garnaud, 1999. Heavy metal concentrations in dry and wet atmospheric deposits in Paris district: comparision with urban runoff. [J] The Science of the Total Environment, 235: 235 - 245.

Suter Glenn W, 1993. Ⅱ. Ecological risk assessment [M]. Boca Raton, FL: Lewis Publishers.

Ulich B, 1986. Natural and anthropogenic components of soil acidification [J]. Zeitschrift für Pflanzenern？ hrung und Bodenkunde, 149：702 – 717.

van der Oost R, Beyer J, Vermeulen N P E, 2003. Fish bioaccumulation and biomarkers in environmental risk assessment a review. [J] Environmnental Toxicology and Pharmacology, 13：57 – 149.

Vladimir Novotny, 1999. Integrating diffuse/nonpoint pollution control and water body restoration into watershed management [J]. Journal of the American Water Resources Association, 35 (4)：717 – 722.

Wang Q J, Robert H, Shao M, 2002. Effective energy influence on soil potassium transport into runoff [J]. Soil Science, 167 (6)：369 – 376.

Wang X L, Tao S, Xu F L, et al. , 2002. Modeling the fate of benzo [a] pyrene in the wastewater irrigated areas of Tianjin with a fugacity model [J]. Journal of Environmental Quality, 31 (3)：896 – 903.

Wang X X, Zhang T L, Zhang B, 1999. Nutrient cycling and balance of sloping upland ecosystems on red soil [J]. Acta Ecology Sinica, 19 (3)：335 – 341.

Warwick J J, Wilson J S, 1990. Estimating uncertainty of stormwater runoff computations [J]. Water Resources Planning and Management, 116 (2)：187 – 204.

Weissmahr K W, Haderlein S B, Schwarzenbach R P, 1996. In situ spectro-scopic investigations of adsorption mechanisms of nitroaromatic com-pounds at clay minerals [J]. Environmental Science and Technology, 31 (1)：240 – 247.

Weyers A, Sokull-klüttgen B, Knacker T, et al. , 2004. Use of terrestrial model ecosystem data in environmental risk assessment for industrial chemicals, biocides and plant protection products in the EU [J]. Ecotoxicology, 13：163 – 176.

White J R, Reddy K R, Majer-Newman J, 2006. Hydrologic and vegetation effects on water column phosphorus in wetland mesocosms [J]. Soil Sci. Soc. Am. J. , 70：1242 – 1251.

Willian C. Thayer, 2003. Application a geostatistics to risk assessment [J]. Risk Analysis, 23 (5)：945 – 960.

Wilson M J, Bell N, 1996. Acid deposition and heavy metal mobilization [J]. Applied Geochemistry (1/2)：133 – 137.

Wu J S, Allan C J, et al. , 1998. Characterization and pollutant loading estimation for highway runoff [J]. J. Envir. Engrg. , ASCE, 124 (7)：584 – 592.

Xu S S, Liu W X, Tao S, 2006. Emission of polycyclic aromatic hydrocarbons in China [J]. Environmetal Science and Technology, 40 (3)：702 – 708.

Zeng G M, Zhang G, Huang G H, et al. , 2005. Exchange of Ca^{2+} , Mg^{2+} and K^+ and uptake of H^+ , NH^{4+} for the subtropical forest canopies influenced by acid rain in Shaoshan forest located in Central South China [J]. Plant Science, 168 (1)：259 – 266.

Zhang L M, Gong S L, Padro J, et al. , 2001. A size-segregated particle dry deposition scheme for an atmospheric aerosol module [J]. Atmospheric Environment, 35 (3)：549 – 560.

Zhang Jia'En, Yang Ying'Ou, Ling Dajiong, 2007. Impacts of simulated acid rain on cation leaching from the Latosol in south China [J]. Chemosphere, 67: 2131 - 2137.

Zöbisch M A, Richter C, Heiligtag B, et al. , 1995. Nutrient losses from cropland in the Central Highlands of Kenya due to surface runoff and soil erosion [J]. Soil and Tillage Research, 33 (2): 109 - 116.

图书在版编目（CIP）数据

城郊土水界面污染流污染特征及生态风险研究 / 师荣光等著 . —北京：中国农业出版社，2017.12
ISBN 978 - 7 - 109 - 23684 - 4

Ⅰ.①城…　Ⅱ.①师…　Ⅲ.①郊区-水污染防治-研究-西青区②郊区-土壤污染-污染防治-研究-西青区
Ⅳ.①X52②X53

中国版本图书馆 CIP 数据核字（2017）第 303310 号

中国农业出版社出版
（北京市朝阳区麦子店街 18 号楼）
（邮政编码 100125）
责任编辑　段丽君

北京大汉方圆数字文化传媒有限公司印刷　　新华书店北京发行所发行
2017 年 12 月第 1 版　　2017 年 12 月北京第 1 次印刷

开本：700mm×1000mm　1/16　印张：18.75　彩插：10
字数：360 千字
定价：58.00 元
（凡本版图书出现印刷、装订错误，请向出版社发行部调换）

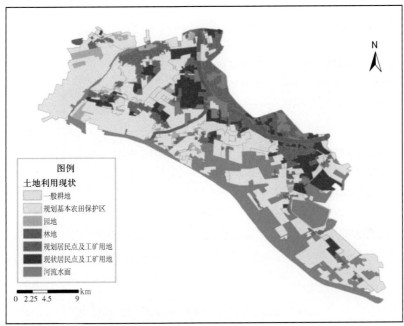

图3-1　研究区土地利用现状

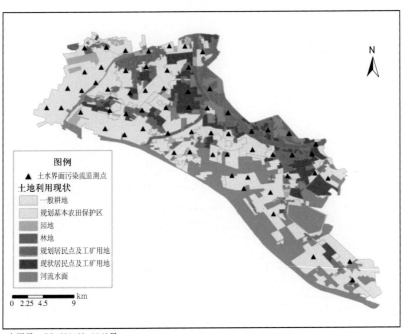

图3-2　研究区土水界面污染流监测样点分布

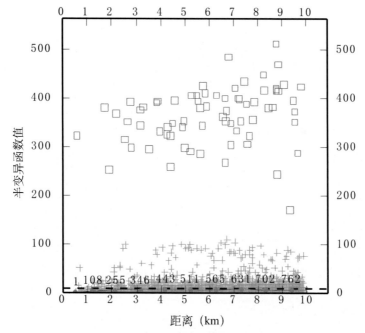

图6-5　带异常值的半变异函数云

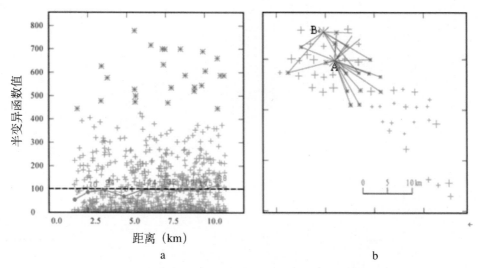

a

b

图6-9　研究区土水界面污染流As含量的半变异函数云

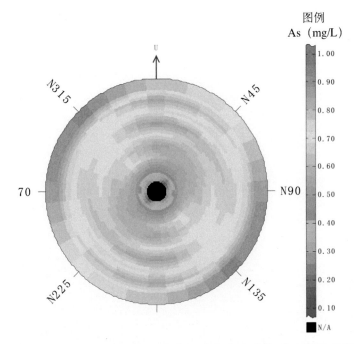

图6-10　研究区土水界面污染流As含量全方位经验半变异函数

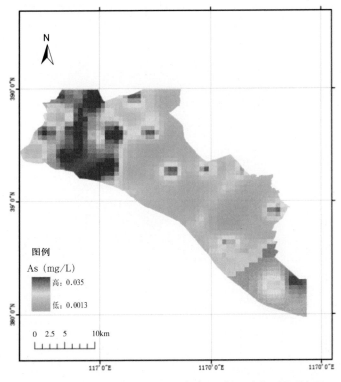

图6-12　研究区土水界面污染流As含量空间预测结果

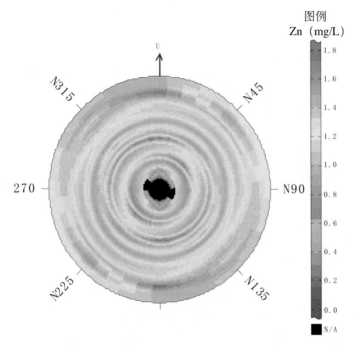

图6-15 研究区土水界面污染流Zn含量全方位经验半变异函数

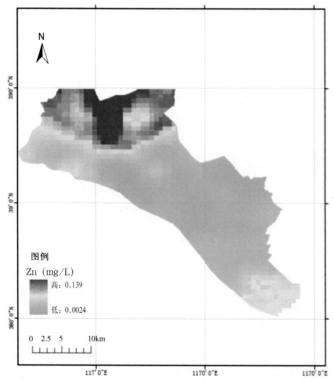

图6-17 研究区土水界面污染流Zn含量空间预测结果

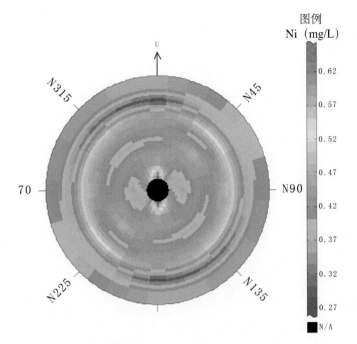

图6-19　研究区土水界面污染流Ni含量全方位经验半变异函数

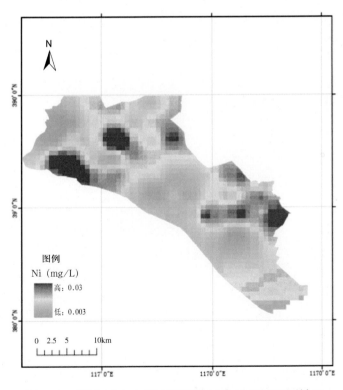

图6-21　研究区土水界面污染流Ni含量空间预测结果

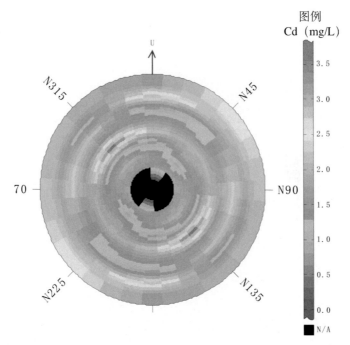

图6-23　研究区土水界面污染流Cd含量全方位经验半变异函数

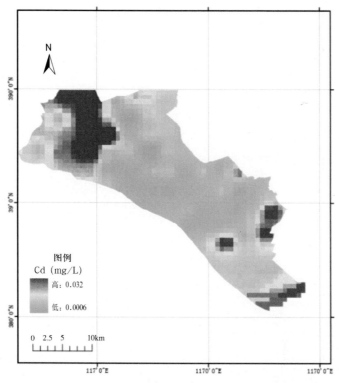

图6-25　研究区土水界面污染流Cd含量空间预测结果

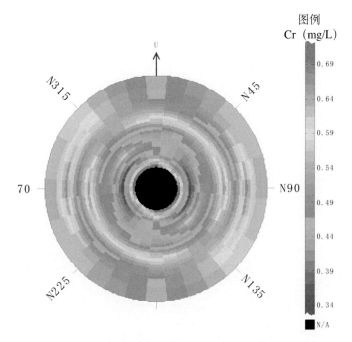

图6-27 研究区土水界面污染流Cr含量全方位经验半变异函数

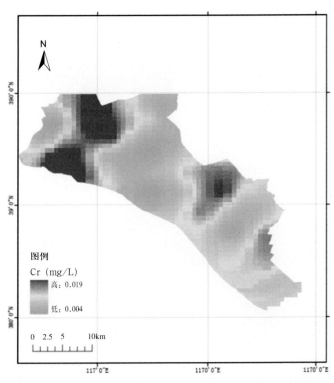

图6-29 研究区土水界面污染流Cr含量空间预测结果

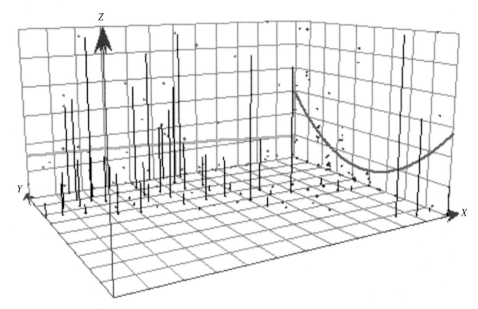

图6-31　研究区土水界面污染流Pb含量趋势分析

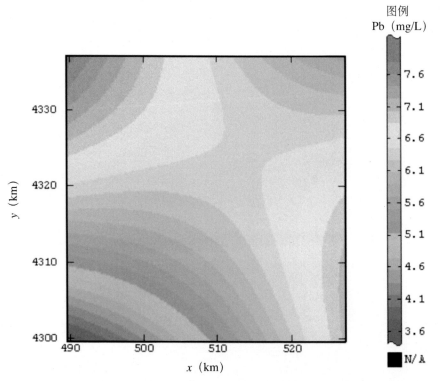

图6-32　研究区土水界面污染流二次漂移计算获得的Pb含量分布情况

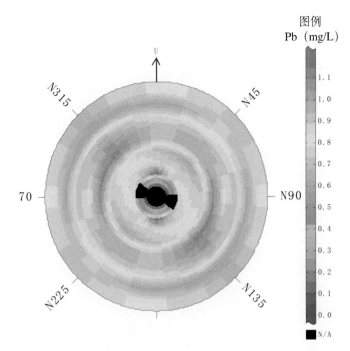

图6-33　剔除趋势项后研究区土水界面污染流Pb含量全方位经验半变异函数

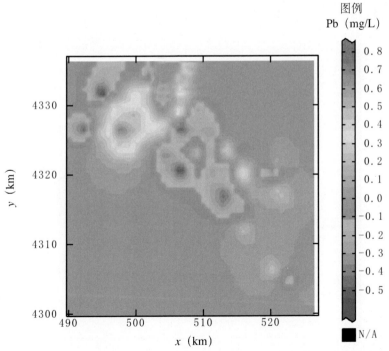

图6-35　剔除趋势项后研究区土水界面污染流Pb含量空间预测结果

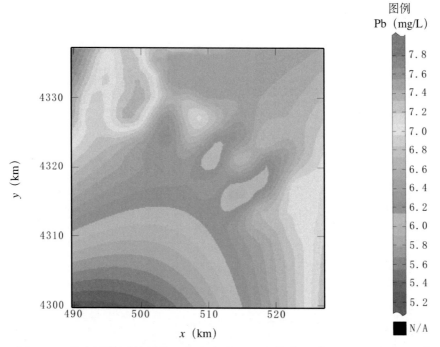

图6-36　两次计算后获得的研究区土水界面污染流Pb含量空间预测叠加结果

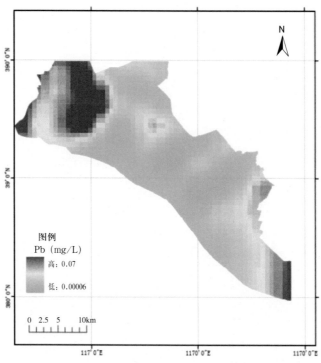

图6-37　研究区土水界面污染流Pb含量空间预测结果

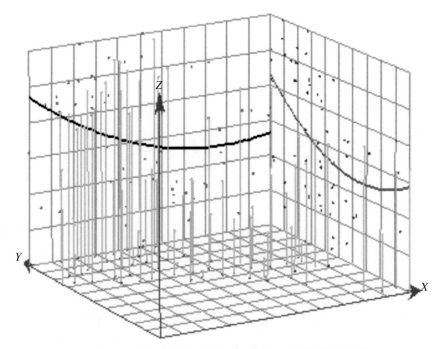

图6-39　研究区土水界面污染流Cu含量趋势分析

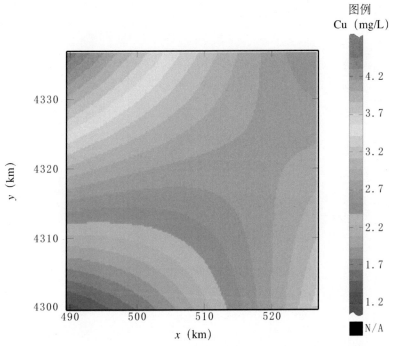

图6-40　研究区土水界面污染流Cu含量趋势项预测结果

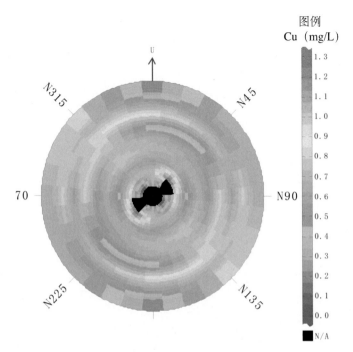

图6-41　剔除趋势项后研究区土水界面污染流Cu含量全方位经验半变异函数

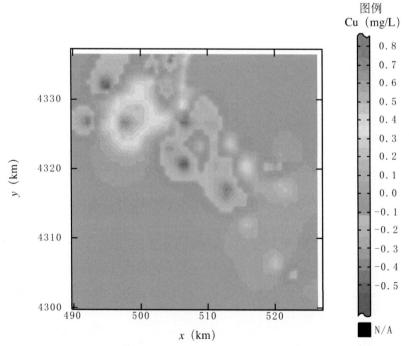

图6-43　剔除趋势项后研究区土水界面污染流Cu含量空间预测结果

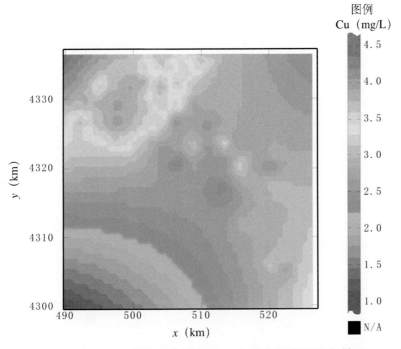

图6-44　趋势项和剩余项Cu含量空间预测叠加结果

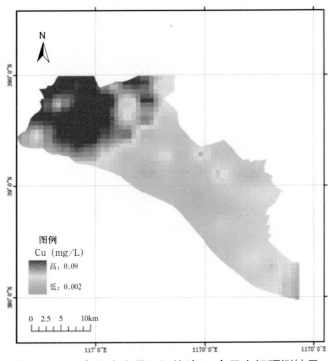

图6-45　研究区土水界面污染流Cu含量空间预测结果

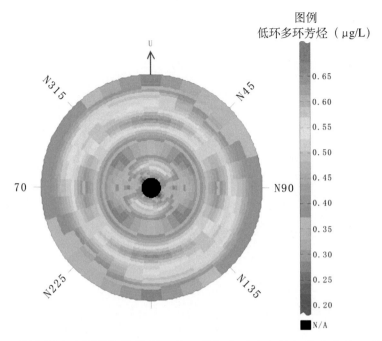

图6-47　研究区土水界面污染流低环多环芳烃含量全方位经验半变异函数

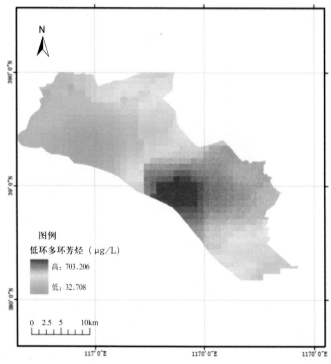

图6-49　研究区土水界面污染流低环多环芳烃含量空间预测结果

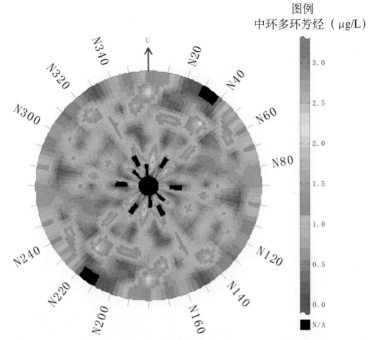

图6-51　研究区土水界面污染流中环多环芳烃含量全方位经验半变异函数

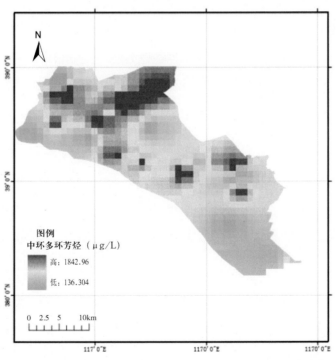

图6-52　研究区土水界面污染流中环多环芳烃含量空间预测结果

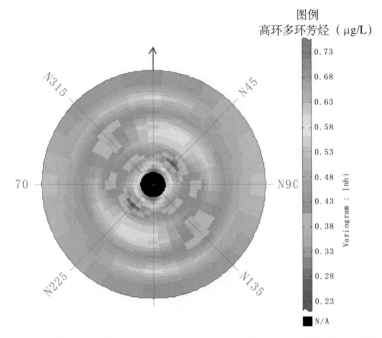

图6-54　研究区土水界面污染流高环多环芳烃含量全方位经验半变异函数

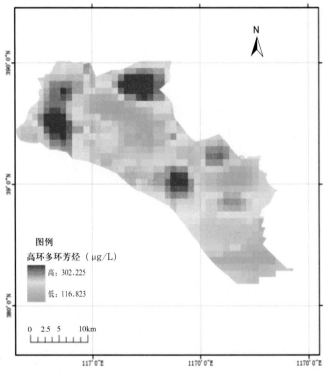

图6-56　研究区土水界面污染流高环多环芳烃含量空间预测结果

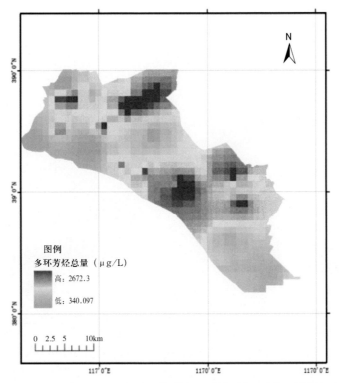

图6-58 研究区土水界面污染流多环芳烃总量空间预测结果

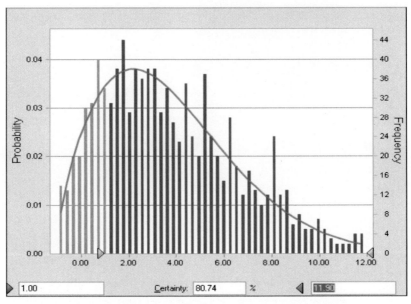

图7-2 研究区土水界面污染流Cu总生态风险商值

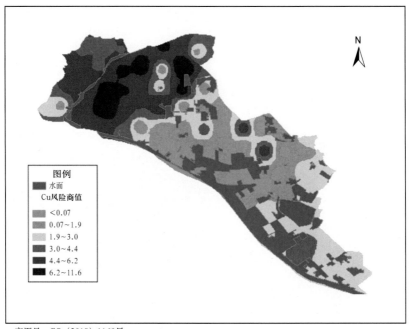

审图号：GS（2018）1169号。

图7-6 研究区土水界面污染流Cu生态风险空间分布

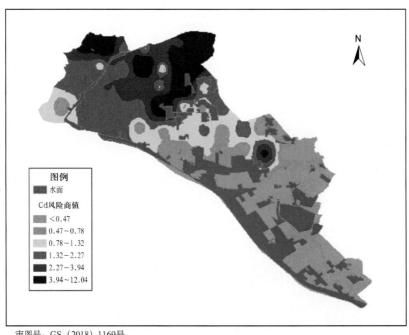

审图号：GS（2018）1169号。

图7-11 研究区土水界面污染流Cd生态风险空间分布

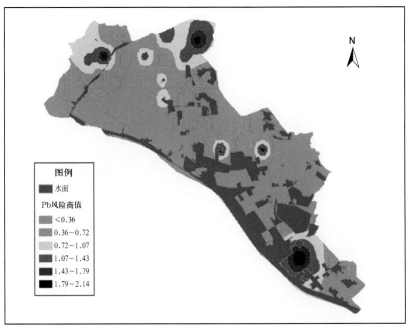

图7-16　研究区土水界面污染流Pb生态风险空间分布

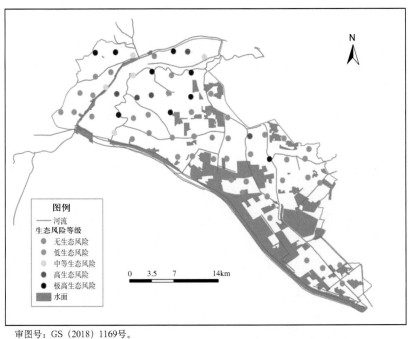

图7-17　研究区土水界面污染流监测点位风险评价结果等级

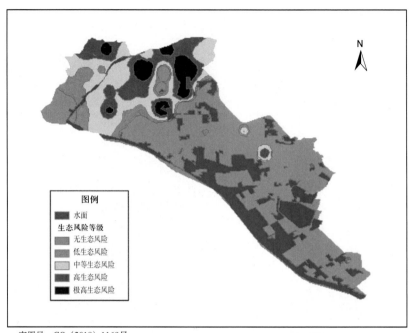

图7-18　研究区土水界面污染流风险评价结果等级分布

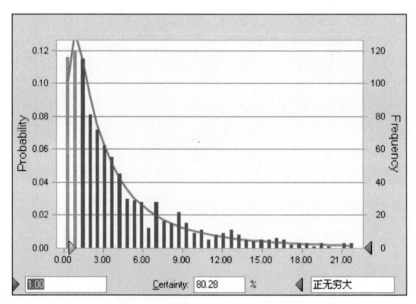

图7-20　研究区土水界面污染流Nap超过ERL或ESQVL的生态风险商值